AF343395

LEÇONS

DE

CINÉMATIQUE

PAR

Raoul BRICARD

Ingénieur des Manufactures de l'État
Professeur au Conservatoire National des Arts et Métiers
et à l'École Centrale des Arts et Manufactures

TOME II

CINÉMATIQUE APPLIQUÉE

PARIS

GAUTHIER-VILLARS ET Cⁱᵉ, ÉDITEURS

LIBRAIRES DU BUREAU DES LONGITUDES, DE L'ÉCOLE POLYTECHNIQUE

Quai des Grands-Augustins, 55.

1927

LEÇONS

DE

CINÉMATIQUE

PARIS. — IMPRIMERIE GAUTHIER-VILLARS ET Cⁱᵉ,

Quai des Grands-Augustins, 55.

77881-26

LEÇONS

DE

CINÉMATIQUE

PAR

Raoul BRICARD

Ingénieur des Manufactures de l'État
Professeur au Conservatoire National des Arts et Métiers
et à l'École Centrale des Arts et Manufactures

TOME II

CINÉMATIQUE APPLIQUÉE

PARIS

GAUTHIER-VILLARS ET Cie, ÉDITEURS

LIBRAIRES DU BUREAU DES LONGITUDES, DE L'ÉCOLE POLYTECHNIQUE

Quai des Grands-Augustins, 55.

1927

PRÉFACE.

La notion de mécanisme est si compréhensive que le domaine de la Cinématique appliquée ne s'étend à rien de moindre que la totalité du monde matériel. Deux objets quelconques qui ne sont pas liés l'un à l'autre constituent un mécanisme, et leur mouvement relatif peut être digne d'étude. Cela revient à dire qu'il serait chimérique d'entreprendre un traité complet de Cinématique appliquée et qu'il faut restreindre le sujet. Par exemple, il existe une cinématique intéressante des êtres animés : il y a dans le squelette des *couples de contact*, des *couples rotoïdes*, des *couples sphériques;* le mouvement à deux paramètres de l'œil dans son orbite est régi par la *loi de Listing.* J'ai laissé de côté cette « biocinématique ». Les mécanismes dont il est question ici sont ceux qui sont utilisés dans les machines, ou plutôt de ceux qui sont utilisés dans les machines, car la tâche eut été encore beaucoup trop ambitieuse de les passer tous en revue et d'écrire une encyclopédie de l'horlogerie, des machines-outils, de la filature, des appareils de calcul mécanique, etc. Je n'aurais pas même eu le temps de copier. Je me suis donc borné aux mécanismes généraux, renvoyant pour les combinaisons telles que les changements de vitesse, les arrêts en croix de Malte, les mécanismes de sonnerie, les entraîneurs et les dispositifs de report des retenues dans les machines à calculer, aux monographies où tout cela est mieux à sa place. D'ailleurs, parmi les mécanismes généraux mêmes, il en est comme les courroies de transmission, les poulies, les encliquetages dont la simple description suffit à faire comprendre le fonctionnement. Sans doute nul praticien n'a le droit d'en ignorer l'existence, mais là encore je n'ai pas jugé utile de répéter ce qu'exposent de fort bons livres facilement accessibles (j'en cite plusieurs à la fin), d'autant plus que ces mécanismes simples sont surtout intéressants par leurs propriétés dynamiques, en dehors de mon sujet. En définitive, je ne parle guère que des mécanismes présentant une certaine difficulté de principe, dont on ne comprend bien la nature sans quelque peu de géométrie et de cinématique théorique, et la matière est très suffisante pour un livre qui n'aspire pas à faire fléchir les rayons des bibliothèques. Ces mécanismes sont les engrenages, les courbes roulantes, les cames, les systèmes articulés.

Sans aller jusqu'à la « technologie », je me suis efforcé de traiter les questions d'une manière pratique, c'est-à-dire assez à fond pour permettre au lecteur de construire des modèles.

Le Chapitre consacré aux intégrateurs mécaniques serait un chapitre d'applications, s'il ne fallait y invoquer des principes nouveaux.

Ce qui précède concerne les trois premiers quarts de ce Tome II. Pour les « Notes et Études diverses » qui forment le dernier quart, je devrais passer de l'explication au plaidoyer, car j'y aborde des problèmes assez éloignés de la pratique industrielle. J'espère que les amis de la Géométrie ne me sauront pas mauvais gré d'avoir rassemblé les résultats, souvent fort remarquables, obtenus par divers chercheurs modernes dans leurs études sur les systèmes articulés. Je me suis d'ailleurs gardé des développements excessifs, reculant par exemple devant l'exposition complète des propriétés actuellement connues de la courbe du trois-barres. J'ai signalé des problèmes intéressants (du moins je les trouve tels) non résolus encore. Cela pour le lecteur qui, dans la science faite, voit surtout les matériaux de la science à faire.

M. Léon Pomey a continué à m'aider dans la revision des épreuves, et je l'en remercie.

Paris, le 10 octobre 1926.

RAOUL BRICARD.

AVERTISSEMENT.

Je rappelle le sens de certaines expressions et de certaines notations qui ont été introduites au Tome I et dont je fais constamment usage dans l'étude des mécanismes.

1º Si divers solides A, B, C, ... sont animés simultanément de mouvements quelconques, je désigne par $\left(\dfrac{B}{A}\right)$ par exemple le mouvement de B par rapport à un observateur lié au solide A. Le mouvement $\left(\dfrac{C}{A}\right)$ résulte des mouvements $\left(\dfrac{B}{A}\right)$ et $\left(\dfrac{C}{B}\right)$, ce qui peut s'écrire symboliquement

$$\left(\frac{C}{A}\right) = \left(\frac{B}{A}\right)\left(\frac{C}{B}\right) \quad \text{ou} \quad \left(\frac{C}{A}\right) = \left(\frac{C}{B}\right)\left(\frac{B}{A}\right),$$

l'ordre des facteurs étant indifférent dans le second membre.

2º M étant un point de l'espace, au lieu de dire : *la trajectoire, la vitesse du point M supposé entraîné avec B, par rapport à A,* je dis plus brièvement : *la trajectoire, la vitesse du point M dans le mouvement* $\left(\dfrac{B}{A}\right)$.

3º Le vecteur vitesse du point M dans le mouvement $\left(\dfrac{B}{A}\right)$ est désigné par la notation $\mathbf{v}_{/A}(M)$, ou simplement $\mathbf{v}_{B/A}$. Avec cette notation, le théorème de la composition des vitesses s'écrit

$$\mathbf{v}_{C/A} = \mathbf{v}_{C/B} + \mathbf{v}_{B/A}$$

ou encore :

$$\mathbf{v}_{B/C} + \mathbf{v}_{C/A} + \mathbf{v}_{A/B} = 0.$$

LEÇONS DE CINÉMATIQUE

LIVRE IV.

MÉCANISMES.

CHAPITRE XIV.

GÉNÉRALITÉS.

263. Définition d'un mécanisme. — Un *mécanisme* est un système de corps dont l'ensemble est déformable. Les divers corps qui constituent un mécanisme en sont les *éléments*.

Le mot *corps*, dans la définition précédente, doit être pris au sens le plus large. Il peut désigner aussi bien un *corps déformable* ou même un *fluide* qu'un *solide*, au sens que ce mot a reçu en Cinématique (t. I, n° 103, p. 125).

Par exemple, le système constitué par une porte et son bâti est un mécanisme, dont les éléments sont des solides, à part les ressorts de la serrure. Le mécanisme formé par une courroie de transmission et les poulies qui la supportent a pour éléments des solides (les poulies, les paliers) et un corps déformable (la courroie). Une presse hydraulique est un mécanisme dont un élément est un liquide, etc. (¹).

La définition d'un mécanisme est si générale qu'on peut considérer

---

(¹) C'est en vue d'une généralité complète que je mentionne l'existence possible dans un mécanisme de corps déformables ou de fluides. Dans le présent Ouvrage, il ne sera question que de mécanismes dont tous les éléments sont des solides. Les propriétés *cinématiques* des mécanismes comprenant des éléments déformables (par exemple les courroies de transmission) sont en général intuitives, et c'est leur étude *dynamique* qui est intéressante. Cette dernière est en dehors de notre sujet.

comme mécanisme tout ce qui tombe sous les sens : le système solaire est un mécanisme; une table chargée d'objets en est un autre. Mais, pratiquement, les mécanismes présentent surtout de l'intérêt comme *transformateurs de mouvement*. C'est là leur rôle dans les *machines*.

266. Définition d'une machine. — Une *machine* est un système de corps auquel on fournit de l'énergie sous une certaine forme (cinétique, calorifique, chimique, électrique) à quelque fin utile. Le but poursuivi peut être simplement de transformer l'énergie reçue en une énergie d'une autre sorte : ainsi un moteur thermique transforme l'énergie calorifique en énergie cinétique, une dynamo transforme l'énergie cinétique en énergie électrique, un moteur électrique opère la transformation inverse. Le but peut être d'agir sur la matière (machine-outil); d'opérer un transport dans l'espace de la machine même (locomotive, automobile); d'opérer un simple déplacement relatif de certains éléments de la machine, déplacement que nous savons interpréter : une horloge, par exemple, nous fait en quelque sorte des signes que nous comprenons.

Son utilisation laissée de côté, une machine est un mécanisme que, pour la commodité, on considère souvent comme composé de mécanismes distincts. Par exemple, dans une automobile, on distingue le mécanisme du moteur, celui de l'embrayage, celui du changement de vitesse, celui de la direction, etc.

L'étude complète d'une machine ressortit à la Statique et à la Dynamique. La Cinématique n'envisage les mécanismes qu'à l'égard des lois géométriques et des lois de temps suivant lesquelles s'effectuent les mouvements relatifs de leurs éléments, sans considérer les efforts et les échanges d'énergie que ces mouvements mettent en jeu. Ainsi l'étude d'un changement de vitesse d'automobile relève de la Cinématique, s'il ne s'agit que de savoir comment sont disposés les engrenages qui le composent. Mais la recherche des dimensions à donner aux éléments de ce mécanisme pour lui permettre de résister aux efforts qu'il supportera est du domaine de la Statique et de la Dynamique appliquées.

Il existe toutefois des mécanismes dont l'étude ne peut être purement ment cinématique, parce que leur principe même est d'ordre statique ou dynamique. Tels sont certains *encliquetages*, qui reposent sur le frottement.

267. Transformations de mouvement. — Ainsi que je l'ai dit, les mécanismes interviennent dans les machines comme *transformateurs de mouvement*. Soient A_1 et A_n deux éléments d'une machine. A_1 étant animé d'un mouvement de loi donnée, il s'agit d'établir entre A_1 et A_n une *liaison* qui impose à A_n un mouvement de loi également donnée. A cet effet, on relie A_1 et A_n par un certain nombre d'éléments intermédiaires A_2, A_3, ..., A_{n-1}, convenablement choisis. Le mécanisme $(A_1, A_2, ..., A_n)$ constitue une *chaîne cinématique* et opère la transformation demandée.

Le plus souvent, les mouvements de A_1 et de A_n sont des mouvements de lois simples : *translations rectilignes* ou *rotations*. Ces mouvements sont ou *permanents* ou *intermittents*. Une rotation peut être de *sens constant* (¹) ou passer périodiquement d'un sens au sens opposé, auquel cas elle est dite *alternative*. Une translation rectiligne dont la vitesse ne tend pas vers zéro est nécessairement alternative, sans quoi son amplitude serait infinie, ce qui est physiquement impossible.

Dans la pratique, on dit souvent *mouvement circulaire* au lieu de *rotation*, et *mouvement rectiligne* au lieu de *translation rectiligne*.

Les mouvements de A_1 et de A_n peuvent encore être des *vissages*, continus ou intermittents.

268. Indications sur les classifications de Monge, de Willis, de Reuleaux, de M. G. Kœnigs. — En considérant systématiquement les mécanismes comme transformateurs de mouvements, Monge les a classés d'après la nature des transformations qu'ils réalisent. Par exemple une classe sera constituée par tous les mouvements qui transforment une rotation de sens constant en une autre rotation de sens constant (*engrenages, courroies de transmission, bielles d'accouplement*, etc.), une autre par ceux qui transforment une rotation alternative en rotation de sens constant (par exemple la *pédale de rémouleur*).

Une telle classification est manifestement défectueuse parce qu'elle

---

(¹) On dit souvent : *rotation continue*. C'est un abus de langage. Le mot *continu* a en mathématiques un sens trop précis pour qu'il soit permis de l'employer dans une acception différente. Tous les mouvements physiquement réalisables sont *continus*.

range côte à côte des mécanismes dont les principes n'ont rien de commun, tels que les engrenages et les bielles d'accouplement mentionnés plus haut.

Willis, tout en respectant l'idée générale de la classification de Monge, l'a améliorée, en tenant compte de la constitution du mécanisme : il aboutit à définir trois classes, contenant chacune trois genres. Il ne paraît pas utile d'entrer dans le détail de la classification de Willis, qui n'a d'intérêt que pour une étude absolument complète des mécanismes.

A une époque plus récente, Reuleaux, puis M. Kœnigs ont proposé de classer les mécanismes d'après leur seule constitution. Ils obtiennent ainsi une classification *organique*, alors que celles de Monge et de Willis sont *utilitaires*. Je n'ai pas dessein d'exposer complètement celle-là plus que celles-ci, mais il faut au moins en dégager l'idée fondamentale.

269. Couples ou systèmes binaires. Couples d'éléments contigus. — Soient A, B, C, D, ... les éléments d'un mécanisme. On dit que deux quelconques d'entre eux, A et C par exemple, forment un *système binaire* ou *couple*, et l'étude complète d'un mécanisme exige en principe celle des mouvements relatifs des éléments de chaque couple.

Les couples les plus importants sont constitués par des éléments *contigus*, c'est-à-dire en contact immédiat. Il faut en distinguer trois sortes :

1° *Couples de contact ponctuel.* — Un tel couple est formé de deux éléments qui restent appuyés l'un contre l'autre au cours du mouvement, les surfaces terminales de ces deux éléments ne se touchant qu'en un point. On a par exemple des contacts ponctuels dans un *roulement à billes*.

2° *Couples de contact linéaire.* — Un tel couple est formé de deux éléments qui restent appuyés l'un contre l'autre, leurs surfaces terminales se touchant constamment suivant une ligne. Par exemple, la jante d'une roue a un contact linéaire avec le sol.

Exceptionnellement, il peut arriver que le mouvement relatif de deux éléments formant un couple de contact ponctuel ou linéaire soit un roulement. On aura alors un *couple de roulement*.

3° *Couples d'emboîtement*. — Un tel couple est formé de deux éléments tels que, dans leur mouvement relatif, une certaine surface liée à l'un d'eux reste en coïncidence avec une certaine surface liée à l'autre.

270. Détermination des couples d'emboîtement. — La surface suivant laquelle sont en contact les deux éléments d'un couple d'emboîtement n'est pas arbitraire : il faut en effet, d'après la définition même d'un tel couple, que cette surface *puisse être animée d'un mouvement qui la laisse en coïncidence avec elle-même*.

On est donc amené, pour déterminer tous les couples d'emboîtement possibles, à rechercher les surfaces jouissant de la propriété dont il s'agit.

Soient S une surface satisfaisante, $\mathfrak{M}$ un mouvement qui la laisse en coïncidence avec elle-même, ou, ce qui sera plus clair, qui la laisse en coïncidence avec une surface fixe S_0.

M étant un point quelconque de S, la trajectoire de M est tracée sur S_0. Mais on sait qu'à un instant quelconque, les normales aux trajectoires de tous les points d'un solide appartiennent à un complexe linéaire (t. 1, n° 208, p. 226). Donc, en particulier, toutes les normales à S appartiennent à un complexe linéaire C_n. Rappelons encore que l'axe du vissage tangent au mouvement $\mathfrak{M}$ est l'axe du complexe C_n. Le pas du vissage est égal au pas du complexe. Deux cas sont alors à examiner :

1° Si les normales à S appartiennent à un seul complexe linéaire, l'axe du vissage tangent à $\mathfrak{M}$ occupera par rapport à S une position invariable, au cours du mouvement. Cet axe est donc aussi fixe par rapport à S_0. En outre, le pas du vissage tangent doit être constant. Il résulte de là que le mouvement continu $\left(\dfrac{S}{S_0}\right)$ est un vissage. Les trajectoires de tous les points M sont des hélices. *La surface S est un hélicoïde ayant pour axe celui du vissage.*

Réciproquement, il est intuitif que tout hélicoïde peut recevoir un mouvement qui le laisse en coïncidence avec lui-même. On obtient donc un couple d'emboîtement en prenant comme surfaces terminales restant en coïncidence deux hélicoïdes égaux quelconques. Le mouvement relatif des éléments du couple est un vissage, et le couple obtenu est dit *couple vis*. Il est très employé dans la pratique (*vis et écrou*).

L'hélicoïde contient comme cas particuliers la *surface de révolution* (pas nul) et *le cylindre* (pas infini). Les couples correspondants ont reçu les noms de *couple rotoïde* et de *couple prismatique*. Les exemples en abondent aussi. Une roue et son essieu forment un couple rotoïde, une table et un tiroir forment un couple prismatique.

$2°$ Si les normales à S appartiennent à plus d'un complexe linéaire, elles appartiennent à tous les complexes d'un certain faisceau et à la congruence linéaire base de ce faisceau (t. I, n° 96, p. 113). Elles rencontrent donc au moins deux droites fixes X et Y, c'est-à-dire que la surface S est de révolution autour de X et de Y ([1]).

Or une surface ne peut être de révolution autour de deux droites qui ne se rencontrent pas et qui soient toutes les deux à distance finie. Donc, ou bien l'une au moins des droites X et Y est à l'infini, ou bien les deux droites se rencontrent. La discussion s'achève aisément et conduit aux trois nouvelles solutions suivantes :

$1°$ X est à distance finie, Y est à l'infini. S est *un cylindre de révolution* d'axe X (Y est nécessairement la droite impropre des plans perpendiculaires à X);

$2°$ X et Y se rencontrent à distance finie. S est une *sphère* ayant pour centre le point de rencontre de X et de Y;

$3°$ X et Y sont deux droites à l'infini. S est un *plan*.

On remarque que ces solutions rentrent dans la solution générale obtenue en premier lieu, mais il y a ceci en plus : si S est un cylindre de révolution, il existe un mouvement $\mathfrak{M}_2$ qui laisse cette surface en coïncidence avec elle-même; si S est une sphère ou un plan, le mouvement qui assure la coïncidence est un mouvement $\mathfrak{M}_3$.

Les couples correspondants portent les noms respectifs de *couple verrou*, de *couple sphérique*, de *couple plan*.

Ils sont moins répandus que les trois premiers couples comme

([1]) La congruence pourrait, *a priori*, être *singulière* (t. I, n° 99, p. 114). Alors toutes les normales à S rencontrant X en un point donné devraient être dans un même plan contenant cet axe, et l'on reconnaît immédiatement que c'est impossible, si X est à distance finie.

couples de fonctionnement. Je veux dire par là que, dans le fonctionnement régulier d'une machine, les mouvements relatifs de ses divers éléments sont en général des mouvements $\mathfrak{R}_1$. On peut cependant citer des exemples d'utilisation de ces couples. Ainsi l'*articulation à genou* (^{1}) des instruments de topographie est une application du couple sphérique. Tout objet mis à plat sur une table et pouvant se mouvoir librement forme avec elle un couple plan. Le couple verrou est surtout employé comme *couple de montage*, c'est-à-dire que ses propriétés permettent souvent la mise en place des éléments d'un mécanisme. Par exemple, pour monter une porte sur ses paumelles, on applique les propriétés du couple verrou. La porte mise en place, les paumelles fonctionnent comme couples rotoïdes.

Dans le *régulateur à force centrifuge* de Watt, il existe un manchon qui tourne autour d'un axe et est animé d'une translation parallèle à cet axe, les deux mouvements étant indépendants. Les propriétés du couple verrou interviennent donc ici dans le fonctionnement même du mécanisme.

271. Degré de liberté d'un mécanisme. — Un mécanisme quelconque étant un système d'éléments mobiles les uns par rapport aux autres, la forme du mécanisme dépend d'un certain nombre λ de paramètres indépendants. Ce nombre λ est ce qu'on appelle le *degré de liberté* du mécanisme. On dit aussi que le mécanisme est à λ *paramètres.*

Pour donner tout de suite un exemple courant, considérons une bicyclette. L'ensemble de cette machine constitue un mécanisme à trois paramètres, ou au troisième degré de liberté (ou encore, *à trois degrés de liberté*). En effet, on peut faire varier indépendamment : 1° l'angle que fait l'une des manivelles avec une direction fixe par rapport au cadre; 2° l'orientation du guidon; 3° un angle définissant la position de la roue avant par rapport à la fourche. On peut même ajouter un quatrième paramètre, pour tenir compte de la liberté des pédales sur leurs axes, et d'autres paramètres encore si la bicyclette a des freins, si l'on prend en considération les divers réglages possibles.

(^{1}) Expression impropre. L'articulation du genou, chez les êtres vivants, fonctionne normalement comme couple rotoïde. Elle ne fonctionne comme couple sphérique que dans le cas de déboîtement de la rotule.

Pour évaluer le degré de liberté d'un mécanisme constitué de n éléments (solides), il existe diverses méthodes. Voici la plus sûre : on observe d'abord que si ces n éléments n'avaient entre eux aucune liaison, le mécanisme serait à $6(n-1)$ paramètres, définissant la position de $n-1$ des éléments par rapport à l'un d'eux. On passe ensuite en revue les diverses liaisons imposées, dont chacune pourrait se traduire analytiquement par un certain nombre de relations entre les $6(n-1)$ paramètres. Si k est le nombre total des conditions *indépendantes*, le mécanisme est à $6(n-1)-k$ paramètres.

Une cause d'erreur, dans l'évaluation de la liberté d'un mécanisme, est de considérer comme indépendantes des conditions qui ne le sont pas en réalité. S'il n'est pas sûr qu'il en soit ainsi, la seule conclusion permise est la suivante : le degré de liberté du mécanisme est *au moins* égal à $6(n-1)-k$.

Pour évaluer k on s'appuie sur les remarques suivantes :

1° L'existence d'*un couple de contact ponctuel* dans un mécanisme impose une relation entre les paramètres, car il faut écrire que deux surfaces sont tangentes.

2° L'existence d'un *couple de contact linéaire* impose en *général* cinq relations. Observons d'abord que les surfaces terminales S et S′ de deux éléments A et A′ formant un couple de contact linéaire ne peuvent être quelconques toutes les deux, car la surface S doit être l'enveloppe linéaire de S′ dans le mouvement $\left(\dfrac{A'}{A}\right)$ (¹). Il faut donc en général que ce mouvement soit un mouvement $\mathfrak{M}_1$, c'est-à-dire qu'il existe bien cinq relations entre les paramètres qui définissent les positions de ces deux éléments.

Cependant le nombre cinq peut être réduit dans certains cas : ainsi assujettir une sphère S à rester en contact linéaire avec un cylindre de révolution (Cy) n'impose que deux conditions : il suffit en effet que dans le mouvement $\left(\dfrac{S}{Cy}\right)$, le centre de S décrive l'axe de (Cy).

3° L'existence d'un couple vis, rotoïde ou prismatique, impose cinq conditions, car si deux éléments A et A′ forment un tel couple, le mouvement $\left(\dfrac{A'}{A}\right)$ est un $\mathfrak{M}_1$.

(¹) Cette question sera étudiée de plus près au Chapitre suivant.

4° L'existence d'un couple verrou impose quatre conditions.

5° L'existence d'un couple sphérique ou d'un couple plan impose trois conditions.

Un mécanisme au premier degré de liberté est parfois dit *desmodromique* ([1]).

Remarque. — Il existe des mécanismes constitués uniquement de tiges, c'est-à-dire, géométriquement, de *ponctuelles*. Une ponctuelle ne pouvant être prise comme solide de référence, la méthode indiquée ci-dessus pour le calcul du degré de liberté doit être modifiée comme il suit :

Soit n le nombre des ponctuelles. Prenons un solide de référence quelconque S_0. Si les ponctuelles n'ont pas de liaisons entre elles, la figure qu'elles forment dépend de $5n$ paramètres. Mais, sans en modifier la grandeur, on peut lui donner ∞^6 positions par rapport à S_0. On peut donc dire qu'une figure formée par n ponctuelles libres dépend de $5n - 6$ *paramètres de grandeur*, ou encore qu'elle possède un degré de liberté égal à $5n - 6$.

Des liaisons imposées à ces ponctuelles, se traduisant par k relations indépendantes, réduiront le degré de liberté à $5n - k - 6$.

272. Exemples d'évaluation de la liberté d'un mécanisme. — 1° Considérons une *chaîne fermée de n couples rotoïdes*, c'est-à-dire le mécanisme formé de n éléments $A_1, A_2, \ldots, A_n$ tels que $(A_1, A_2), \ldots, (A_{n-1}, A_n), (A_n, A_1)$ soient des couples rotoïdes. Quel est le degré de liberté de ce mécanisme?

L'existence de chaque couple rotoïde impose 5 conditions. Comme il y a n couples, on a en tout $5n$ conditions. *Si elles sont indépendantes*, le degré de liberté demandé est

$$(1) \qquad \lambda = 6(n - 1) - 5n = n - 6.$$

Si les conditions ne sont pas indépendantes, le degré de liberté est plus élevé. Supposons par exemple que les axes de tous les couples rotoïdes concourent en un point O. Pour exprimer que A_1 et A_2 forment un couple rotoïde dont l'axe passe en O, il faut écrire qu'un

---

([1]) De ὁρμός, lien, et δρόμος, course.

point de A_2 coïncide constamment avec le point O de A_1, ce qui donne 3 conditions, puis qu'une direction de A_2 coïncide avec une direction de A_1, ce qui en donne 2 autres, soit 5 en tout. L'existence de chacun des couples (A_2, A_3), ..., (A_{n-1}, A_n) s'exprime de même par 5 conditions. Toutes les conditions écrites jusqu'ici sont manifestement distinctes, parce que la considération de chaque élément nouveau introduit des paramètres nouveaux. Mais l'existence du couple (A_n, A_1) ne s'exprime que par deux conditions nouvelles, puisque l'on sait déjà qu'un point de A_n coïncide avec le point O. Le degré de liberté sera donc, dans le cas actuel,

$$6(n-1) - 5(n-1) - 2 = n - 3.$$

Quand les axes ne présentent pas une relation aussi simple, tout ce que l'on peut conclure du raisonnement, c'est que le degré de liberté est *au moins* $n - 6$ et *qu'il est à présumer* qu'il a exactement cette valeur. On devra donc considérer comme remarquable toute chaîne fermée de n couples rotoïdes ayant un degré de liberté supérieur à $n - 6$. D'une manière générale, on peut appeler *paradoxal* un mécanisme dont le degré de liberté surpasse le nombre auquel conduit un compte de conditions et de paramètres.

2° Considérons le système de 12 tiges rigides représenté par le schéma de la figure 275. Ces tiges sont articulées trois à trois, de manière à former 24 couples sphériques (chacun des 8 points de la figure représente trois couples sphériques).

Pour exprimer que les tiges M_1N_2, M_1N_3, M_1N_4, par exemple, sont articulées en M_1, il faut que le point M_1, considéré comme lié successivement à M_1N_3 et à M_1N_4, coïncide avec le point M_1 considéré comme lié à M_1N_2, ce qui fait en tout 6 conditions. Le degré de liberté du mécanisme est donc

$$12 \times 5 - 6 - 8 \times 6 = 6.$$

273. **Mécanisme de liberté nulle ou négative.** — Pour $n = 6$, la formule (1) du n° **272** donne la valeur zéro pour k. Ce fait doit s'interpréter de la manière suivante : marquons arbitrairement dans chaque élément A_n deux points O_n et O'_n et traçons-y deux directions D_n et D'_n. Il est possible de disposer les six éléments de telle manière que O_n coïncide avec O_{n-1} et D_n avec D'_{n-1} (en convenant

que l'élément A_i peut aussi être désigné par A_7), parce que ces conditions se traduisent par un nombre d'équations égal à celui des inconnues, mais le mécanisme une fois construit sera rigide *en général*.

Pour $n < 6$, k est négatif. Il est égal à -2 pour $n = 4$, par exemple, et l'on peut dire que le degré de liberté est -2, en entendant par là, que pour que le mécanisme puisse être seulement *construit*, il faut que les points O_n et la direction D_n satisfassent dans leur ensemble à deux conditions.

Ces notions de liberté nulle ou négative, exposées sur un exemple particulier, s'étendent évidemment à un mécanisme de constitution quelconque.

On dit souvent d'un mécanisme de liberté nulle qu'il est *bloqué*.

274. Une classe de mécanismes paradoxaux. — On peut obtenir une classe assez étendue de mécanismes paradoxaux, ayant une liberté du premier degré, alors que le compte de conditions et de paramètres leur attribue une liberté nulle.

Considérons un mécanisme constitué de $2n$ solides A_1, A_2, ..., A_n, B_1, B_2, ..., B_n, tel que les solides A_i et B_i soient symétriques l'un de l'autre par rapport à une droite D, qui est la même quel que soit l'indice i. La forme du mécanisme dépend des paramètres qui fixent par rapport à A_1 les solides A_2, A_3, ..., A_n et la droite D; le nombre de ces paramètres est égal à

$$6(n-1) + 4 = 6n - 2.$$

Établissons maintenant entre les solides A et B $6n - 3$ liaisons indépendantes et d'ailleurs de nature quelconque, sous la seule réserve qu'il n'y ait pas de liaison imposée *a priori* à deux solides symétriques par rapport à **D**. Le mécanisme reste déformable, et son degré de liberté est

$$6n - 2 - (6n - 3) = 1.$$

Mais, à cause de la symétrie, le nombre des liaisons imposées est double, car, quelle que soit la forme du mécanisme, la position du solide A_i par rapport au solide B_j ($i \neq j$) est la même que celle de B_i par rapport à A_j. Le nombre total des liaisons est donc

$$2(6n - 3) = 12n - 6.$$

D'après le résultat général trouvé au n° 272, le degré de liberté du mécanisme devrait être égal à

$$6(2n-1)-(12n-6)=0.$$

On a donc bien un mécanisme paradoxal.

Considérons par exemple un mécanisme constitué de quatre solides assujettis à former deux à deux des couples sphériques. L'existence de chaque couple sphérique impose trois conditions, et comme il y a six de ces couples, on a en tout 18 conditions. Donc le mécanisme aura en général un degré de liberté égal à $3 \times 6 - 18 = 0$, c'est-à-dire qu'il sera indéformable.

Mais constituons le mécanisme de deux solides A_1 et A_2 et de leurs symétriques B_1 et B_2 par rapport à une même droite D. Tant qu'il n'existe pas de liaison imposée, le degré de liberté est $6 + 4 = 10$. Assujettissons (A_1, A_2), (A_1, B_2), (A_2, B_1) à former trois couples sphériques. (B_1, B_2), (B_1, A_2), (B_2, A_1) formeront aussi des couples sphériques, et le nombre des conditions imposées étant seulement de $3 \times 3 = 9$, le mécanisme sera déformable au premier degré de liberté.

La recherche des mécanismes paradoxaux est fort intéressante. On en rencontrera divers exemples au Chapitre XIX et dans les Notes terminales de l'Ouvrage.

CHAPITRE XV.

ENGRENAGES.

A. — GÉNÉRALITÉS.

275. Position générale du problème des engrenages. — Soient A et A′ deux solides ayant tous les deux, par rapport à un solide fixe ou *bâti* B, des mouvements de lois *géométriques* données. Par exemple, A tourne autour d'un axe X, A′ tourne autour d'un axe X′ (cet exemple est justement celui qui se présente le plus souvent dans la pratique, mais tout ce qui suit s'applique au cas général).

Le mouvement de A et celui de A′ peuvent s'effectuer suivant une infinité de lois de temps. Supposons qu'on lie à A une surface S et à A′ une surface S′. Si les deux mouvements s'effectuent de telle manière que S touche constamment S′, il est clair qu'une loi de temps donnée pour le mouvement $\left(\dfrac{A}{B}\right)$ entraîne une loi de temps déterminée par le mouvement $\left(\dfrac{A'}{B}\right)$, puisque la position occupée par A à un instant t détermine celle de A′ au même instant.

Le mécanisme constitué par A, A′ et B est un *engrenage*. (A, A′) est un couple de contact ; (B, A) et (B, A′) sont des couples de natures diverses, le plus souvent des couples rotoïdes. Assez fréquemment aussi, l'un de ces couples est prismatique, l'autre restant rotoïde, et l'on a alors une *crémaillère*.

On peut dire que, lorsque l'engrenage fonctionne, l'un des solides A et A′ ayant un mouvement donné (loi de temps comprise) *pousse* l'autre grâce à l'appui de S contre S′. Le premier s'appelle le solide *menant*, l'autre le solide *mené*.

Tout cela posé, le problème général des engrenages est le suivant :

La loi de temps du mouvement $\left(\dfrac{A}{B}\right)$ *étant donnée, déterminer les surfaces* S *et* S′ *de telle manière que le mouvement* $\left(\frac{A'}{B}\right)$ *s'effectue suivant une loi de temps également donnée.*

276. **Première solution par un engrenage à contact linéaire.** — Les mouvements $\left(\frac{A}{B}\right)$ et $\left(\frac{A'}{B}\right)$ étant donnés, le mouvement $\left(\frac{A'}{A}\right)$ est connu. Donnons-nous arbitrairement une surface S′ liée à A′. Dans le mouvement $\left(\frac{A'}{A}\right)$, S′ a une certaine enveloppe S qui est une surface liée à A, et à chaque instant S et S′ se raccordent suivant une courbe C qui est la caractéristique de S′. Réalisons maintenant les surfaces S et S′. (A, A′) constitue alors un *couple de contact linéaire*. Quand A se meut suivant la loi de temps donnée, le mouvement $\left(\frac{A'}{B}\right)$, tel que ce couple subsiste, est bien celui qu'on voulait obtenir.

L'engrenage ainsi défini est dit *à contact linéaire*, et les surfaces S et S′ sont dites (*linéairement*) *conjuguées*.

277. **Solution plus générale par un engrenage à contact ponctuel.** — Soient (*fig.* 118) S et S′ les surfaces définies au paragraphe pré-

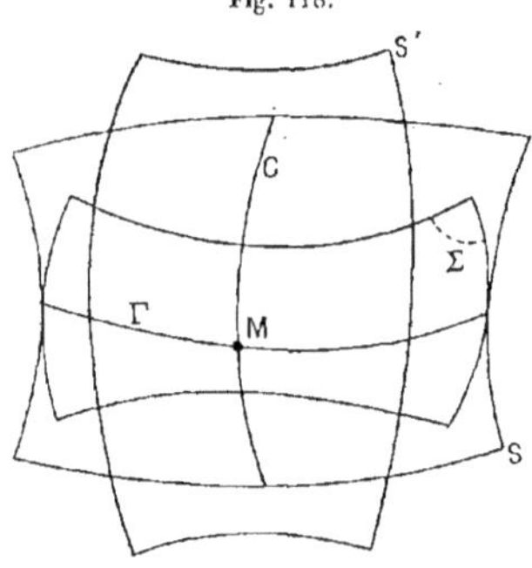

Fig. 118.

cédent, et C leur courbe de contact. Construisons une surface Σ liée de même que S au solide A, se raccordant avec S le long d'une courbe Γ, et d'ailleurs quelconque.

Si C et Γ qui sont deux courbes tracées sur S se coupent en un point M, les surfaces Σ et S′ se touchent en ce point M. Supprimons la surface S et réalisons Σ. On voit que le contact ponctuel de Σ et de S′ assurera le fonctionnement de l'engrenage.

On a ainsi un engrenage *à contact ponctuel.*

La construction d'un engrenage à contact linéaire comporte déjà beaucoup d'arbitraire, puisqu'on peut se donner arbitrairement la surface S′, la surface linéairement conjuguée en résultant. Un engrenage à contact ponctuel en comporte encore davantage, puisqu'on peut se donner arbitrairement, en plus de S′, la surface Σ inscrite à S.

On dira que S′ et Σ sont *ponctuellement conjuguées.*

278. Comparaison entre les deux sortes d'engrenages. — On donne parfois aux engrenages à contact linéaire le nom *d'engrenages de force* et aux engrenages à contact ponctuel celui *d'engrenages de précision.* Voici comment on a justifié ces dénominations : d'une part, il est plus facile d'assurer avec précision le contact de deux surfaces en un point que leur raccordement suivant une courbe. Un engrenage à contact ponctuel se prête donc mieux en général qu'un engrenage à contact linéaire à transformer un mouvement selon une loi rigoureuse. D'autre part, dans un engrenage à contact linéaire, la pression exercée par une surface S′ sur la surface conjuguée S est répartie le long d'une courbe au lieu d'être concentrée en un point. Les engrenages à contact linéaire seraient plus propres que les autres à la transmission d'efforts considérables.

En réalité, on emploie de plus en plus aujourd'hui des *engrenages hélicoïdaux,* qui sont à contact ponctuel, pour la transmission d'efforts puissants. C'est, comme on le verra au n° **317**, parce que ces engrenages, convenablement exécutés, fonctionnent sans glissement, avantage considérable qui fait passer sur d'autres défauts. Les dénominations indiquées ci-dessus sont donc un peu archaïques.

279. Méthodes pour obtenir un couple de surfaces conjuguées. — 1° Pour obtenir un couple de surfaces linéairement conjuguées, il n'y a qu'à appliquer la définition : on se donne arbitrairement S′ par exemple, et S est l'enveloppe de S′ dans le mouvement $\left(\dfrac{\Lambda'}{\Lambda}\right)$;

2° Pour obtenir un couple de surfaces ponctuellement conjuguées, on peut procéder comme il est indiqué au n° **277**; on se donne arbitrairement S′, on construit S linéairement conjuguée de S′, puis on construit une surface Σ inscrite à S. S′ et Σ constituent le couple demandé;

3° On peut encore appliquer le procédé suivant, d'un caractère plus symétrique : en même temps que s'effectuent les mouvements $\left(\dfrac{A}{B}\right)$ et $\left(\dfrac{A'}{B}\right)$, imaginons qu'une certaine surface S″ varie en fonction du temps suivant une loi quelconque. S″ peut être une surface de grandeur invariable qui se meut suivant une loi donnée, mais ce n'est pas nécessaire : S″ peut varier de grandeur.

Pour un observateur lié à A, S″ a une certaine enveloppe Σ (*fig.* 119) qu'elle touche, à un instant t, tout le long d'une certaine

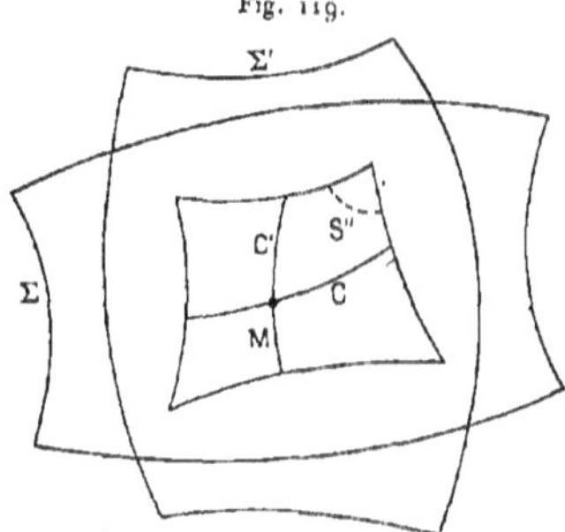

Fig. 119.

courbe C. De même, pour un observateur lié à A′, S″ a une enveloppe Σ' qu'elle touche, au même instant, le long d'une courbe C′. C et C′ appartenant à une même surface S″ se coupent, en général, en un ou plusieurs points. Soit M l'un d'eux. Σ et Σ', étant toutes les deux tangentes à S″ en M, se touchent en ce point. On a donc obtenu en Σ et Σ' un couple de surfaces ponctuellement conjuguées.

Je dis : *ponctuellement*, parce qu'en général les courbes C et C′ sont distinctes. Exceptionnellement, elles peuvent être confondues, et alors Σ et Σ' sont linéairement conjuguées.

La troisième des méthodes précédentes est fréquemment appliquée à la taille mécanique des engrenages (n° 309).

280. Engrenages employés dans la pratique. — Pratiquement, comme je l'ai dit au début, les mouvements $\left(\frac{A}{B}\right)$ et $\left(\frac{A'}{B}\right)$ sont en général des rotations, parfois des translations. Le cas de beaucoup le plus fréquent est celui où ces rotations ou ces translations sont uniformes. L'importance de ce cas est même telle que l'on entend presque toujours par *engrenage*, quand on ne spécifie rien de plus, un *engrenage effectuant la transformation d'un mouvement de rotation uniforme autour d'un axe X en un mouvement de rotation uniforme autour d'un axe X′* (¹).

Quand une des rotations est remplacée par une translation, on a, comme je l'ai dit plus haut, une crémaillère ; l'un des axes X et X′ est alors rejeté à l'infini.

L'étude des engrenages au sens restreint qui précède se subdivise d'elle-même en trois cas :

1° Les axes sont parallèles (*engrenages cylindriques, engrenages hélicoïdaux à axes parallèles*);
2° Les axes sont concourants (*engrenages d'angle*);
3° Les axes ne sont pas dans un même plan (*engrenages gauches*).

Nous les aborderons successivement.

B. — AXES PARALLÈLES. ENGRENAGES CYLINDRIQUES.

281. Cylindres primitifs. — Soient ω et ω' les vitesses angulaires constantes du solide A tournant autour de l'axe X et du solide A′ tournant autour de l'axe X′, X et X′ étant parallèles (*fig.* 120). Ces vitesses peuvent être affectées de signes. On a $\omega\omega' > 0$ si les deux rotations sont de même sens, et $\omega\omega' < 0$ dans le cas contraire. Les deux rotations peuvent être figurées par leurs vecteurs glissants (X, ω) et (X', ω').

(¹) Ou plus généralement une transformation de mouvement telle que les vitesses de rotation autour des deux axes, si elles sont variables, restent dans un rapport constant. Il est évident qu'on ne modifie pas l'énoncé *géométrique* du problème des engrenages, si l'on suppose les vitesses constantes, et c'est ce que je ferai.

Étudions le mouvement relatif

$$\left(\frac{A'}{A}\right) = \left(\frac{B}{A}\right)\left(\frac{A'}{B}\right).$$

Le mouvement $\left(\frac{B}{A}\right)$ est une rotation de vecteur glissant $(X, -\omega)$. $\left(\frac{A'}{B}\right)$ est une rotation de vecteur glissant (X', ω'). *Si l'on suppose $\omega' \neq \omega$, ces deux vecteurs glissants parallèles se composent en un vecteur glissant $(Y, \omega' - \omega)$ dont le support Y est parallèle aux axes X et X' et situé dans leur plan. Soient O, O', I les points où une perpendiculaire commune à X, X', Y rencontre ces droites. Le

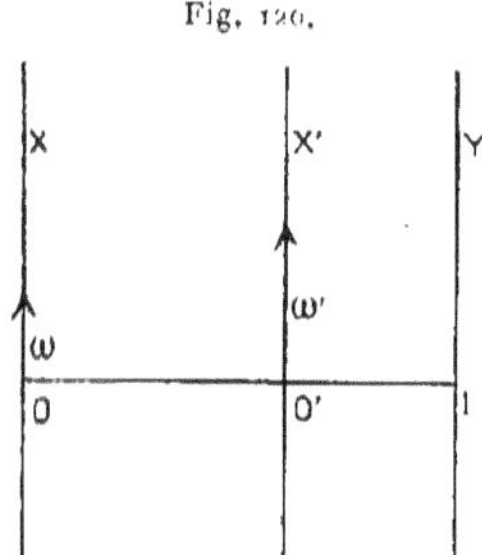

Fig. 120.

moment par rapport au point I du torseur $(X, -\omega) + (X', \omega')$ doit être nul, d'où

(1) $$-\omega\, OI + \omega'\, O'I = 0$$

ou

$$\frac{OI}{\omega'} = \frac{O'I}{\omega} = \frac{OI - O'I}{\omega' - \omega} = \frac{OO'}{\omega' - \omega}.$$

Par conséquent

$$OI = \frac{\omega'}{\omega' - \omega}\, OO', \qquad O'I = \frac{\omega}{\omega' - \omega}\, OO'.$$

Les vitesses angulaires ω et ω' étant constantes par hypothèse, OI et O'I sont constants. Il en résulte que Y décrit dans A un cylindre de révolution (Cy) d'axe X, et dans A' un cylindre de révolution (Cy') d'axe X'. Le mouvement $\left(\frac{A'}{A}\right)$ étant toujours tangent à une rotation d'axe Y, on voit, en vertu des théorèmes généraux de la cinématique, *que ce mouvement s'obtient par le roulement du cylindre* (Cy') *sur le cylindre* (Cy).

(Cy) et (Cy') sont dits les *cylindres primitifs* de l'engrenage. Ils sont tangents extérieurement si $\omega\omega' < 0$, intérieurement si $\omega\omega' > 0$.

Rappelons que l'on a supposé $\omega' \neq \omega$. Si $\omega' = \omega$, les cylindres primitifs ont des rayons infinis et ce qui suit ne s'applique pas.

282. Engrenage à friction. — Avant de passer à la détermination des surfaces conjuguées, observons qu'on obtient déjà un mécanisme effectuant la transformation de mouvement demandée par la simple

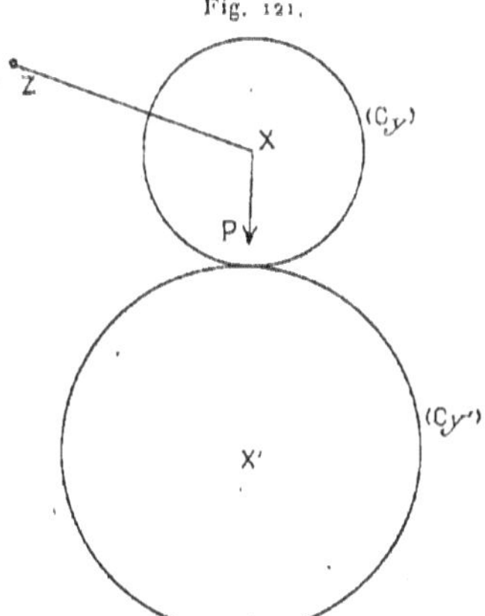

réalisation des deux cylindres primitifs. C'est l'engrenage dit *à friction* ([1]). Il ne fonctionne correctement que si l'adhérence des deux cylindres suffit à empêcher leur glissement relatif.

Il convient donc qu'un dispositif spécial assure la tendance constante des axes à se rapprocher l'un de l'autre (dans le cas d'un engrenage extérieur) pour rattraper le jeu que produit l'usure inévitable des cylindres. Par exemple (Cy) aura son axe non pas fixe mais

---

([1]) Il vaudrait mieux dire *à roulement*, car cet engrenage est justement le seul qui fonctionne sans frottement de glissement ou *friction*.

monté de manière à pouvoir tourner autour d'un axe Z (*fig.* 121), et ce cylindre sera chargé d'un poids P qui le pressera contre (Cy′).

Il est aisé de calculer le poids P pour des conditions données de fonctionnement. Soit par exemple à transmettre une puissance de 1 cheval-vapeur, la vitesse circonférentielle commune des cylindres (Cy) et (Cy′) devant être de 10 m : s. Supposons que les matières dont sont constitués ces cylindres (Reuleaux conseille de faire l'un en bois et l'autre en fer) aient un coefficient de frottement mutuel f égal à 0,3.

Le mouvement de (Cy′), supposé mené, est produit par une force tangentielle égale à Pf. V étant la vitesse circonférentielle donnée, le travail de cette force pendant un temps dt est égal à PfV dt.

D'autre part, Π étant la puissance transmise, le travail moteur pendant le même temps est Π dt. On a donc

$$P f V \, dt = \Pi \, dt, \qquad \text{d'où} \qquad P = \frac{\Pi}{f V}.$$

Dans le cas actuel, on a, avec les unités industrielles mètre - seconde - kilogramme,

$$\Pi = 75, \qquad V = 10, \qquad f = 0,3.$$

Donc

$$P = \frac{75}{0,3 \times 10} = 25.$$

Ainsi la pression exercée par (Cy) sur (Cy′) doit être de 25^{kg} pour qu'il ne se produise pas de glissement.

L'engrenage à friction est utilisé dans quelques machines de construction sommaire, ou bien pour transmettre de faibles efforts.

283. Engrenages cylindriques. — Passons aux engrenages proprement dits. S′ étant une surface liée à A′, la surface linéairement conjuguée S est, comme on sait, l'enveloppe de S′ entraînée dans le mouvement $\left(\frac{\text{A}'}{\text{A}}\right)$. Il est naturel de prendre pour S′ un cylindre parallèle à X′. Alors S est évidemment un cylindre parallèle à X, et l'engrenage obtenu est dit *cylindrique*.

Les engrenages cylindriques sont les plus communs.

284. Section plane de l'engrenage cylindrique. — Coupons l'engrenage cylindrique par un plan perpendiculaire aux axes, et soient (*fig.* 122) O, O', I les traces respectives des droites X, X', Y.

Fig. 122.

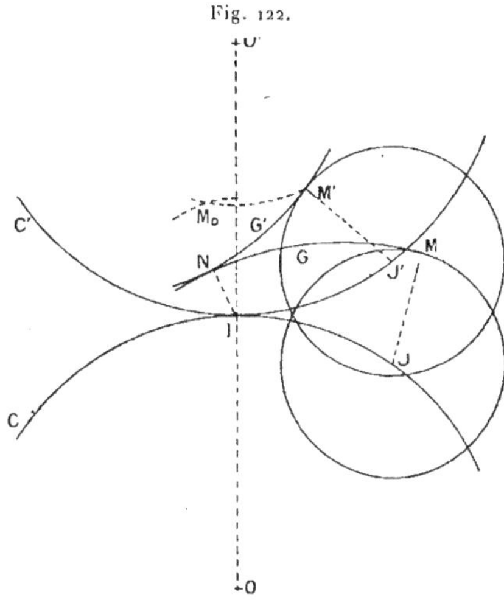

(Cy) et (Cy') ont pour traces respectives les cercles (O, OI) ou C et (O', O'I) ou C' qui se touchent en I et qui roulent l'un sur l'autre. On les appelle *cercles primitifs.* Deux cylindres conjugués S et S' ont pour traces deux courbes G et G' qui restent constamment tangentes et qu'on appelle *courbes conjuguées* ou plus communément *profils conjugués.*

Le problème des engrenages cylindriques est ramené au problème plan de la détermination des profils conjugués. Nous étudierons d'abord les méthodes générales dont on dispose pour cette détermination, qui comporte *a priori* beaucoup d'arbitraire. Nous verrons ensuite quelles sont les solutions précises adoptées dans la pratique.

285. **Obtention d'un couple de profils conjugués : méthode des enveloppes; méthode de Poncelet.** — Donnons-nous arbitrairement G' et figurons ce profil dans la position qu'il occupe à un instant *t* quelconque (*fig.* 122). Le profil conjugué G est l'enveloppe de G' quand, le cercle C étant supposé fixe, C' roule sur C en entraînant G'.

A l'instant t, G' touche G au point caractéristique N qui est, comme on sait, le pied de la normale abaissée du point I sur G' (¹).

Au bout d'un certain temps, à l'instant t', C' ayant roulé sur C touchera ce cercle en J. Le point de C' qui sera venu en J est actuellement le point J', tel que

$$\text{arc IJ}' = \text{arc IJ}.$$

Abaissons de J' la normale J'M' sur G'. A l'instant t', le point caractéristique M de G' sera ce que sera devenu le point M' entraîné dans le roulement. Donc $JM = J'M'$, et de plus JM fait avec la tangente en J à C le même angle que J'M' avec la tangente en J' à C', ce qui fournit une construction du point M et par suite de la courbe G point par point.

On obtient une construction plus rapide en tirant parti de la remarque suivante (Poncelet) : les deux cercles (J, JM) et (J', J'M') sont égaux et sont respectivement tangents à G et à G'. Il suffit donc, ayant pris sur C et sur C' deux points correspondants J et J', de tracer le cercle (J', J'M') de telle manière qu'il touche G', puis le cercle (J, JM) égal au précédent. G est l'enveloppe du cercle (J, JM). En rapprochant suffisamment les points J' utilisés, cette enveloppe apparaît assez nettement pour permettre un tracé précis.

La construction exige qu'on reporte des longueurs d'arcs du cercle C' sur le cercle C. Ces longueurs étant toujours, dans la pratique, faibles par rapport aux rayons des cercles, on ne commet pas d'erreur sensible en confondant les arcs avec leurs cordes.

286. Méthode de Reuleaux. — Cette méthode complète celle de Poncelet, en donnant la construction du point M, si le point M' est supposé connu (*fig.* 122).

Au lieu de supposer le cercle C fixe et le cercle C' roulant sur C, supposons que l'engrenage fonctionne dans les conditions normales, c'est-à-dire C tournant autour de O et C' autour de O'. Cherchons quel est, à l'instant t' considéré plus haut, le point de contact M_0 des profils G et G'. M_0 est la position que prend le point entraîné avec C' et actuellement en M'. A ce même instant t', le point actuellement en J' et entraîné aussi dans le mouvement de C' vient en J. Par consé-

---

(¹) Théoriquement, il peut y avoir plusieurs normales abaissées de I sur G'. Mais, pratiquement, l'arc utilisé de G' est toujours très court, et l'on n'a pas le choix.

quent les triangles $O'M_0I$ et $O'M'J'$ sont égaux, et l'on a

$$IM_0 = J'M', \qquad O'M_0 = O'M'.$$

Par conséquent le point M_0 s'obtient par l'intersection des cercles $(I, J'M')$ et $(O', O'M')$.

On reconnaît de même que le point M_0 est la position que prend, à l'instant t', le point M entraîné avec le cercle C, et que l'on a

$$JM = IM_0, \qquad OM = OM_0.$$

Le point M s'obtient donc par l'intersection du cercle déjà tracé (J, JM) et du cercle (O, OM_0).

Si l'on fait varier le point M' sur G', le point M_0 décrit une courbe qui est le lieu, par rapport au bâti, du point de contact des profils conjugués. On appelle cette courbe *ligne d'engrènement*.

287. Méthodes des roulettes. — C'est une application de la méthode générale du n° 279, 3°.

Imaginons qu'en même temps que les deux cercles C et C' roulent l'un sur l'autre, une courbe Γ, d'ailleurs quelconque, roule sur C de manière à toucher constamment ce cercle au même point I que C' (*fig.* 123). Alors Γ roule aussi sur C'. Soit G'' une courbe quelconque

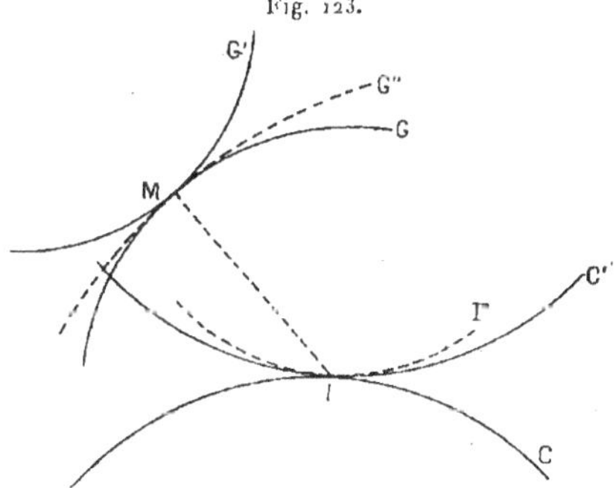

Fig. 123.

de grandeur constante liée à Γ. G'', dans le mouvement $\left(\dfrac{\Gamma}{C}\right)$, enveloppe une courbe G. G'', dans le mouvement $\left(\dfrac{\Gamma}{C'}\right)$, enveloppe une courbe G'.

A un instant quelconque, le point caractéristique de G″ est, aussi bien dans le mouvement $\left(\dfrac{\Gamma}{C}\right)$ que dans le mouvement $\left(\dfrac{\Gamma}{C'}\right)$, le point M, pied de la normale abaissée de 1 sur G″. Donc G et G′ se touchent en M. Ce sont bien deux courbes conjuguées.

On peut en particulier supposer que G″ se réduit à un point. Alors les courbes G et G′ sont simplement les trajectoires de ce point dans les roulements $\left(\dfrac{\Gamma}{C}\right)$ et $\left(\dfrac{\Gamma}{C'}\right)$.

288. Continuité de fonctionnement. Périodicité des profils. — Jusqu'ici, nous n'avons considéré qu'un couple de profils conjugués G et G′. Pratiquement, on ne peut utiliser que des arcs limités de ces profils. Ces arcs ne restent *en prise*, c'est-à-dire en contact, que

Fig. 124.

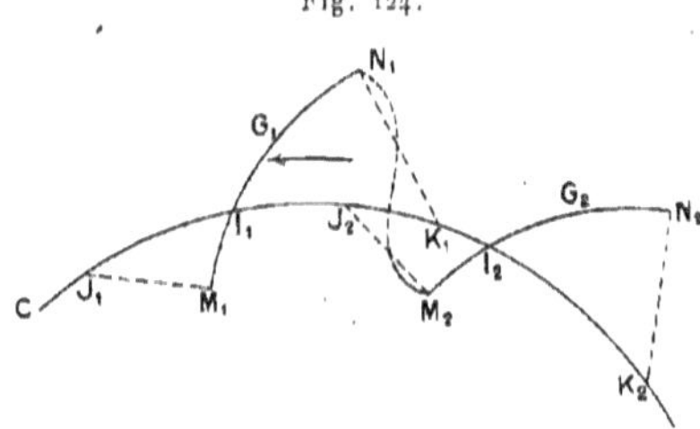

pendant que les cercles C et C′ tournent d'angles finis autour de leurs centres respectifs.

Il faut donc, pour assurer le fonctionnement continu de l'engrenage, multiplier le nombre des profils, de telle manière que deux nouveaux profils conjugués viennent en prise avant que les précédents cessent d'y être, et ainsi de suite.

Faisons la figure à l'instant où le profil G_1, lié à C, passe par le point de contact I_1 de ce cercle et du cercle C′, non tracé sur la figure (*fig.* 124). Soit $M_1 N_1$ l'arc utilisé de G_1. Menons les normales en M_1 et N_1. Soient J_1 et K_1 les points où elles rencontrent C.

Quand l'engrenage fonctionne de manière que C tourne dans le sens indiqué par la flèche, le point de contact de C et de C′ se meut, par rapport à C, dans le sens opposé. Tant qu'il reste sur l'arc $J_1 K_1$, le pied de la normale abaissée de ce point sur G_1 est entre M_1 et N_1, et G_1 reste en contact avec le profil conjugué (dont nous supposons qu'on a conservé un arc suffisamment long).

L'arc $J_1 I_1$ est dit *arc d'approche*, l'arc $I_1 K_1$ *arc de retraite*, l'arc total $J_1 K_1$ *arc de conduite*.

Marquons maintenant sur C un point J_2 à l'intérieur de l'arc $J_1 K_1$ et traçons le contour $J_2 M_2 N_2 K_2$ dérivant de $J_1 M_1 N_1 K_1$ par rotation autour du point O, centre de C, de l'angle $\widehat{J_1 O J_2}$. Opérons d'une façon analogue relativement à C' et au profil G_1' conjugué de G_1 les points J_1', I_1', J_2', K_1', I_2' et K_2' de C' limitant des arcs égaux aux arcs correspondants de C. Quand les deux cercles auront roulé l'un sur l'autre de telle manière que les points J_2 et J_2' soient venus tous les deux se confondre en leur point de contact, les deux arcs $M_2 N_2$ et $M_2' N_2'$ viendront en prise. En reproduisant la construction un nombre de fois suffisant, on assurera la continuité de fonctionnement cherchée.

289. Pas circonférentiel. Rapport des vitesses angulaires. — La longueur $J_1 J_2 = J_1' J_2'$ doit satisfaire à une condition : il faut que la construction répétée, comme nous venons de le voir, fasse retomber sur les profils initiaux. Cela exige que la longueur en question soit une partie aliquote de chacune des circonférences C et C'. On a donc, R et R' étant les rayons des cercles primitifs, n et n' deux nombres entiers,

$$(1) \qquad \operatorname{arc} J_1 J_2 = \operatorname{arc} J_1' J_2' = \frac{2\pi R}{n} = \frac{2\pi R'}{n'},$$

d'où

$$\frac{R}{R'} = \frac{n}{n'}.$$

Ainsi *le rapport des rayons des cercles primitifs doit être un nombre rationnel.*

On appelle *pas circonférentiel* la valeur commune des arcs $J_1 J_2$ et $J_1' J_2'$, donnée par la formule (1).

D'autre part, les vitesses angulaires ω et ω' des cercles C et C' satisfont à la relation

$$\omega R = \omega' R',$$

obtenue au n° **281** (on la retrouve immédiatement en écrivant que, C et C' roulant l'un sur l'autre, le point I a la même vitesse, qu'on le suppose entraîné avec C ou avec C'). Cette formule est vraie en grandeur et en signe, si l'on convient de considérer R et R' comme de même signe quand le contact des cercles C et C' est intérieur, et comme de signes opposés quand le contact est extérieur.

On a donc, en tenant compte de (1),

$$(2) \qquad \frac{\omega'}{\omega} = \frac{R}{R'} = \varepsilon\,\frac{n}{n'},$$

ε étant égal à $+1$ ou à -1, suivant que l'engrenage est *intérieur* ou *extérieur*.

La formule (2) montre qu'*un engrenage ne peut être exécuté que si le rapport des vitesses angulaires est un nombre rationnel*.

290. Roues d'engrenages. Définitions et remarques diverses. Condition de continuité. — Ayant tracé la série des profils G et celle des profils G', joignons par un trait $N_1 M_2$ (*fig.* 124) l'extrémité de chaque profil G_1 à l'origine du profil suivant G_2. On obtient ainsi une courbe fermée que l'on peut prendre comme section droite d'un cylindre. Un tel cylindre est dit *roue d'engrenage*. On construira une seconde roue, engrenant avec la première, en opérant de même sur les profils G'.

L'arc $N_1 M_2$ ne doit en principe satisfaire qu'à la condition de ménager un creux permettant le passage des profils G'.

Mais, en procédant ainsi, on limite les possibilités d'utilisation de l'engrenage; il ne peut, en effet, fonctionner que si les profils en prise sont pressés l'un contre l'autre. Cela exige que C fonctionne comme *roue menante*, si son sens de rotation est celui qu'indique la figure, et qu'elle soit *roue menée* si elle tourne en sens contraire.

Pour obtenir des engrenages qui fonctionnent dans les deux sens (engrenages *réciproques*), chacune des roues pouvant être menante ou menée (ce qui fait quatre utilisations possibles), il faut adjoindre aux profils G et G' deux autres séries de profils. L'idée la plus naturelle est de reproduire les G par symétrie par rapport à des rayons de C et les G' par symétrie par rapport à des rayons de C' (¹). On

---

(¹) C'est ce qu'on fait presque toujours. Mais dans certains cas, on est amené à construire des engrenages à dents dissymétriques. On les appelle *engrenages à cames*.

parvient ainsi à la division de l'engrenage en *dents*. Bien entendu, les rayons par rapport auxquels on établit la symétrie forment, pour chaque roue, une étoile régulière. De la sorte, toutes les dents sont identiques.

La formule (2) du n° **289** montre alors que *le rapport des vitesses angulaires de deux roues engrenant ensemble est égal, en valeur absolue, au rapport inverse de leurs nombres de dents*. On écrit généralement la formule (2) en supposant que ω, qui figure au dénominateur du premier membre, est la vitesse angulaire de la roue *menante*. Alors le second membre $\varepsilon \dfrac{n}{n}$ (avec son signe) est dit *raison* de l'engrenage.

Pour un engrenage extérieur (*fig.* 125), les dents sont limitées

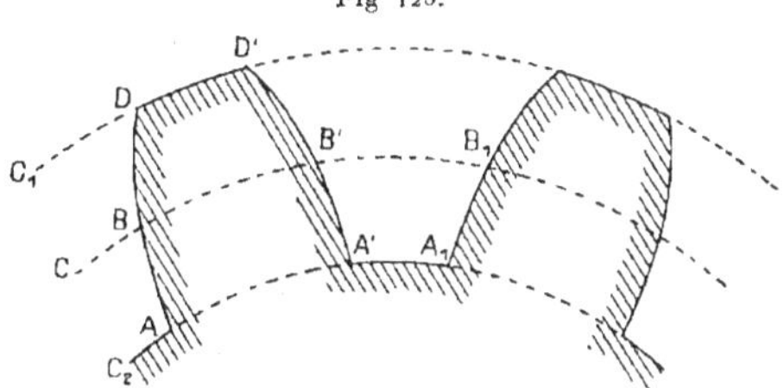

Fig 125.

extérieurement à un cercle C_1 concentrique au cercle primitif C et dit *cercle d'échanfrinement* ou de *tête*; intérieurement, elles sont limitées à un cercle C_2, concentrique aux deux premiers, et dit *cercle d'évidement, de pied* ou de *racine*.

La partie AB d'un profil intérieure au cercle primitif est dite *flanc*; l'autre partie BD est dite *face*.

Pour un engrenage intérieur, l'une des roues est dentée extérieurement, et les définitions précédentes subsistent. L'autre roue est dentée intérieurement (*fig.* 126). Son cercle d'échanfrinement C_1 est intérieur au cercle primitif, et son cercle d'évidement C_2 lui est extérieur. La face d'un profil est l'arc AB intérieur au cercle primitif, le flanc BD est l'arc extérieur.

Que l'engrenage soit extérieur ou intérieur, au cours du fonctionnement, *un flanc est toujours en contact avec une face*. On voit encore qu'une dent attaque par son flanc et est attaquée par sa face.

L'*épaisseur* e d'une dent est la longueur de l'arc BB′ intercepté sur

Fig. 126.

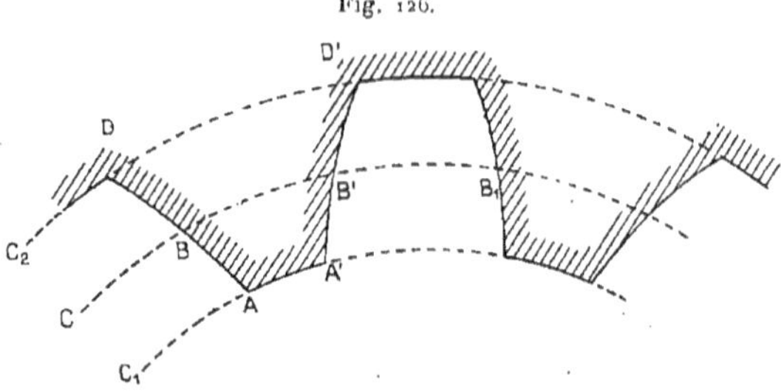

le cercle primitif par cette dent (*fig.* 125 ou 126). Le *creux* c est l'arc B′B, compris entre deux dents consécutives. La somme $e + c$ est le pas circonférentiel P.

Si la roue considérée engrène avec une roue pour laquelle l'épaisseur et le creux ont les valeurs respectives e' et c', on a, puisque les deux roues ont le même pas circonférentiel,

$$(1) \qquad e + c = e' + c'.$$

D'autre part, puisque les dents de l'une des roues doivent pouvoir s'intercaler entre deux dents consécutives de l'autre roue, on doit avoir

$$c \leqq c', \qquad e' \leqq c.$$

Ces deux conditions résultent l'une de l'autre, à cause de (1).

La différence $c' - e = c - e'$ est dite *jeu* de l'engrenage. On la fait au plus égale au dixième du pas. Si j est le jeu, et si l'on fait, comme il est naturel, $c' = e$, $c' = c$, on trouve

$$e = e' = \frac{1}{2}(P - j), \qquad c = c' = \frac{1}{2}(P + j).$$

Rappelons enfin que, pour la continuité du fonctionnement, on doit avoir

$$\text{arc de conduite} > \text{pas circonférentiel.}$$

Si l'arc de conduite est compris entre une fois et deux fois le pas circonférentiel, il y a toujours en prise *un* couple de profils conjugués, et *deux* couples pendant des temps plus ou moins longs. Les nombres écrits en italiques sont remplacés par *deux* et *trois*, si l'arc de conduite est compris entre deux fois et trois fois le pas circonférentiel, et ainsi de suite. Il peut y avoir avantage à multiplier le nombre des couples en prise quand on a de grands efforts à transmettre.

Quand deux roues de diamètres différents engrènent ensemble, on appelle *pignon* la plus petite.

291. Application du principe des engrenages cylindriques à la construction d'une pompe rotative. — Avant de pousser plus loin l'étude des engrenages, je vais illustrer les résultats acquis en les appliquant à la construction d'une pompe rotative.

Soient C et C′ les deux cercles primitifs d'un engrenage, supposés de même rayon (*fig.* 127). Inscrivons-leur les deux carrés ABDE,

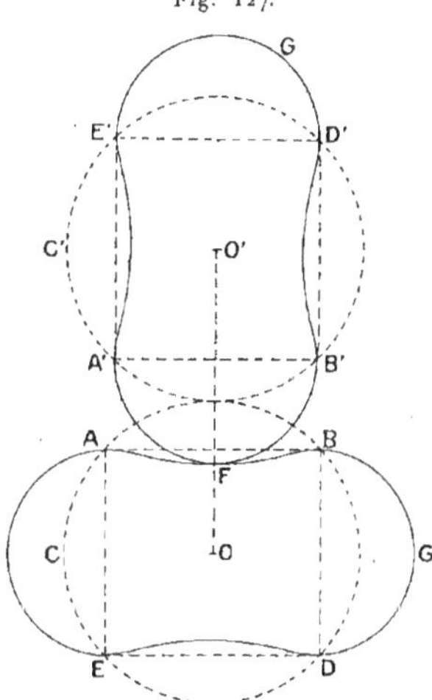

Fig. 127.

A′B′D′E′, ayant pour axe de symétrie commun la droite des centres OO′. Décrivons le demi-cercle de diamètre A′B′ et considérons-le comme profil lié à C′. Le profil conjugué lié à C peut être construit par le procédé de Poncelet. On obtient un arc AFB, symétrique par rapport à OO′. Cet arc est tangent en A et B à la droite AB, car il doit couper le cercle C sous le même angle que le demi-cercle A'F'B' coupe le cercle C', c'est-à-dire sous un angle de 45°. Complétons le tracé en construisant les demi-cercles de diamètres BD, AE et leurs profils conjugués B'D' et A'E', le demi-cercle de diamètre D'E' et son profil conjugué DE. On obtient finalement deux

Fig. 128.

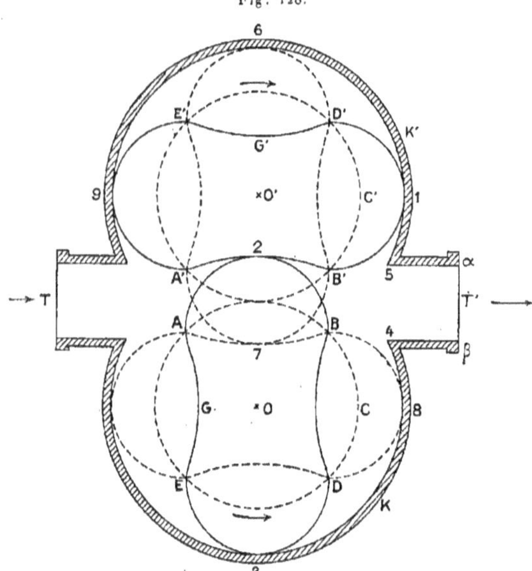

profils fermés G et G', sans points anguleux. Ils sont égaux et orientés à 90° l'un de l'autre. L'ensemble forme une sorte d'engrenage à deux dents.

Il ne peut fonctionner comme engrenage proprement dit, car l'un des profils ne pourrait mener l'autre pendant plus d'un quart de tour, comme on le reconnaît aisément. Mais si l'on assujettit par un moyen extérieur les profils à tourner autour de leurs centres respectifs avec des vitesses angulaires opposées, ils restent en contact, étant conjugués.

Cela posé, construisons deux pistons rotatifs (*fig.* 128), ayant pour sections droites G et G', et faisons-les tourner à l'intérieur d'un carter ayant pour section droite les couronnes circulaires K et K', de centres respectifs O et O'. A ce carter aboutissent un tuyau d'aspiration T et un tuyau d'évacuation T'.

Quelles que soient les positions des pistons, chacun d'eux a au moins une génératrice de contact avec le carter. L'intérieur de celui-ci est donc toujours divisé en deux chambres sans communication entre elles.

Supposons que tout soit rempli d'eau et faisons faire un quart de tour aux pistons G et G', dans les sens indiqués par les flèches, les positions initiales étant figurées en traits pleins et les positions finales en pointillé. Il est visible qu'à la fin de ce quart de tour le volume de la demi-chambre de droite $1B' 2BD\ 34\beta\alpha\ 51$, limitée, par exemple, à droite au plan vertical $\alpha\beta$, se retrouve en $6D'B'7B\ 84\beta\alpha\ 56$.

Il faut donc que le tuyau T' ait évacué le volume d'eau $961D'E'$, dont aucune partie n'a pu passer dans la chambre de gauche. En même temps un volume égal est entré par le tuyau d'aspiration.

Le fonctionnement se poursuit indéfiniment, et l'on voit que la pompe débite, par tour de l'un des pistons, quatre fois le volume $961D'E'$.

Signalons un problème intéressant et difficile : le débit de la pompe, pendant un quart de tour, a la valeur précédente, parce que le volume de la chambre de droite est le même au commencement et à la fin de ce quart de tour. Mais il est clair que ce volume n'est pas resté constant dans l'intervalle; il a pu passer par un extremum, d'où résultent des fluctuations dans le débit.

Or on peut varier à l'infini le tracé des profils conjugués G et G', car le choix d'un demi-cercle pour le premier est arbitraire. *Il y aurait à rechercher pour quel tracé les fluctuations sont réduites au minimum, le débit par quart de tour étant donné.*

292. Engrenages usuels. Roues d'assortiment. — Revenons aux engrenages proprement dits. Je vais passer en revue un certain nombre de tracés employés dans la pratique. Je décrirai rapidement ceux qui ne présentent qu'un intérêt historique ou ne se rencontrent que rarement. Les engrenages *à développantes de cercle*, qui sont aujourd'hui à peu près les seuls engrenages industriels, nous retiendront plus longtemps.

Faisons une remarque préliminaire. Il est souvent utile, par exemple dans le filetage, de posséder un jeu de roues d'engrenage tel que deux quelconques de ces roues engrènent *correctement* entre elles, c'est-à-dire de telle manière que le rapport de leurs vitesses angulaires reste constant. C'est ce qu'on appelle des roues d'assortiment.

La méthode des enveloppes (n° 285) et celle des roulettes (n° 287), appliquées sans précaution, ne résolvent le problème des roues d'assortiment que d'une manière incomplète. Considérons, en effet, deux séries de cercles C_1, C_2, C_3, ... et C'_1, C'_2, C'_3, ..., roulant les uns sur les autres de manière à se toucher tous constamment au même point I. Supposons tous les cercles C_i d'un même côté de la tangente en I et les cercles C'_i de l'autre côté. Appliquons la méthode des roulettes, par exemple; il faut imaginer qu'une courbe Γ roule sur les cercles considérés, en les touchant constamment en I, et cela en entraînant une courbe G''. Soient G_i, G'_j les enveloppes de G'' dans les mouvements $\left(\dfrac{\Gamma}{C_i}\right)$, $\left(\dfrac{\Gamma}{C'_i}\right)$. Ce sont, comme on l'a vu, deux courbes conjuguées dans le roulement $\left(\dfrac{C_i}{C'_j}\right)$. La construction donnera donc un jeu de roues tel que toute roue de cercle primitif C_i engrène correctement avec toute roue de cercle primitif C'_j. Les profils G_i et G_j attachés aux cercles C_i et C_j sont conjugués dans un engrenage *intérieur*, mais non pas en général dans l'engrenage *extérieur* ayant C_i et C_j comme cercles primitifs. Ou, du moins, ils ne le seront que dans des cas très particuliers. Nous rencontrerons tout à l'heure des exemples de pareils cas : engrenages épicycloïdaux (n° 296), engrenages à développantes de cercle (n° 297).

On reconnaît, par un raisonnement semblable, que la méthode des enveloppes, non particularisée, permet d'obtenir deux séries de roues C_i et C'_j, telles que deux roues quelconques appartenant à des séries différentes engrènent correctement, mais non deux roues appartenant à la même série.

293. Engrenage à lanterne. — Ce premier engrenage, autrefois employé à cause de sa simplicité de construction, est aujourd'hui à peu près complètement tombé en désuétude. On prend comme profil G' un cercle ayant son centre sur C'. Le profil conjugué G se construit par la méthode des enveloppes. L'aspect est celui de la figure 129. Les cercles G' sont complètement réalisés. Les profils G

sont, comme on le reconnaît aisément, des *courbes parallèles à des épicycloïdes*. Les creux qui les séparent sont limités par des arcs de cercle où viennent se loger les cercles G'.

Fig. 129.

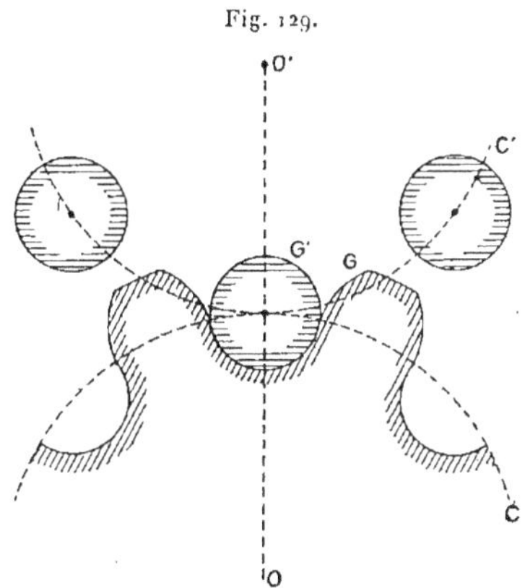

Les dents ou *fuseaux* G' sont des cylindres implantés dans deux plateaux ou *tourteaux*, et l'ensemble se nomme *lanterne*. Pour diminuer le frottement, on peut rendre les fuseaux fous sur leurs axes. La roue de cercle primitif C est dite *rouet*, et l'on donne à ses dents le nom particulier *d'alluchons*. Le tout peut être construit en bois. Les alluchons sont alors taillés séparément et implantés dans le corps du rouet. On les remplace aisément quand ils sont usés.

294. Engrenage à flancs rectilignes. Engrenage de La Hire. — Dans chaque roue, on donne pour flancs aux dents des segments de rayons du cercle primitif. Les faces des dents d'une roue sont donc les conjuguées des rayons de l'autre roue (*fig.* 130). On reconnaît que ce sont des épicycloïdes (la démonstration de ce fait sera donnée au n° 296).

Cet engrenage a les deux défauts suivants :

1° Le tracé fait intervenir les deux cercles primitifs. Il ne donne donc pas de roues d'assortiment.

2° Les roues sont étranglées au pied, ce qui diminue leur résistance. La figure a été faite en donnant aux dents des dimensions exagérées, de manière à rendre ce défaut sensible.

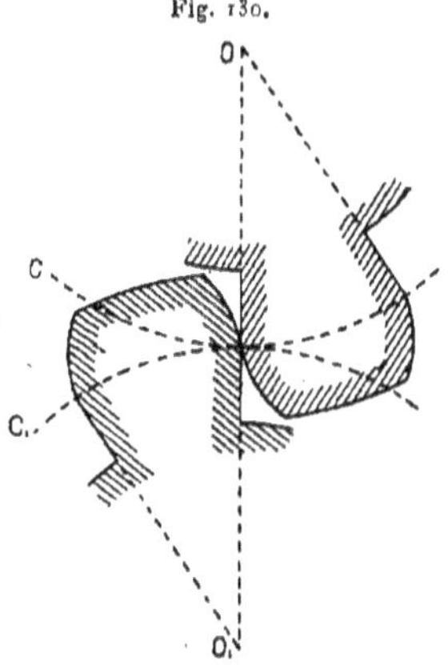

Fig. 130.

L'engrenage à flancs rectilignes n'en a pas moins été très employé,

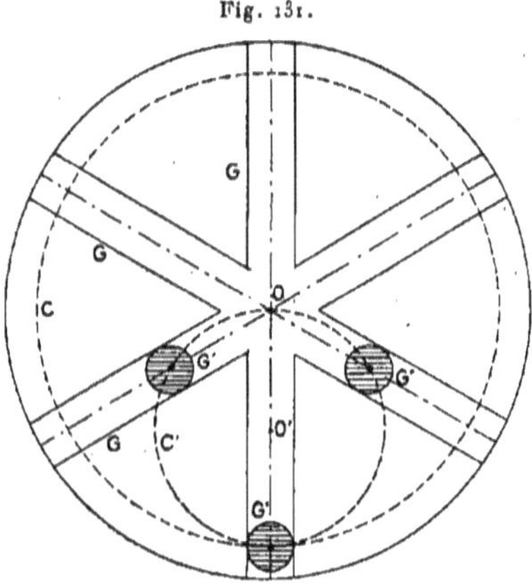

Fig. 131.

à cause de la facilité et de la précision avec lesquelles on peut le tracer.

En horlogerie, par exemple, où d'une part, les roues sont inamovibles, où d'autre part elles n'ont que de faibles efforts à supporter, il est clair que les défauts signalés ne sont pas graves.

Un cas particulier curieux est celui de l'engrenage intérieur pour lequel $\omega' = 2\omega$. On l'appelle *engrenage de La Hire*. Ici, $R' = \frac{1}{2}R$ (*fig*. 131). Dans le roulement $\left(\frac{C'}{C}\right)$, les trajectoires des points de C' sont des diamètres de C (t. I, n° 247, p. 286). Par conséquent, les profils conjugués des diamètres de C se réduisent à des points de C'.

On peut réaliser l'engrenage de La Hire à flancs rectilignes de la manière suivante : les profils G' liés à C' seront, comme dans l'engrenage à lanterne, des cercles égaux ayant leurs centres sur C'. Des fuseaux implantés sur un disque auront ces cercles comme sections droites. D'autre part, un second disque, entraîné avec C, sera creusé de rainures diamétrales G, ayant pour largeur le diamètre commun des cercles G'.

La figure a été faite en prenant trois cercles G' dont les centres sont disposés aux sommets d'un triangle équilatéral.

295. Engrenage à flancs rectilignes divergents. — On peut remédier à l'étranglement des dents tout en conservant l'avantage d'avoir un flanc rectiligne en traçant celui-ci suivant une droite ne passant pas par le centre du cercle primitif. Les flancs sont alors disposés comme les *rayons tangents* d'une roue de bicyclette. Mais le premier défaut signalé au paragraphe précédent subsiste.

296. Engrenages épicycloïdaux. — Appliquons la méthode des roulettes de la manière suivante : prenons comme courbe Γ (n° 287), un cercle tangent extérieurement à C et intérieurement à C' (on suppose l'engrenage extérieur), et réduisons la courbe G" au point qui se trouve en I à l'instant où l'on fait la figure (*fig*. 132). Quand Γ roule sur C, le point I décrit une épicycloïde F. Quand Γ roule sur C', le point I décrit une hypocycloïde f'. F et f' sont deux courbes conjuguées, en vertu de la théorie générale.

Si l'on remplace le cercle Γ par un cercle Γ_1 tangent extérieurement à C' et intérieurement à C. le point I décrit, dans le roulement de Γ_1 sur C, une hypocycloïde f et dans le roulement de Γ_1 sur C' une épicycloïde F', qui sont encore des courbes conjuguées.

On constituera la face et le flanc d'une dent de C respectivement par l'épicycloïde F et par l'hypocycloïde f, la face et le flanc d'une dent de C' respectivement par l'épicycloïde F' et par l'hypocycloïde f'.

Le procédé qui précède se prête au tracé de roues d'assortiment; il suffit de conserver les mêmes cercles Γ et $Γ_1$, quels que soient les rayons des cercles C et C', *et de donner à ces deux cercles le même rayon*.

La figure 132 a été faite en supposant le diamètre de Γ inférieur au

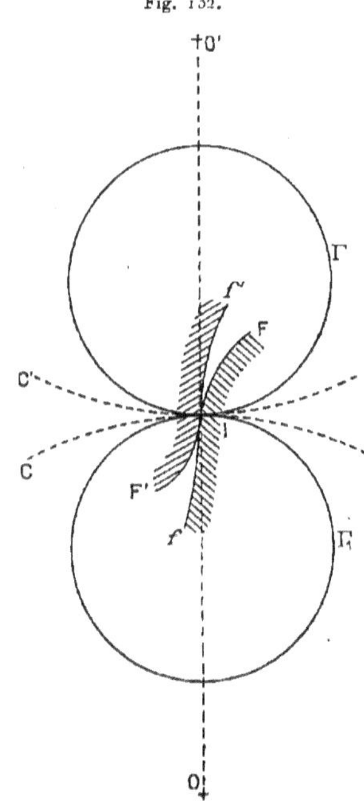

Fig. 132.

rayon R' de C', et le diamètre de $Γ_1$ inférieur au rayon R de C. Alors les courbes F, f, F', f' ont les formes indiquées. Si le diamètre de Γ est égal à R', l'hypocycloïde f' se réduit comme on sait à un rayon de C', et l'on retrouve un flanc rectiligne. On a donc une dent étranglée au pied. Si le diamètre de Γ augmente encore, le défaut est accentué parce que l'arc f' passe de l'autre côté du rayon O'I. Mêmes observations quant aux cercles Γ, et C.

L'engrenage épicycloïdal bien construit est très bon. Malheureusement le tracé exact en est assez difficile, parce que le point I est de rebroussement sur chacune des courbes F, F', f, f', supposées complètes. Par conséquent le profil (F, f), par exemple, constitué par des arcs d'épicycloïde et d'hypocycloïde, présente en I un point d'inflexion où le rayon de courbure est nul, à la différence d'un point d'inflexion *naturel*, si l'on peut dire, où le rayon de courbure est infini.

Quand l'engrenage est intérieur, la roue dentée extérieurement a encore pour faces des arcs d'épicycloïde et pour flancs des arcs d'hypocycloïde, mais l'inverse a lieu pour la roue dentée intérieurement.

297. Engrenage à développantes de cercle. — Celui-là est aujourd'hui l'engrenage vraiment industriel comme je l'ai dit plus

Fig. 133.

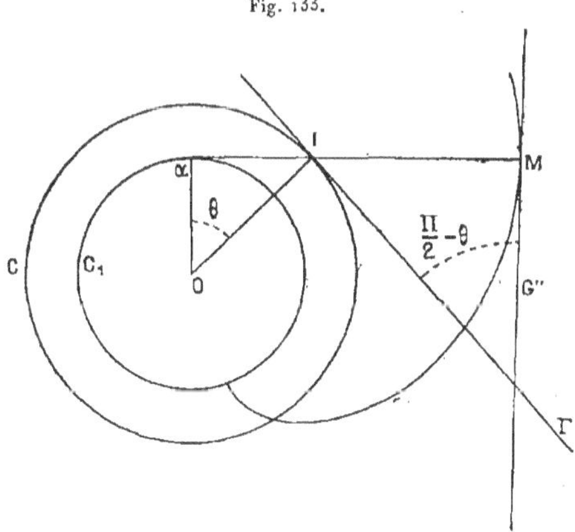

haut. On l'obtient par l'application du théorème suivant :

Quand une droite Γ *roule sur un cerle* C, *toute droite* G″ *liée
à* Γ *enveloppe une développante de cercle (fig.* 133*).*

Considérons, en effet, le mouvement de la figure de grandeur
invariable (Γ, G″). La base de ce mouvement est le cercle C, la rou-
lante en est la droite Γ. A un instant quelconque, le centre instan-

Fig. 134.

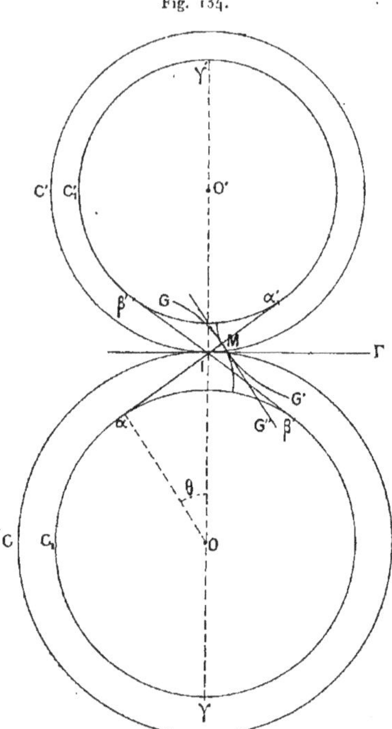

tané de rotation est le point de contact I de Γ et de C, et le point
caractéristique de G″ est le point M, projection de I sur G″. La
droite G″ touche donc son enveloppe G en M, et MI est normale à
cette enveloppe. Soit $\frac{\pi}{2} - \theta$ l'angle des droites Γ et G″. En appelant α

la projection du point O sur MI, on a

$$O\alpha = OI \cos\theta.$$

$O\alpha$ est donc de longueur constante, et MI est tangente au cercle $(O, O\alpha)$. Ainsi, la courbe G jouit de cette propriété que toutes ses normales touchent le cercle fixe $(O, O\alpha)$. C'est donc une développante de cercle. C. Q. F. D.

Par conséquent, si nous appliquons la méthode des roulettes en prenant comme courbe Γ une droite et comme courbe G'' liée à Γ une autre droite (*fig.* 134), nous obtiendrons comme profils conjugués deux développantes de cercle G et G'. Leurs cercles générateurs C_1 et C'_1 sont concentriques respectivement à C et à C' et ont pour rayons

$$R_1 = R\cos\theta, \qquad R'_1 = R'\cos\theta.$$

Le point de contact de G et de G' se déplace, pendant le fonctionnement de l'engrenage, sur la tangente commune $\alpha I \alpha'$ à C_1 et à C'_1. Cette tangente commune constitue donc la ligne d'engrènement (n° 286).

298. Autre démonstration. — A cause de l'importance de l'engrenage à développantes, il convient peut-être de donner de son existence une démonstration indépendante des théories générales.

C et C' étant toujours les cercles primitifs qui tournent autour des points O et O' en roulant l'un sur l'autre, lions-leur respectivement deux cercles C_1 et C'_1 qui leur soient concentriques et dont les rayons satisfassent à la relation

$$(1) \qquad \frac{R_1}{R} = \frac{R'_1}{R'}.$$

Les tangentes communes intérieures ([1]) à C_1 et à C'_1 se coupent en (*fig.* 134).

Imaginons que C_1 et C'_1 soient deux poulies sur lesquelles s'enroule une courroie croisée $\alpha\gamma\beta\beta'\gamma'\alpha'$. Pour que cette courroie ne glisse ni sur C_1 ni sur C'_1, il faut et il suffit que les points α et α' aient la même vitesse, ce qui s'exprime par

$$R_1\omega = -R'_1\omega'$$

([1]) Dans le cas d'un engrenage extérieur. Si l'engrenage est intérieur, ce sont les tangentes communes extérieures à C_1 et à C'_1 qui se coupent en I.

(avec le signe *moins* dans le second membre, parce que les points O et O' sont de part et d'autre de la droite $\alpha\alpha'$). Or, en vertu de (1), la relation précédente est une conséquence de

$$R\omega = -R'\omega',$$

relation que l'on sait exister. Par conséquent, la courroie ne glisse sur aucune des poulies qui la supportent.

Soit maintenant M un point marqué sur le brin $\alpha I \alpha'$. Il décrit dans le plan entraîné avec C une développante G de C_1, et dans le plan entraîné avec C' une développante G' de C'_1. Ces deux développantes ont pour normale commune $\alpha M \alpha'$, et, par conséquent, se touchent en M. Elles constituent donc un couple de profils conjugués.

C. Q. F. D.

299. Propriété relative à la distance des centres. — Les profils en développantes conviennent au tracé des roues d'assortiment. On peut même énoncer la propriété suivante, dont l'importance pratique est considérable : *deux roues en développantes quelconques engrènent correctement, quelle que soit la distance de leurs centres* (variant bien entendu entre les bornes imposées par la limitation des profils).

Cela résulte de la démonstration donnée au paragraphe précédent; en effet, si l'on fait varier la distance OO' et si les rayons R et R' conservent un rapport constant, on aura toujours, R_1 et R'_1 restant constants,

$$\frac{R_1}{R} = \frac{R'_1}{R'}.$$

Donc les développantes G et G' ne cesseront pas d'être conjuguées; l'angle θ, dont le cosinus est la valeur commune des deux rapports qui figurent dans l'égalité ci-dessus, variera seul ([1]).

300. Angle de conduite. Nombre minimum du nombre des dents des roues d'une série. — L'angle θ introduit au n° 296 s'appelle *angle de conduite*.

Plus il est petit, plus le cercle C_1 se rapproche du cercle C, et par conséquent, plus les flancs des dents, qui sont nécessairement limités au cercle C_1, sont restreints. C'est là un inconvénient, parce que la

---

([1]) *Voir* la Note A.

conduite en approche (la roue C étant supposée menante) s'en trouve d'autant diminuée. D'autre part, en augmentant θ, on obtient des dents qui s'amincissent trop vite vers la tête. En outre, on utilise des parties du profil qui sont assez éloignées du cercle primitif, ce qui, comme on le verra, accroît le frottement de l'engrenage. L'expérience a fait reconnaître que la valeur la plus convenable à donner à l'angle θ est voisine de 15°. C'est cette valeur que j'adopterai dans la suite.

Quand on construit une série de roues d'assortiment avec le même angle de conduite θ, la condition de continuité (n° 290) exige que le nombre des dents ne descende pas au-dessous d'un certain minimum.

Soient en effet (*fig.* 135) M_0 le point de départ (point de rebrous-

Fig. 135.

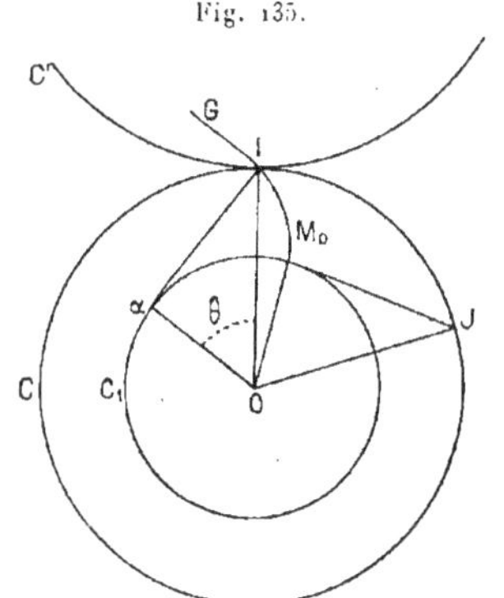

sement) de la développante G sur le cercle C_1 et J le point où la normale en M_0 à G, c'est-à-dire la tangente à C_1, rencontre le cercle C. La figure est faite à l'instant où G passe en I.

IM_0 est le flanc d'une dent et IJ est l'arc d'approche, en supposant C menante. On a l'égalité évidente

$$\widehat{\alpha O I} = \widehat{M_0 O J},$$

d'où

$$\widehat{\alpha O M_0} = \widehat{I O J}$$

et

$$\frac{\text{arc } IJ}{R} = \frac{\text{arc } \alpha M_0}{R_1} = \frac{\alpha I}{R_1} = \tan g\, \theta.$$

Donc
$$\text{arc d'approche} = R \tan \theta.$$

Le contact en retraite a lieu sur le flanc du profil G' conjugué de G. Ce flanc est limité au cercle C'_1. On a donc, en reprenant le raisonnement précédent,
$$\text{arc de retraite} = R' \tan \theta.$$

Or la condition de continuité est
$$\text{arc de conduite} > \text{pas circonférentiel} = \frac{2\pi R}{n} = \frac{2\pi R'}{n'},$$

n et n' étant les nombres des dents des deux roues. On doit donc avoir
$$(R + R') \tan \theta > \frac{2\pi R}{n}$$

ou

$$(1) \qquad n > 2\pi \frac{R}{R + R'} \cot \theta.$$

Supposons qu'on ait une série de roues d'assortiment, et que R soit le rayon minimum. L'inégalité (1) devra être satisfaite pour $R' = R$, ce qui est le cas le plus défavorable. On a donc la condition
$$n > 2\pi \frac{R}{2R} \cot \theta = \pi \cot \theta.$$

On voit que, plus θ est petit, plus le minimum de n est élevé. Pour $\theta = 15°$, on trouve
$$n > 11,3.$$

Par conséquent, avec un angle de conduite de 15°, le nombre minimum des dents est de 12.

Réciproquement, $n \geq 12$ entraîne l'inégalité (1), quel que soit $R' > R$.

J'ai supposé l'engrenage extérieur. Un calcul analogue s'appliquerait à l'engrenage intérieur.

301. Crémaillère. — Si, R restant fini, R' devient infini, on obtient une *crémaillère* (*fig.* 136). La roue de rayon R porte en général le nom de *pignon*.

On ne voit pas immédiatement ce que devient l'engrenage à développantes, parce que la notion limite de « développante de droite » n'est pas claire. Mais un raisonnement direct donne aisément le résultat. Prenons comme profil lié à la *droite primitive* C' une droite G'. Le profil conjugué G est l'enveloppe de G' quand C' roule

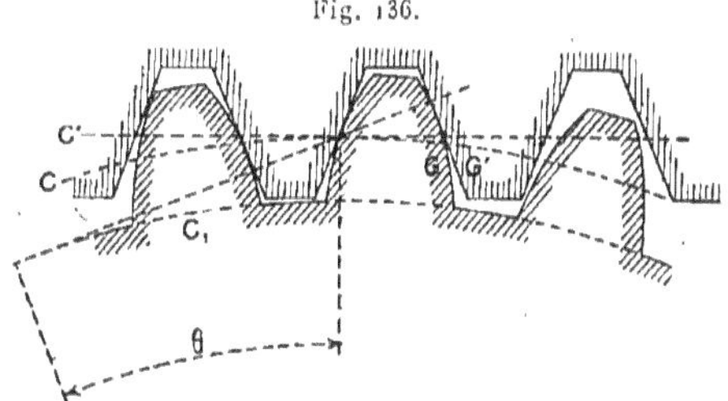

Fig. 136.

sur C. C'est la développante d'un cercle C_1, concentrique à C et dont le rayon R_1 est donné par la formule

$$R_1 = R \cos\theta,$$

$\frac{\pi}{2} - \theta$ étant l'angle de G' avec C' (n° 297).

On obtient donc comme profils conjugués des développantes de cercle pour le pignon et des droites pour la crémaillère.

Si $\theta = 0$, C_1 se confond avec C, et les dents de la roue n'ont que des faces.

302. Tracé approximatif d'un arc de développante. — Pratiquement, on peut substituer au tracé exact d'une développante un tracé par arcs de cercle.

Le plus simple est de tracer un seul arc de cercle ayant pour centre le point α (*fig.* 135). On a indiqué aussi des tracés plus approchés, employant deux arcs de cercle tangents. Je les passerai sous silence.

303. Achèvement du tracé. — Pour achever le tracé d'un engrenage, il reste à fixer l'épaisseur des dents, à déterminer les cercles d'échanfrinement et de racine.

Cette détermination ne doit pas se faire au hasard; il faut, en effet, prendre garde qu'une dent ne soit jamais accrochée par celles de l'autre roue avec lesquelles elle n'est pas en prise, auquel cas on dit qu'il se produirait une *interférence*.

On ne peut s'assurer qu'il n'existe pas d'interférence qu'au prix d'épures ou de calculs compliqués. Nous accepterons comme résultat de l'expérience que les règles pratiques indiquées ci-dessous sont satisfaisantes à cet égard.

304. Engrenages fondus. — Les engrenages sont *fondus* ou taillés. Les premiers se font avec un jeu (n° 290), qui atteint en général $\frac{1}{20}$ du pas circonférentiel. Autrement dit, P étant ce pas, l'épaisseur et le creux d'une dent sont donnés par les formules

$$e = \frac{19}{40}\,\text{P}, \qquad c = \frac{21}{40}\,\text{P}.$$

On prend pour longueur des faces $0,3\text{P}$ et pour longueur des flancs $0,4\text{P}$. Ainsi, le cercle d'échanfrinement et le cercle de racine ont pour rayons respectifs

$$\text{R} + 0,3\text{P} \quad \text{et} \quad \text{R} - 0,4\text{P}.$$

305. Engrenailles taillés. Modules. — Les engrenages taillés peuvent être construits avec plus de précision que les engrenages fondus. Aussi les fait-on sans jeu.

Des roues d'assortiment doivent toutes avoir le même pas circonférentiel. Si l'on définit le système par ce pas P, le rayon d'une roue de n dents est donné par la condition

$$\text{P} = \frac{2\pi\text{R}}{n}, \qquad \text{d'où} \qquad \text{R} = \frac{n\,\text{P}}{2\pi}.$$

Si P, exprimé en millimètres, est un nombre commensurable, R est incommensurable, ce qui est pratiquement incommode. Aussi a-t-on préféré prendre comme base d'un système, non pas le nombre P, mais le nombre

$$\text{M} = \frac{\text{P}}{\pi} = \frac{2\text{R}}{n}, \qquad \text{d'où} \qquad \text{R} = \frac{n\text{M}}{2}.$$

M, *exprimé en millimètres*, a reçu le nom de *module* de la série de roues considérée.

Une fois choisi le module M, on donne aux dents la hauteur M et la racine $\frac{2\text{M}}{6}$, c'est-à-dire que le cercle d'échanfrinement et le cercle de racine ont pour diamètres respectifs

$$(1) \qquad \begin{cases} D_e = 2R + 2M = (n + 2)M, \\ D_r = 2R - \dfrac{7}{3}M = \left(n - \dfrac{7}{3}\right)M. \end{cases}$$

On donne à la racine la valeur $\dfrac{7M}{6} = M + \dfrac{M}{6}$ pour permettre un certain jeu dans l'écartement des axes, ce qui ne nuit pas à l'exactitude du fonctionnement (n° 299).

Avec ces conventions, la connaissance du module, de l'angle de conduite et du nombre de dents, détermine complètement la section d'une roue par un plan perpendiculaire à son axe. Il reste à donner la longueur des dents, évaluée parallèlement à l'axe. Elle peut varier considérablement. Elle est en général comprise entre $5M$ et $10M$.

La première des formules (1) montre qu'étant donnée une roue taillée selon ces conventions, *on trouve son module en divisant son diamètre extérieur par le nombre de ses dents augmenté de 2.*

Pour connaître complètement une roue, il faut encore se donner l'épaisseur de la jante, c'est-à-dire la hauteur utilisée du cylindre primitif et la largeur de la couronne qui supporte les dents. On adopte en général les proportions suivantes :

Épaisseur de la jante............ de   5 à 10M
Largeur de la couronne......... de 1,8 à 2M

306. Série des modules. — Conformément aux principes modernes de « standardisation », les constructeurs se sont entendus pour adopter une suite discontinue de modules, ayant assez de termes, et assez rapprochés, pour satisfaire à tous les besoins de la pratique. Les modules commencent à 1 et croissent de quart en quart de millimètre jusqu'à 5,50 inclus. On a donc la série

1;   1,25;   1,50;   ...;   5,25;   5,50.

Puis, de 6 à 16 (qui est rarement dépassé), les modules croissent par millimètre.

307. Diametral pitch. — Les constructeurs anglais et américains se conformément à une autre convention. Ils appellent *diametral pitch* (¹) le rapport du nombre des dents d'une roue à son diamètre primitif, évalué en pouces anglais (ou encore le nombre des dents par pouce), et une série de roues d'assortiment est définie par le *diametral pitch* correspondant.

La relation entre le *diametral pitch* ϖ et le module M d'une roue est la suivante. Rappelons d'abord que le pouce anglais (*inch*) vaut $25^{mm},4$. Soit alors une roue de n dents, ayant pour diamètre primitif D, exprimé en millimètres. On a d'une part

$$M = \frac{D}{n}$$

et, d'autre part,

$$\varpi = n : \frac{D}{25,4} = \frac{25,4\,n}{D},$$

d'où, par multiplication,

$$M\varpi = 25,4.$$

Le principe anglais est peut-être plus rationnel que le nôtre : le *diametral pitch* parcourt la suite naturelle des nombres; à mesure que ϖ s'élève, la denture devient de plus en plus fine, et la suite des pas circonférentiels correspondants est de plus en plus serrée, comme il convient. La suite de modules indiquée plus haut ne présente pas le même avantage.

308. Indication relative au cercle de racine. — Le flanc d'une dent étant limité au cercle générateur C_1 des développantes, on voit que si le cercle de racine d'une roue, déterminé par la règle indiquée, est intérieur à C_1, les arcs de développante devront être prolongés à l'intérieur de C_1 par des arcs qui n'interviendront pas dans la conduite. Pour que cela n'arrive pas, il faut qu'on ait (en faisant la racine égale à M)

$$R - M > R \cos\theta$$

ou

$$\frac{n\,M}{2} - M > \frac{n\,M}{2}\cos\theta, \qquad \frac{n}{2} - 1 > \frac{n}{2}\cos\theta, \qquad n > \frac{2}{1 - \cos\theta}.$$

(¹) En français : *par diamétral*. Mais comme certains auteurs donnent à cette expression le sens de *module*, il paraît préférable d'en éviter l'emploi pour prévenir les confusions.

Pour $\theta = 15°$, ou trouve

$$n \geqq 59.$$

Ainsi des roues ayant moins de 59 dents auront des flancs dont les parties intérieures ne seront pas utilisées.

309. Procédés mécaniques de taille ([1]) : **taille par fraises.** — Il existe aujourd'hui plusieurs machines fort ingénieuses propres à la taille mécanique des engrenages. Le plan de cet Ouvrage n'en comporte pas là description complète, et je me contenterai de donner à leur sujet quelques indications.

Dans une première méthode de taille, l'outil essentiel est une *fraise à profil.* Une fraise (*fig.* 137) est un disque d'acier entaillé suivant

Fig. 137.

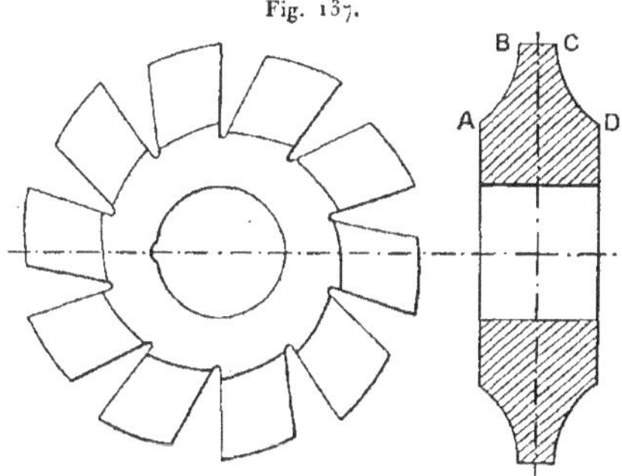

des plans méridiens, de manière à présenter un assez grand nombre d'arêtes coupantes telles que ABCD. Ces arêtes appartiennent à une surface de révolution F dont l'axe est celui de la fraise.

La fraise est montée sur un chariot animé d'un certain mouvement $\mathfrak{M}$. Elle tourne en même temps autour de son axe. Si l'on place en regard un bloc de matière quelconque ou *flan* G, la fraise l'entaillera par ses arêtes et y fera apparaître une surface, qui sera l'enveloppe de la surface F entraînée dans le mouvement $\mathfrak{M}$ ([2]).

([1]) On dit aussi « taillage ».

([2]) Bien entendu, cela ne serait rigoureusement vrai que si les arêtes coupantes de la fraise étaient infiniment rapprochées, mais, pratiquement, l'écart entre la théorie et la réalité est négligeable.

L'emploi des fraises donne donc un moyen général de construction mécanique des surfaces comme enveloppes de surfaces de révolution de grandeur fixe, animées d'un mouvement $\mathfrak{M}_1$.

Pour tailler une roue d'engrenage, on part d'un flan cylindrique. On prend une fraise telle que la surface F ait pour méridien la section droite de la roue à tailler, limitée aux axes de symétrie de deux dents consécutives. Cette fraise est montée de telle sorte que son plan équatorial passe par l'axe du flan. Son chariot reçoit un mouvement de translation alternatif parallèle à ce même axe. On opère par *passes* successives, le chariot étant à chaque fois légèrement rapproché du flan, et cela jusqu'à l'obtention du profil voulu. Le chariot est alors écarté. On fait tourner le flan autour de son axe de l'angle $\dfrac{360°}{n}$, n étant le nombre des dents, et l'on recommence l'opération jusqu'à ce que toute la roue soit taillée.

310. Réduction du nombre des fraises. — La forme d'une développante dépend du rayon du cercle générateur, et, d'autre part, les dimensions d'une dent dépendent du module. Il faudrait donc, théoriquement, autant de fraises par module qu'on prévoit de nombre de dents possibles, ce qui serait excessif. Mais, pratiquement, pour un module donné, le profil ne varie pas beaucoup lorsque l'on passe de la roue minimum (12 dents) à la roue ayant ∞ dents, c'est-à-dire à la crémaillère. Il suffit donc, pour chaque module d'un nombre réduit de fraises, à savoir 8 jusqu'au module 10 et 14 pour les modules supérieurs, conformément, par exemple, aux tableaux suivants (Brown et Sharpe) :

Modules $\leqq$ 10.

Nᵒˢ des fraises..........	1.	2.	3.	4.	5.	6.	7.	8.
Nombres de dents	135 à ∞	55 à 134	35 à 54	26 à 34	21 à 25	17 à 20	14 à 16	12 à 13

Modules $>$ 10.

Nᵒˢ des fraises	1.	2.	3.	4.	5.	6.	7.
Nombres de dents ...	135 à ∞	81 à 134	53 à 80	42 à 52	34 à 41	29 à 33	25 à 28

Module > 10 (suite).

Nᵒˢ des fraises.......	8.	9.	10.	11.	12.	13.	14.
Nombres de dents...	21 à 24	19 à 20	17 à 18	15 à 16	14	13	12

311. Taille par engrènement. — Voici quel est le principe de cette méthode intéressante. Imaginons que nous mettions en présence un flan F et un pignon P exactement taillé (*fig.* 138). Donnons à ce flan

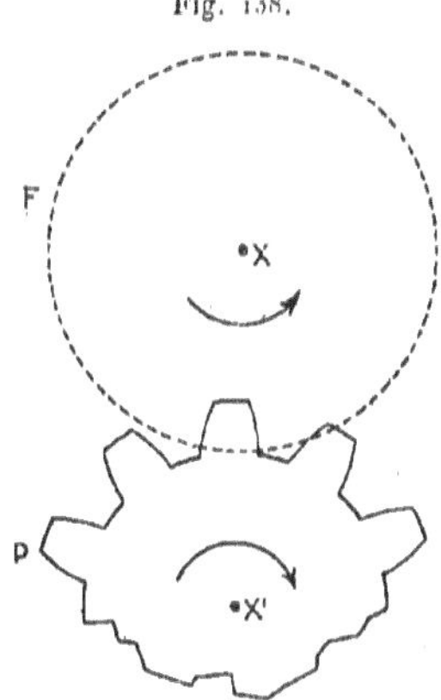

Fig. 138.

et à ce pignon, supposés montés sur des axes parallèles X et X', des rotations de vitesses angulaires ω et ω' autour de ces axes. Si le flan F est constitué d'une matière plastique, il est clair que les surfaces qui limitent les dents de P y imprimeront leurs enveloppes dans le mouvement $\left(\dfrac{P}{F}\right)$, c'est-à-dire les surfaces conjuguées dans un engrenage fonctionnant avec les vitesses angulaires dont il s'agit.

Pour tirer un parti pratique de cette idée, on taille le pignon P ou *roue mère* en acier et l'on rend tranchantes les arêtes qui limitent les dents. Ce pignon reçoit une translation alternative le long de son axe X', à la manière de l'outil d'un étau-limeur, et il entame F par son arête tranchante. Pendant le travail, son orientation reste fixe ainsi que celle de F. Mais, entre deux courses utiles, le flan et le pignon-outil tournent autour de leurs axes respectifs d'angles très petits proportionnels à ω et à ω'.

Il est nécessaire, avant de commencer la taille proprement dite, de *défoncer* un créneau du flan, de manière à pouvoir mettre les axes X et X' à la distance voulue.

Les modes d'application du principe sont variés. J'en citerai quelques-uns :

1° Au pignon-outil on substitue une crémaillère (exemple : machine *Sunderland*), dont la rotation autour de l'axe désigné ci-dessus par X' doit naturellement être remplacée par une translation laissant en coïncidence avec elle-même la droite primitive de cette crémaillère. La vitesse de cette translation doit être proportionnelle à ω. Pour obtenir ce résultat, on enroule sur un arbre dont la rotation est solidaire de celle du flan un ruban d'acier qui entraîne le chariot porte-crémaillère.

Comme, dans une série de roues à développantes d'assortiment, la crémaillère a ses profils rectilignes, elle peut être taillée très exactement, et le procédé est précis. Son inconvénient est que, pour façonner complètement une roue un peu grande, sans qu'il soit nécessaire de faire revenir la crémaillère en arrière, il faut donner à celle-ci une longueur encombrante.

2° Le pignon-outil ou roue mère est une véritable roue à développantes (exemple : *machine Fellow*). On verra au paragraphe suivant comment on taille cette roue mère.

3° Les deux procédés qui précèdent sont rigoureux. Il n'en est pas de même du suivant. Imaginons une vis à filet trapézoïdal V tournant autour de son axe X (*fig.* 139) avec une vitesse angulaire constante. La trace de la surface de cette vis sur un plan passant par X se compose de droites parallèles animées, parallèlement à X, d'une translation uniforme. Cette trace est donc assimilable à une crémaillère sans épaisseur ayant le même mouvement qu'au 1°. Si la vis V est entaillée par des plans axiaux, la crémaillère fictive dont il s'agit acquiert les propriétés d'un outil tranchant et peut par conséquent remplacer une crémaillère mère réelle.

Le résultat de la substitution serait rigoureux si le flan avait une épaisseur nulle. Mais comme, en réalité, cette épaisseur est finie, la vis qui doit être animée d'un mouvement de translation alternatif perpendiculaire au plan de la figure a, dans le mouvement $\left(\dfrac{V}{F}\right)$, *une caractéristique distincte de sa trace sur ce plan*, et par conséquent son enveloppe n'est pas exactement le cylindre, ayant

Fig. 139.

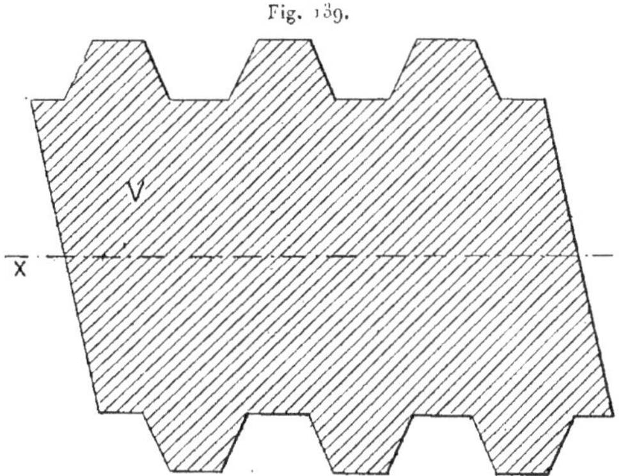

pour section droite une développante de cercle, que l'on voudrait obtenir. On atténue la différence, sans l'annuler, en inclinant l'axe X de telle manière que les filets de V soient *en gros* normaux au plan de la figure. L'approximation obtenue ainsi est très suffisante.

Ce procédé est appliqué dans la machine *Biernatzki*.

312. Obtention d'une roue mère. — Pour tailler une roue mère, on peut utiliser le théorème suivant, d'ailleurs susceptible d'autres applications (n° 344) :

Soient B un bâti, C un solide animé d'une rotation uniforme de vitesse angulaire ω autour d'un axe X lié à B, P un plan non perpendiculaire à X, animé d'une translation uniforme. Cela posé :

1° Si P est parallèle à X, l'enveloppe de P par rapport à C est un cylindre ayant pour section droite une développante de cercle;

2° Si P n'est pas parallèle à X, l'enveloppe de P par rapport à C est un hélicoïde développable.

Remarquons tout d'abord que, lorsque un plan est animé d'une translation uniforme (supposée telle que le plan ne glisse pas sur lui-même), on peut supposer que cette translation s'effectue suivant une direction donnée quelconque, non parallèle au plan : en changer la direction revient en effet à la composer avec une autre translation parallèle au plan, mouvement qui le laisse en coïncidence avec lui-même.

1° Faisons la figure en projection sur un plan perpendiculaire à X

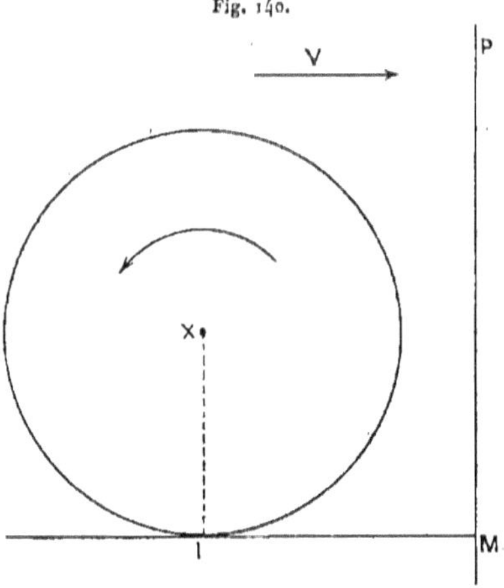

($fig.$ 140). Cet axe est représenté par un point. Supposons que la rotation $\left(\frac{C}{B}\right)$ se fasse dans le sens indiqué par la flèche circulaire. Le plan P est représenté par une droite. Soit V la vitesse de sa translation, supposée perpendiculaire à P et ayant le sens indiqué par la flèche rectiligne. Dans le plan de la figure, le c. i. r. de $\left(\frac{P}{C}\right)$ est le point I tel que XI soit parallèle à P, de sens convenable, et que l'on ait

$$XI = \frac{V}{\omega},$$

car ce point I a même vecteur vitesse dans $\left(\frac{P}{B}\right)$ et dans $\left(\frac{C}{B}\right)$. Le point caractéristique de P, dans le mouvement $\left(\dfrac{P}{C}\right)$, est donc M, projection de I, et MI est la normale à l'enveloppe de P. Cette normale touche constamment le cercle $\left(X, \dfrac{V}{\omega}\right)$. Donc, en revenant à la figure de l'espace : *l'enveloppe de P, dans le mouvement $\left(\dfrac{P}{C}\right)$, est un cylindre ayant pour section droite une développante du cercle $\left(X, \dfrac{V}{\omega}\right)$.*

On remarquera que ce résultat ne diffère pas de la proposition qui sert de base à la théorie de l'engrenage à développantes (n° 297).

2° Soit (X, ω) le vecteur glissant de la rotation $\left(\dfrac{C}{B}\right)$, orienté d'après la convention ordinaire. Soit V la vitesse de la translation $\left(\dfrac{P}{B}\right)$, supposée cette fois parallèle à X. Comme cet axe est orienté, V est susceptible de signe. Le mouvement $\left(\dfrac{P}{C}\right) = \left(\dfrac{B}{C}\right)\left(\dfrac{P}{B}\right)$ résulte d'une rotation de vecteur glissant $(X, -\omega)$ et d'une translation de vitesse V. C'est donc un vissage d'axe X et de pas réduit égal, en grandeur et en signe, à $-\dfrac{V}{\omega}$. *Par conséquent P, qui est entraîné dans ce vissage, enveloppe par rapport à C un hélicoïde développable d'axe X et de pas réduit $-\dfrac{V}{\omega}$.*

Si l'on désigne par α l'angle aigu que fait P avec X, l'arête de rebroussement de l'hélicoïde est une hélice qui fait aussi l'angle α avec X. Soit R le rayon du cylindre de révolution sur lequel elle est tracée. On doit avoir

$$R = \left|\frac{V}{\omega}\right| \tan\alpha,$$

ce qui fait connaître la valeur de R et définit complètement l'hélice.

En vertu d'une propriété connue de l'hélicoïde développable, la trace de l'hélicoïde enveloppe de P sur tout plan perpendiculaire à X est une développante d'un cercle de rayon R.

Voici maintenant l'application des ces faits géométriques à la taille d'une roue mère :

1° Disposons en regard un flan F et une *fraise plate* ([1]) F' (*fig.* 141).

([1]) C'est une fraise limitée d'un côté par un plan perpendiculaire à l'axe de la

F tourne autour de l'axe X. Supposons d'abord le plan de F' parallèle
à X. Le chariot qui porte F' est animé d'une translation perpendi-

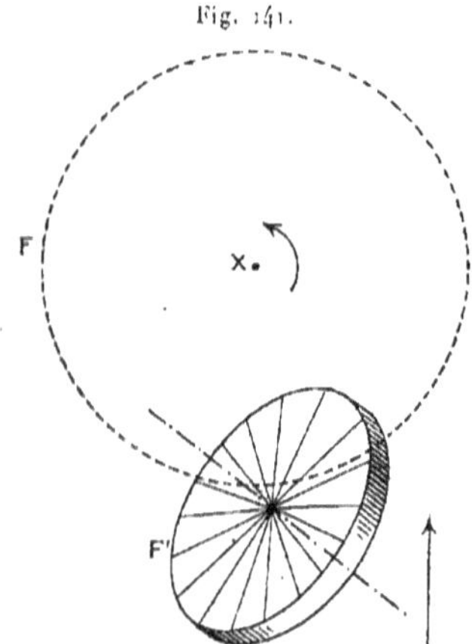

Fig. 141.

culaire à X. En adoptant les mêmes notations que ci-dessus (1°),
on pourra avec F' tailler dans F des cylindres parallèles à X, ayant
pour sections des développantes d'un cercle de rayon $\dfrac{V}{\omega}$. Il est évidemment possible d'obtenir une roue mère ayant des caractéristiques
données : module, nombre de dents, angle de conduite ;

2° Pratiquement, la solution précédente a un défaut grave. La
roue mère, taillée comme je viens de le dire, est cylindrique, attaque
le métal sous un angle qui n'est pas favorable, et *talonne*, c'est-à-
dire que le contact qui a lieu entre le flan et l'outil, en arrière de
l'arête tranchante, risque d'écarter celle-ci de la surface qu'elle doit
tailler. Pour remédier à cela, il n'y a qu'à supprimer le parallélisme
de F' et de X. Alors la surface taillée sera, comme on l'a vu plus
haut (2°), un *hélicoïde développable*. Les dents de la roue mère
seront d'abord taillées sur une face, puis sur la face opposée, en

fraise et striée radialement de manière à présenter des arêtes coupantes. On a
ainsi un outil propre à tailler l'enveloppe d'un plan.

changeant l'orientation du chariot porte-fraise de manière à remplacer l'angle α par $-\alpha$.

La roue mère, vue en plan, a l'aspect de la figure 142. Elle est

Fig. 142.

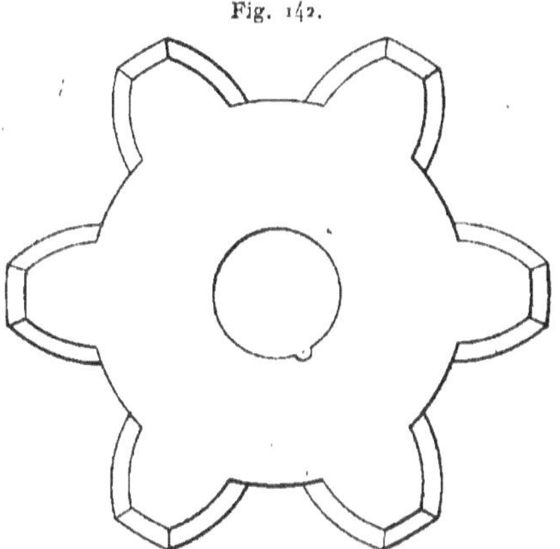

détalonnée. On détermine ses constantes de construction, de manière que son *angle de coupe* (c'est-à-dire l'angle que fait sa surface avec la surface à travailler) ait la valeur que l'expérience a fait reconnaître comme la meilleure (4° environ).

Pour l'affûter, il suffit de diminuer son épaisseur, travail qui se fait à la meule. En effet, toutes les sections droites de la roue mère sont terminées par des arcs de développantes égaux. Cette opération ne change pas l'angle de coupe. A vrai dire, elle diminue le plus grand diamètre de la roue mère, dont la forme générale est tronconique. Mais cela n'a pas d'importance, puisqu'en employant cette roue mère à la taille d'une autre roue, on a la faculté de rapprocher les axes à volonté, sans que cela nuise à la correction des profils obtenus, en vertu de la propriété de l'engrenage à développantes établie au n° 299.

313. Nombre des dents. — Comme on l'a reconnu au n° 300, la condition de continuité exige que le nombre des dents d'une roue ne descende pas au-dessous d'un certain minimum, et pour un engrenage à développantes de cercle et un angle de conduite de 15°, ce nombre minimum est de 12. D'autres tracés permettent de descendre au-dessous. Ainsi, en horlogerie, on emploie des pignons de 6 dents.

Quant au nombre maximum de dents, on le fixait autrefois à 120, mais les procédés modernes de taille, en particulier le perfectionnement des appareils diviseurs (c'est-à-dire des appareils qui règlent l'avance angulaire du flan à tailler) permettent d'aller beaucoup plus loin, et l'on rencontre assez couramment des roues de 300 dents et davantage. Dans le *tide-predictor* ou appareil à calculer les marées de Lord Kelvin, il existe une roue de 802 dents.

314. Exemple de calcul d'un engrenage. — Pour calculer un engrenage, il faut d'abord se donner le rapport $\dfrac{\omega'}{\omega}$ des vitesses angulaires, puis l'épaisseur minimum des dents, qui dépend des conditions dynamiques du fonctionnement et que font connaître des formules de résistance des matériaux, et enfin la distance *approchée* des axes (on ne peut se donner exactement cette dernière, à cause de la discontinuité des modules).

Soit par exemple à calculer un engrenage avec les données suivantes :

Vitesses angulaires des deux roues en t/m : $N = 150$, $N' = 120$; épaisseur minimum des dents : 6^{mm}; distance approchée des axes : 250^{mm}.

Fixons d'abord le module M. Le pas circonférentiel étant πM, l'épaisseur d'une dent est $\dfrac{\pi M}{2}$. On doit donc avoir

$$\frac{\pi M}{2} \geqq 6, \qquad M \geqq \frac{12}{\pi}.$$

On prendra, dans la série des modules, la plus petite valeur de M satisfaisant à cette condition. Ici, $M = 4$.

Soient ensuite n et n' les nombres des dents. On doit avoir

$$\frac{n'}{n} = \frac{150}{120} = \frac{5}{4}, \qquad \text{d'où} \qquad n = 4x, \qquad n' = 5x,$$

x étant un entier à déterminer.

La distance des axes est

$$R + R' = \frac{(n + n')M}{2} = \frac{9x M}{2} = 18x.$$

On doit donc avoir

$$18x \sim 250,$$

à quoi l'on satisfait par $x = 14$.

Ainsi les deux roues seront taillées au module 4; les nombres de dents seront $4 \times 14 = 56$ et $5 \times 14 = 70$. La distance exacte des axes sera $18 \times 14 = 252^{mm}$.

315. Engrenages cylindriques dans le cas où $\omega = \omega'$. — Au début de cette section, on a vu que les cylindres primitifs n'existent pas quand les vitesses angulaires ω et ω' sont égales et de même signe. Il n'en

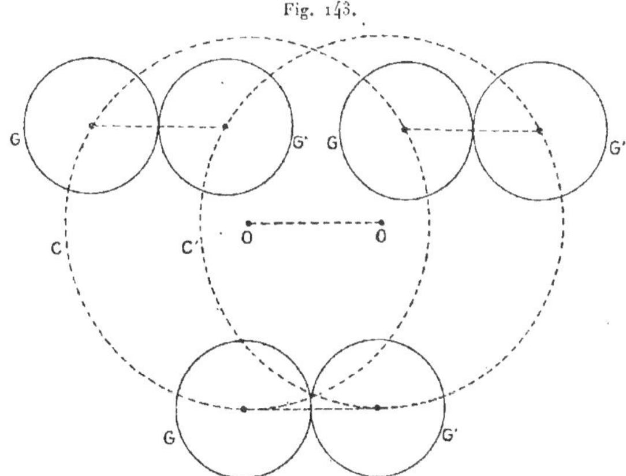

Fig. 143.

est pas moins possible de construire un engrenage, dans le cas envisagé. Seulement les procédés de détermination des profils conjugués, exposés aux n°s 285 et 287, tombent en défaut.

Si A et B sont les deux roues à tailler, on reconnaît immédiatement que le mouvement $\left(\dfrac{B}{A}\right)$ est une *translation* telle que tous les points de B décrivent des cercles égaux. G' étant un profil donné lié à B, le profil conjugué G lié à A est l'enveloppe de G' entraîné dans cette translation.

On obtient une solution simple en prenant pour G' un cercle. Il est alors clair que G est un cercle aussi, et l'on aboutit à l'engrenage suivant : C et C′ étant deux cercles égaux de centres respectifs O et O′ (*fig.* 143), divisons ces deux cercles en un même nombre de parties égales, trois par exemple. Prenons les points de division du cercle C comme centres de cercles égaux G de rayon ρ, les points de division de C′ comme centres de cercles égaux G′ de rayon ρ', ρ et ρ' satisfaisant à la condition

$$\rho + \rho' = OO'$$

$\left(\text{le plus simple est de faire } \rho = \rho' = \frac{1}{2} OO'\right)$. Quand les cercles C et C′ tournent autour de leurs centres respectifs avec des vitesses angulaires égales, les cercles G sont bien conjugués des cercles G′. Les dents devront être constituées par des broches implantées dans deux disques situés de part et d'autre du plan moyen des roues.

Cet engrenage ne paraît pas présenter un grand intérêt pratique. Si je l'ai décrit, c'est surtout dans le dessein de prévenir une erreur de principe.

C. — AXES PARALLÈLES. ENGRENAGES HÉLICOÏDAUX.

316. Glissement dans les engrenages cylindriques. — Soient A et A′ les deux roues d'un engrenage cylindrique, G et G′ deux profils conjugués, M leur point de contact à un instant quelconque. En général, le point M sera distinct du point de contact I des deux cercles primitifs C et C′ de l'engrenage, c'est-à-dire du c. i. r. du mouvement $\left(\dfrac{A'}{A}\right)$. Par conséquent, le point M, supposé entraîné dans ce mouvement, n'a pas une vitesse nulle en général, et le profil G′ glisse le long du profil G avec lequel il reste en contact. Le glissement n'est nul qu'aux instants exceptionnels où le point M se confond avec le point I.

Ce raisonnement n'est en défaut que si le profil G′ se confond avec le cercle primitif C′. Alors G se confond avec C, et l'on tombe sur l'engrenage dit à friction (n° 282). Celui-ci est donc le seul engrenage cylindrique qui fonctionne sans glissement. Comme on l'a dit, l'emploi en est assez limité.

Le glissement qui se produit dans le cas général a naturellement un effet nuisible et diminue le *rendement* de l'engrenage, c'est-à-dire le rapport du travail recueilli sur l'arbre de la roue menée au travail fourni à l'arbre moteur. On peut évaluer, au moins approximativement, la perte de travail par frottement. Cette étude sera faite au n° 428.

317. **Engrenage hélicoïdal de White.** — Si, les axes étant toujours parallèles, on renonce à prendre comme surfaces conjuguées des cylindres, on peut obtenir un engrenage qui fonctionne sans glissement. C'est l'*engrenage hélicoïdal de White.*

Figurons en X et X' (*fig.* 144) les axes, orientés de la même

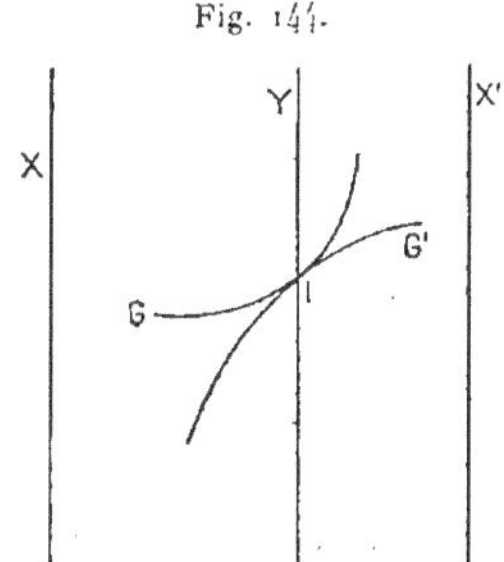

Fig. 144.

manière, autour desquels les solides A et A' tournent avec des vitesses angulaires respectives ω et ω', en Y la génératrice de contact des cylindres primitifs, dont les rayons R et R' satisfont à la relation

$$R\omega = R'\omega',$$

vraie en grandeur et en signe avec les conventions ordinaires.

Traçons dans le plan des axes deux courbes G et G', rencontrant Y en un même point I, tangentes en ce point et d'ailleurs quelconques. Appelons D un solide lié aux courbes G et G'.

Donnons au solide D, en même temps que A et A' tournent autour de X et de X', un mouvement de translation rectiligne et uniforme, parallèle aux axes et de vitesse V (¹) (V est susceptible de signe). La

---

(¹) Il n'est pas besoin, en théorie, que la vitesse de cette translation soit constante, mais, si elle ne l'était pas, les surfaces conjuguées S et S' définies plus loin ne seraient pas des hélicoïdes.

courbe G engendre, par rapport à A, une surface S, et, par rapport à A′, une surface S′. Je dis que ces deux surfaces se touchent en I.

En effet, le mouvement $\left(\dfrac{D}{A}\right)$ est un vissage dont le pas réduit h a pour valeur, en grandeur et en signe,

$$h = -\frac{V}{\omega}.$$

Donc S est un hélicoïde d'axe X et de pas réduit h, positif ou négatif, suivant les signes de V et de ω.

De même, le mouvement $\left(\dfrac{D}{A'}\right)$ est un vissage de pas réduit $h' = -\dfrac{V'}{\omega'}$, et S′ est un hélicoïde d'axe X′ et de pas réduit h'.

Le point I, entraîné dans le mouvement $\left(\dfrac{D}{A}\right)$, décrit une hélice H tracée sur S. De même, entraîné dans le mouvement $\left(\dfrac{D}{A'}\right)$, il décrit une hélice H′ tracée sur S′. Les deux hélices sont tangentes. En effet, en appliquant le théorème de la composition des vitesses au point I, on a l'égalité vectorielle

$$\mathbf{v}_{D/A} = \mathbf{v}_{D/A'} + \mathbf{v}_{A'/A}.$$

Mais le dernier terme du second membre est nul, puisque le point I appartient par hypothèse à l'axe Y de la rotation tangente à $\left(\dfrac{A'}{A}\right)$. Donc

$$\mathbf{v}_{D/A} = \mathbf{v}_{D/A'},$$

ce qui entraîne bien la tangence en I des hélices H et H′.

Cela posé, le plan tangent en I à S contient les tangentes à G et à H. Le plan tangent à S′, en ce même point, contient les tangentes à G′ et à H′. On voit que ces plans sont confondus.   C. Q. F. D.

La tangente commune à H et à H′ fait avec le plan des axes un angle α donné par la formule

$$\tan\alpha = \left|\frac{R}{h}\right| = \left|\frac{R\,\omega}{V}\right| = \left|\frac{R'\omega'}{V}\right|.$$

On observera que si, comme on l'a supposé sur la figure 144, les cylindres primitifs sont tangents extérieurement, c'est-à-dire si ω et ω' sont de signes contraires, les deux hélicoïdes S et S′ ont des pas de signes contraires.

Cela posé, il résulte des principes généraux de la théorie des

engrenages et de ce qui vient d'être démontré que *les surfaces* S *et* S'
supposées construites et liées respectivement à A *et à* A' *constituent
un couple de surfaces* ponctuellement *conjuguées.*

Fig. 145.

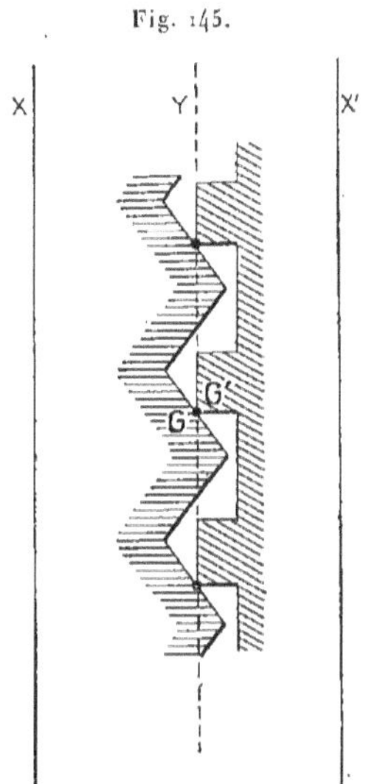

Le point de contact I de S et de S' appartient toujours à Y. Le
mouvement $\left(\dfrac{A'}{A}\right)$ étant tangent à une rotation d'axe Y, le point I, lié
à S', a dans ce mouvement une vitesse nulle. Donc S' *roule sur* S *et
l'engrenage obtenu fonctionne sans glissement.*

Tel est l'engrenage de White, engrenage à contact ponctuel.

Il importe de remarquer que l'axe de rotation Y ne peut appartenir
au plan tangent commun à S et à S' (sans quoi G et G' se confon-
draient avec Y, les surfaces S et S' se réduiraient aux cylindres
primitifs, et l'on retomberait encore sur l'engrenage à friction). Donc
le roulement relatif de ces surfaces n'est pas *pur* (t. I, n° 467, p. 189),
et il comporte un pivotement.

Il est donc impropre d'appeler *engrenage sans frottement*
l'engrenage de White, comme on l'a fait quelquefois. *Engrenage
sans glissement* est l'expression qui convient.

318. Exécution de l'engrenage de White. — Une des solutions les plus simples consiste à prendre pour G une droite inclinée sur X, et à réduire G′ à un point. S est alors une surface de vis à filet triangulaire, et S′ se réduit à une hélice, qu'on réalise comme arête d'une vis à filet carré (*fig.* 145). Cet engrenage peut être exécuté avec une grande précision, mais il est clair qu'il ne convient qu'à la transmission à grande vitesse d'efforts très faibles.

Avec de tels engrenages, Breguet a pu obtenir des vitesses de rotation de 1200 tours par seconde et au delà.

319. Taille industrielle de l'engrenage de White. — On peut généraliser les considérations du n° 317. Considérons toujours le solide D dont la translation s'effectue en même temps que A et A′ tournent autour de X et de X′, et soient Σ et Σ' deux surfaces liées à D qui satisfont aux conditions suivantes :

1° Elles se touchent au point I;

2° Leur plan tangent commun en I contient la tangente commune aux hélices H et H′ décrites par le point I, dans les mouvements $\left(\dfrac{D}{A}\right)$ et $\left(\dfrac{D}{A'}\right)$.

Dans $\left(\dfrac{D}{A}\right)$, Σ enveloppe une surface S qui est un hélicoïde d'axe X. Σ touche S suivant une caractéristique qui rencontre l'hélice H au point I. De même, dans $\left(\dfrac{D}{A'}\right)$, Σ' enveloppe un hélicoïde S′, donnant lieu à une remarque semblable. Donc S et S′ se touchent en I et *sont deux surfaces ponctuellement* conjuguées dans le mouvement $\left(\dfrac{A'}{A}\right)$. Comme leur contact se fait sur Y, elles constituent un engrenage de White.

Pour appliquer cela, disposons un flan A et en regard une fraise Σ (*fig.* 146), dont le chariot reçoit une translation de vitesse V_1, parallèle à l'axe X autour duquel le flan tourne avec la vitesse angulaire ω_1. V_1 et ω_1 sont reliées aux vitesses V et ω par la relation

$$\frac{V}{\omega_1} = \frac{V}{\omega}.$$

Bien entendu, V_1 et ω_1 sont en général très inférieures à V et à ω.

Dans ces conditions, la fraise taille dans le flan une surface qui n'est autre que l'hélicoïde à obtenir S, enveloppe de Σ.

La surface S s'obtient en plusieurs passes, au cours desquelles on rapproche progressivement Σ de X. S est l'enveloppe de Σ au cours de la dernière passe, quand Σ a pris sa position finale.

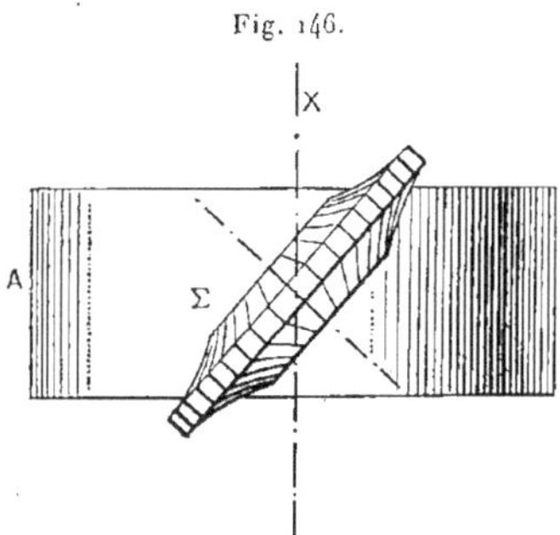

Fig. 146.

On taille d'une manière analogue la surface S' avec une fraise Σ'. Les fraises Σ et Σ' sont identiques à celles dont on se sert pour la taille des engrenages cylindriques à développantes de cercle. La fraise Σ, par exemple, est disposée de telle manière que son plan équatorial fasse avec X l'angle $\alpha = \mathrm{arc\ tang}\ \dfrac{R}{h}$. On voit que la taille n'est pas parfaitement exacte, car le point 1 introduit dans la démonstration appartient, non pas au plan équatorial de la fraise, mais à la surface de celle-ci. Il n'est donc pas tout à fait vrai que les surfaces S et S', taillées comme je viens de le dire, se touchent en un point de Y, et l'engrenage obtenu n'est pas tout à fait exempt de glissement. Mais, sans calculer l'erreur (ce qui serait fort compliqué), on sent qu'elle est faible.

Après un certain nombre de passes, la fraise a creusé dans le flan une rainure hélicoïdale. On répète l'opération après avoir fait tourner le flan de l'angle $\dfrac{2\pi}{n}$, n étant entier, et en continuant, on finit par obtenir une *roue hélicoïdale de n dents*.

Les procédés de taille par engrènement (n° 311) peuvent être appliqués aux engrenages hélicoïdaux.

320. Pas normal et pas apparent. Module normal et module apparent. — Les traces des dents d'une roue sur le cylindre primitif sont des hélices faisant l'angle α avec les génératrices. On appelle *pas normal* (ou *réel*) de la roue, la distance des deux hélices H et H′, traces des surfaces qui limitent du même côté deux dents consécutives, cette distance étant évaluée sur une hélice orthogonale à H et H′.

On appelle *pas apparent* la distance des traces des deux mêmes hélices sur un plan de section droite du cylindre primitif, cette distance étant évaluée suivant le cercle de section.

Il est clair que l'on a la relation

$$\text{pas normal} = \text{pas apparent} \times \cos \alpha.$$

Les quotients par π des deux pas sont le *module normal* ou *réel* M et le *module apparent* M_a.

Deux roues qui engrènent ensemble ont évidemment même pas et même module apparents et normaux. Soient n et n' leurs nombres de dents. On a

$$2\,\mathrm{R} = n\,\mathrm{M}_a, \qquad 2\,\mathrm{R}' = n'\,\mathrm{M}_a,$$

d'où

$$\frac{\mathrm{R}}{\mathrm{R}'} = \frac{n'}{n}.$$

On a, d'autre part,

$$|\,\mathrm{R}\,\omega\,| = |\,\mathrm{R}'\,\omega'\,|.$$

Donc

$$\left|\frac{\omega'}{\omega}\right| = \frac{n}{n'}.$$

Ainsi, comme dans les engrenages cylindriques, les vitesses angulaires des deux roues sont inversement proportionnelles aux nombres de leurs dents.

321. Numéros des fraises à employer. — On se rappelle que, pour tailler une roue cylindrique, il faut une fraise dépendant non seulement du module, mais encore du nombre de dents (n° 310). Il en est de même pour les engrenages hélicoïdaux. Pour déterminer le numéro de la fraise à employer dans la série correspondant à un module normal donné, on adopte la règle suivante assez plausible : *cette fraise est celle qui conviendrait à la taille d'une roue cylindrique de même module, ayant pour cercle primitif le cercle osculateur à l'hélice orthogonale à l'hélice* H.

On sait que le rayon de ce cercle osculateur est $\dfrac{R}{\cos^2\alpha}$ (t. I, n° 54, p. 61). Le nombre des dents de la *roue fictive* est donc

$$n_1 = \frac{2R}{M\cos^2\alpha} = \frac{2R}{M_a\cos^3\alpha} = \frac{n}{\cos^3\alpha}.$$

Il augmente rapidement quand α augmente lui-même.

322. Condition de continuité. — L'épaisseur l d'une roue hélicoïdale (*fig.* 147) doit satisfaire à une condition de minimum, en vue d'assurer la continuité du fonctionnement de l'engrenage. En effet,

Fig. 147.

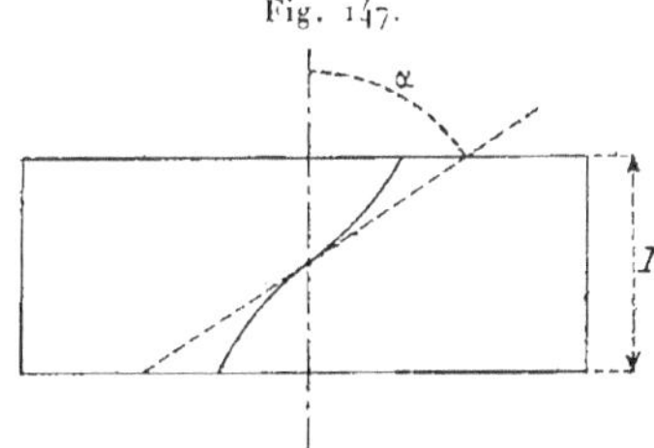

au cours de ce fonctionnement, le point de contact de deux dents en prise parcourt un segment de longueur l de la génératrice de contact des deux cylindres primitifs. Pendant ce temps, les deux cylindres roulent l'un sur l'autre, et l'arc de roulement a pour valeur $l\tang\alpha$.

Il faut qu'avant la cessation du contact des deux dents considérées, deux nouvelles dents soient entrées en prise. La condition nécessaire et suffisante pour cela est que l'arc de roulement dont on vient d'écrire la valeur soit au moins égal au pas apparent. On doit donc avoir

$$l\,\tang\alpha > \pi M_a = \frac{\pi M}{\cos\alpha} \quad\text{ou}\quad l > \frac{\pi M}{\sin\alpha}.$$

323. Choix de l'angle α. — Le phénomène de l'*arc-boutement*, dont il sera parlé plus tard (n° 426), impose, comme on le verra, une limite supérieure à l'angle α. A part cela, il ne semble pas qu'on ait, à l'heure actuelle, de raison bien valable de donner à cet angle une valeur plutôt qu'une autre.

324. Exemple de calcul numérique d'un engrenage hélicoïdal. — Soit à établir un engrenage hélicoïdal avec les données suivantes :

Module normal : $M = 3^{mm}$;
Vitesses angulaires en t/m : $N = 80$, $N' = 100$;
Distance approximative des axes : $d \sim 200^{m}$; $\alpha = 24°$.

On a

$$\frac{n}{n'} = \frac{N'}{N} = \frac{100}{80} = \frac{5}{4}.$$

Posons

$$n = 5x, \qquad n' = 4x,$$

x étant un entier à déterminer.

On a, pour le module apparent,

$$M_a = \frac{M}{\cos\alpha} = \frac{3}{0,81} = 3^{mm},3.$$

Écrivons que la distance des axes est égale à la somme des rayons des cylindres primitifs. On a

$$d = \frac{n + n'}{2}\, M_a = \frac{9x}{2} \times 3,3 \sim 200^{mm},$$

d'où

$$x \sim \frac{2 \times 200}{9 \times 3,3} \sim 14.$$

On fera

$$x = 14, \qquad \text{d'où} \qquad n = 70, \qquad n' = 56.$$

La distance des axes a donc pour valeur exacte

$$d = \frac{70 \times 56}{2} \times \frac{3}{\cos 24°} = 207^{mm},9.$$

La condition de continuité donne

$$l > \frac{\pi M}{\sin\alpha} = \frac{3,14 \times 3}{0,41} = 23^{mm}.$$

On fera par exemple

$$l = 30^{mm}.$$

Les nombres de dents des roues fictives sont

$$n_1 = \frac{70}{\cos^3\alpha} \sim 94, \qquad n'_1 = \frac{56}{\cos^3\alpha} \sim 74,$$

d'où l'on déduit les numéros des fraises à employer.

325. Engrenage à chevrons. — L'obliquité des dents, dans l'engrenage hélicoïdal, est cause que la pression exercée par une roue sur

Fig. 148.

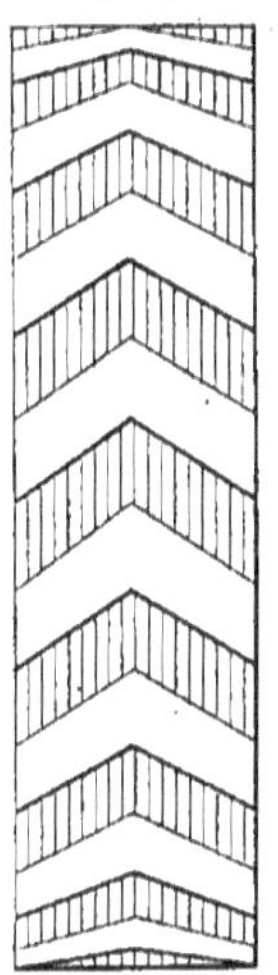

l'autre a une composante dirigée parallèlement aux axes, composante à laquelle il faut s'opposer au moyen de paliers spéciaux (*paliers de*

Fig. 149.

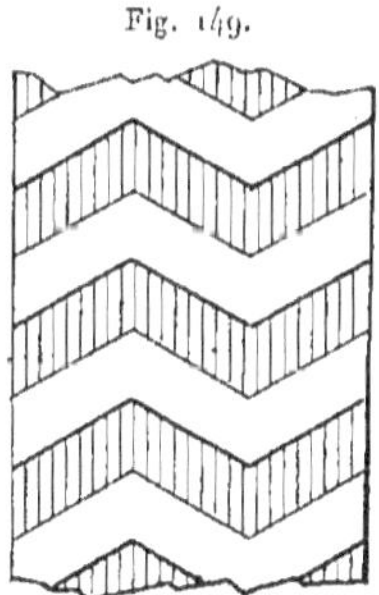

butée). Pour obvier à cet inconvénient, on peut accoupler deux paires de roues à dentures symétriquement disposées. La forme ainsi obtenue fait donner à l'engrenage le nom d'*engrenage à chevrons* (*fig.* 148, schématique).

Les deux moitiés d'une roue à chevrons doivent être taillées séparément, si l'on emploie des fraises à profil, et ensuite assemblées. En employant des fraises d'une autre sorte, travaillant *en bout*, on peut tailler des roues d'une seule pièce. Mais le résultat est moins précis.

On fait aussi des roues *à chevrons multiples* (*fig.* 149) pour augmenter le nombre des points de contact.

D. — ENGRENAGES D'ANGLE.

326. Cônes primitifs. — Considérons deux solides A et A' tournant par rapport à un bâti B autour des axes X et X', concourant en un point O (*fig.* 150), avec des vitesses angulaires constantes ω et ω'.

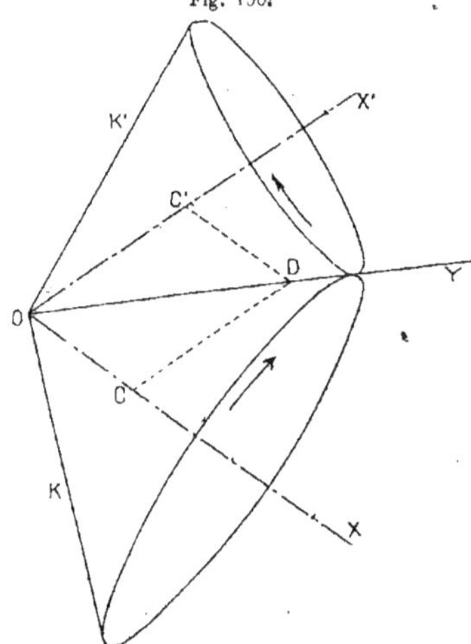

Fig. 150.

Soient (X, ω) et (X', ω') les vecteurs glissants de ces rotations.

Le mouvement $\left(\dfrac{A}{A'}\right)$ résulte des deux rotations de vecteurs glissants $(X', -\omega')$ et (X, ω). C'est donc, en vertu de la règle de composition des rotations à axes concourants, une rotation de vecteur glissant $(Y, \omega - \omega')$, dont l'axe Y passe par le point O et appartient au plan (X, X'). C'est la diagonale OD du parallélogramme OCDC', dans lequel on a

$$OC = \omega, \qquad OC' = -\omega'.$$

Si l'on pose

$$\widehat{XOX'} = \alpha, \qquad \widehat{XOY} = \theta, \qquad \widehat{X'OY} = \theta',$$

on a

$$\frac{\sin\theta}{\sin\theta'} = \frac{\omega'}{\omega}, \qquad \theta + \theta' = \alpha,$$

ce qui permet de calculer les angles θ et θ' (le calcul est identique à celui des deux angles inconnus d'un triangle déterminé par deux côtés et l'angle compris).

Le lieu de OY dans A est un cône de révolution K, d'axe OX; le lieu de OY dans A' est un cône de révolution K', d'axe OX', et ces deux cônes roulent l'un sur l'autre.

Le mécanisme constitué par le bâti B et les deux solides A et A' constitue un *engrenage conique* ou, comme on dit plus communément, un *engrenage d'angle*. Les cônes K et K' sont dits les *cônes primitifs* de cet engrenage.

On peut se contenter de réaliser les cônes primitifs, et l'on a un *engrenage d'angle à friction*. Par exemple les plaques tournantes des gares de chemins de fer sont montées sur des galets coniques K' se mouvant sur un rail circulaire K dont la surface utile appartient à un cône de révolution d'axe vertical. Il faut, pour que les galets roulent sur le rail, que les sommets des cônes K' soient confondus avec le sommet du cône K, et chaque galet forme alors avec le rail un engrenage d'angle à friction.

327. Denture de l'engrenage. — Pour avoir un engrenage proprement dit, auquel cas A et A' sont deux *roues d'angle*, le plus naturel est de limiter les dents de l'une des roues, A', par exemple, par des cônes Γ' de sommet O. Alors les surfaces conjuguées, qui limitent les dents de A, sont les enveloppes des cônes Γ' entraînés dans le mouvement $\left(\dfrac{A'}{A}\right)$. Ce sont évidemment encore des cônes Γ de sommet O.

Construisons la trace de l'engrenage sur une sphère Σ de centre O. Les cônes primitifs K et K' ont pour traces des cercles C et C' qui roulent l'un sur l'autre. Les cônes Γ et Γ' ont pour traces des courbes G et G', telles que les courbes G', entraînées dans le roulement à la surface de la sphère de C' sur C, aient pour enveloppes les courbes G. On aboutit ainsi à la notion d'un *engrenage sphérique*, ayant pour cercles primitifs C et C', avec des profils conjugués qui sont les courbes G et G'.

La théorie d'un tel engrenage est une généralisation immédiate de celle des engrenages plans sections droites des engrenages cylindriques. Il est clair que toutes les méthodes d'obtention des profils conjugués peuvent être transportées sur la sphère. De même tout ce qui concerne la division en dents, la périodicité des profils, etc.

Une fois construites les courbes G et G', les cônes conjugués Γ et Γ' sont connus.

328. Construction approximative de Tredgold. — L'application littérale de ce qui précède demande des constructions à la surface de la sphère, à peu près inexécutables. On leur substitue une construction qui n'exige que des tracés dans le plan, suffisamment approximative pour les besoins de la pratique. C'est la *construction de Tredgold*. Soit C la trace du cône K sur la sphère Σ (*fig.* 151, faite en projection sur le plan des axes). Construisons le cône K_1 circonscrit à Σ le long de C. La méthode de Tredgold consiste à substituer le cône K_1 à Σ, dans une zone étroite entourant C. Développons le cône K_1 sur un plan. Le cercle C a pour transformé un arc, inférieur à une circonférence, d'un cercle C_1 dont le rayon est égal à la portion de génératrice TI du cône K_1. En opérant de même pour l'autre roue, on obtient un cercle C'_1 de rayon T'I.

Cela fait, considérons les cercles C_1 et C'_1 comme les cercles primitifs d'un engrenage plan, et construisons des profils conjugués G_1 et G'_1. En enroulant les développements sur les cônes K_1 et K'_1, on obtiendra des courbes G et G' que l'on prendra comme directrices des cônes conjugués Γ et Γ'. L'erreur commise, dans la substitution de cette construction à la construction exacte, est évidemment très faible.

Il faut ajouter les observations suivantes :

Soit P le pas de l'engrenage sphérique qui a pour cercles primitifs C et C', ce pas étant défini comme pour les engrenages plans. Si n et n' sont les nombres de dents des deux roues, les longueurs de C et de C′ sont respectivement nP et n'P. Or les rayons de ces cercles sont respectivement OI $\sin\theta$ et O′I $\sin\theta'$. On a donc

$$n\,\mathrm{P} = 2\pi\,\mathrm{OI}\sin\theta, \qquad n'\mathrm{P} = 2\pi\,\mathrm{OI}\sin\theta',$$

d'où, par division,

$$\frac{n}{n'} = \frac{\sin\theta}{\sin\theta'} = \frac{\omega'}{\omega},$$

en tenant compte de la formule du n° 326. On conclut de là : 1° *qu'un engrenage d'angle, comme un engrenage à axes parallèles, ne*

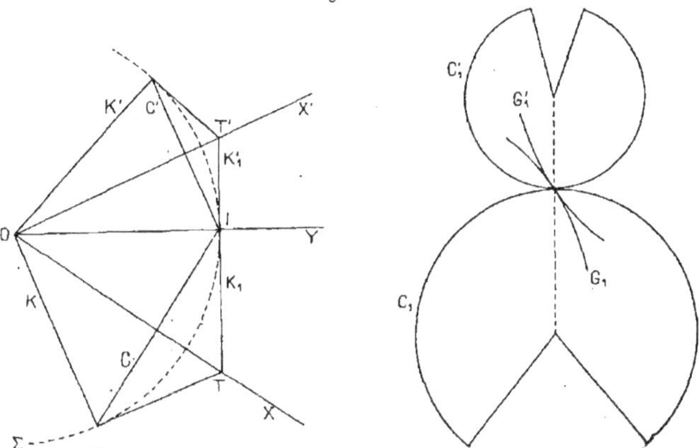

Fig. 151.

peut être exécuté que si les vitesses angulaires des rotations à transformer l'une en l'autre sont dans un rapport commensurable; 2° que, de même encore que pour les engrenages plans, le rapport des vitesses angulaires des deux roues est le rapport inverse des nombres de dents.

Bien entendu, pour les tracés plans à effectuer au moyen des cercles primitifs C_1 et C'_1, le pas à porter sur ces cercles sera P.

329. Autres détails de construction. Module. — La section d'une roue d'angle par un plan méridien est représentée sur la figure 152. Les surfaces qui limitent la roue sont : les surfaces des dents; les plans BC et B′C′ perpendiculaires à l'axe; le cône K, de sommet T et un cône homothétique par rapport au point O. Sur la figure, OE, perpendiculaire à AB, est une génératrice du cône primitif. Les dents sont comprises entre deux cônes de révolution, engendrés respectivement par les droites OA et OF; le premier est dit *cône d'échan-*

Fig. 152.

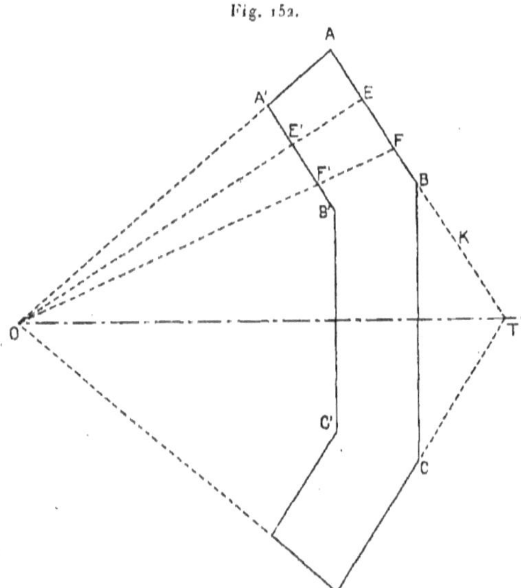

frinement, le second *cône de racine* (pour la clarté, l'importance des dents a été exagérée sur la figure).

Le *module* M d'une roue d'angle est le quotient par π du pas circonférentiel compté à la partie la plus large (c'est-à-dire sur le cercle engendré par le point E de la figure 152). Les proportions des dents sont déterminées d'après les mêmes règles que pour les engrenages cylindriques.

La portion de génératrice utilisée EE′ sur le cône primitif est comprise entre 5 M et 10 M.

La série des modules est la même que pour les engrenages cylindriques.

330. Exemple de calcul d'un engrenage d'angle. — Soit à calculer un engrenage d'angle d'après les données suivantes :

$$M = 4 ; \qquad \frac{\omega'}{\omega} = \frac{3}{4} ; \qquad \alpha = 90°, \qquad OE \sim 145^{mm}.$$

(OE est, comme sur la figure 152, la longueur d'une génératrice du cône primitif comprise entre le sommet et la face la plus éloignée de la roue.)

On a ici

$$\theta' = 90° - \theta ;$$

$$\frac{\sin \theta}{\sin \theta'} = \tan g\, \theta = \frac{3}{4} ; \qquad \text{d'où} \qquad \theta = 36°52', \qquad \sin \theta = 0,599.$$

Puis, n et n' étant les nombres de dents,

$$n = 3x, \qquad n' = 4x,$$

x étant un nombre entier.

On a ensuite, R étant le rayon du cercle primitif engendré par le point E, d'une part,

$$R = \frac{nM}{2} = \frac{3xM}{2} = 6x,$$

et, d'autre part,

$$R = OE \sin \theta \sim 145 \times 0,6 = 87.$$

Donc

$$x \sim \frac{87}{6} = 14,5.$$

On fera

$$x = 14, \qquad \text{d'où} \qquad n = 42, \qquad n' = 56.$$

La valeur exacte de OE sera

$$\frac{84}{0,599} = 140^{mm}.$$

331. Taille des roues d'angle. — Quand on ne recherche pas la précision, on peut tailler les roues d'angle avec des fraises à profil, ce qui ne donne évidemment pas un résultat exact, puisque les dents se trouvent alors limitées par des cylindres au lieu de cônes. Ce procédé n'est admissible que pour de petites roues.

Pour obtenir une taille exacte, on emploie des étaux-limeurs spéciaux. Dans un étau-limeur ordinaire, l'outil a une trajectoire rectiligne qui reste parallèle à une direction fixe, au cours des diverses

passes. Dans les étaux-limeurs adaptés à la taille des roues d'angle,
le chariot porte-outil est monté de telle manière que la trajectoire de
l'outil pivote autour d'un point fixe, la liberté du mécanisme étant
d'ailleurs telle que cette trajectoire puisse être une droite quelconque
passant par le point dont il s'agit. Si l'on guide le chariot au moyen
d'un gabarit, la trajectoire de l'outil engendrera un cône. Ce principe
permet donc de tailler correctement des roues d'angle. Il est appliqué
dans plusieurs machines modernes.

Fig. 153.

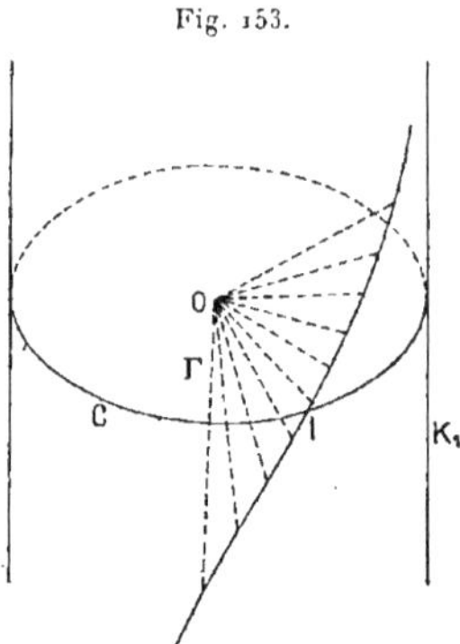

D'autres pratiquent la taille par engrènement. Il faut en dire
quelques mots.

Observons d'abord que la méthode des roulettes (n° 287) appliquée
à la surface de la sphère permettrait d'obtenir un jeu de roues d'angle
d'assortiment, l'angle du cône primitif de chacune de ces roues pouvant avoir une valeur quelconque. Cet angle peut en particulier être
de 180°. La roue d'angle correspondante est ce qu'on appelle une
roue plate ou *roue limite*. Elle a l'aspect d'un disque plan strié de
cannelures convergentes.

Si l'on applique la méthode de Tredgold à la roue limite, le cône
désigné au n° 328 par K_1 devient un cylindre, et le cercle C_1 devient
une droite. Ensuite, si l'on adopte pour l'engrenage développé le
tracé à développantes de cercle, les profils liés à C_1 sont, comme on
sait, des droites. Ces droites enroulées sur le cylindre K_1 donnent des

hélices. Les surfaces Γ limitant les dents de la roue limite seront des cônes ayant pour directrices des hélices (*fig.* 153).

Mais ces hélices, aux points tels que I, ont évidemment toutes leurs plans osculateurs qui passent par le point O. En outre, on n'en utilise que des arcs de faible longueur. On ne commet donc qu'une

Fig. 154.

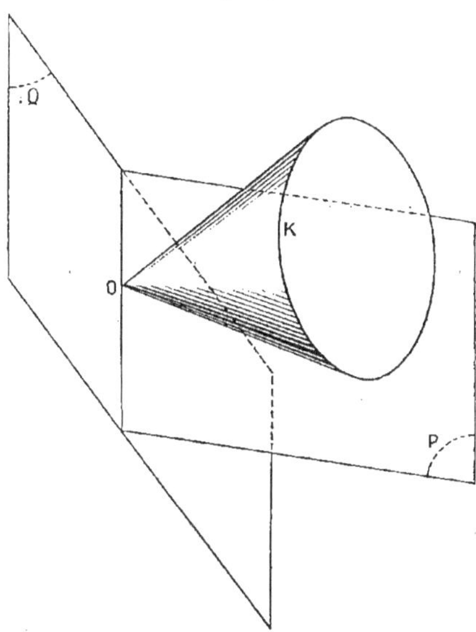

erreur négligeable en substituant des plans aux cônes Γ. Ainsi, *une roue limite a ses dents limitées par des plans* qui passent par le point O. Une telle roue étant supposée construite, une roue d'angle quelconque qui engrènera avec elle sera correctement taillée (ou du moins *presque* correctement). Le résultat peut s'exprimer ainsi.

Soient donnés deux plans fixes P et Q (*fig.* 154). Faisons rouler sur le plan P un cône de révolution K, ayant son sommet O sur la droite d'intersection des plans P et Q. L'enveloppe du plan Q, entraîné dans le mouvement $\left(\dfrac{\mathrm{P}}{\mathrm{K}}\right)$, sera le cône limitant une dent d'une roue d'angle de cône primitif K, et deux roues quelconques taillées ainsi engrèneront ensemble.

Dans l'application, on réalise le plan Q comme face plane d'une fraise plate ou d'une meule dont le chariot reçoit un mouvement rectiligne alternatif tel que le plan Q reste en coïncidence avec lui-même.

332. Engrenages d'angle hélicoïdaux. — On peut étendre aux engrenages d'angle le principe de l'engrenage de White (n° 317).

Soient toujours X et X' les axes (*fig.* 155), se coupant en un

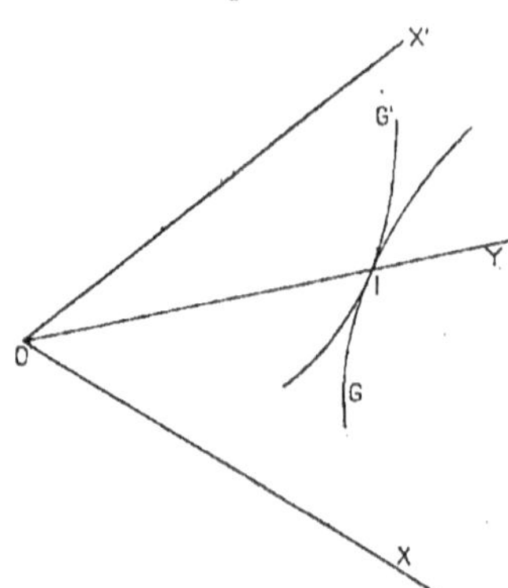

Fig. 155.

point O, Y la génératrice de contact des cônes primitifs, contenue dans le plan des axes. Traçons dans le même plan deux courbes G et G' rencontrant Y en un même point I, tangentes en ce point et d'ailleurs quelconques. Soit D un solide lié aux courbes G et G'.

A et A' étant les solides qui tournent uniformément autour de X et de X', donnons à D un mouvement de translation parallèle à Y. On reconnaît, par le même raisonnement qu'au n° 317, que les surfaces S et S', engendrées respectivement par G et par G' dans les mouvements $\left(\dfrac{D}{A}\right)$ et $\left(\dfrac{D}{A'}\right)$, constituent un couple de surfaces conjuguées dans le mouvement $\left(\dfrac{A}{A'}\right)$ et que leur contact ayant toujours lieu sur Y, ces deux surfaces roulent l'une sur l'autre. Ce ne sont plus des hélicoïdes, car les mouvements $\left(\dfrac{D}{\Lambda}\right)$ et $\left(\dfrac{D}{\Lambda'}\right)$ ne sont pas hélicoïdaux.

Si la translation de D est uniforme, il est à peu près intuitif que le point I décrit, sur chacun des cônes primitifs, une courbe qui, par développement de ce cône, devient une *spirale d'Archimède*. C'est ce qu'on appelle parfois et abusivement une *hélice conique*.

On voit encore qu'en étendant le procédé de taille indiqué au n° 319, on peut obtenir les surfaces S et S' au moyen de fraises à profil.

E. — ENGRENAGES GAUCHES.

333. **Composition de deux rotations à axes non situés dans un même plan.** — Considérons deux rotations de vecteurs glissants (X_1, ω_1) et (X_2, ω_2) dont les axes n'appartiennent pas à un même plan (*fig.* 156). Ces deux rotations se composent en un vissage dont nous nous proposons de construire l'axe.

Fig. 156.

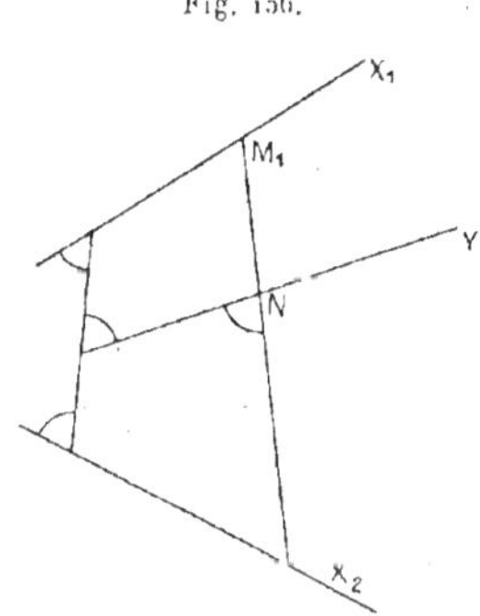

La question est identique à la suivante : construire l'axe du torseur

$$\mathfrak{G} = (X_1, \omega_1) + (X_2, \omega_2).$$

Elle a déjà été traitée au Tome I (n° 95, p. 111), en application des propriétés du complexe linéaire. Comme elle est d'une importance fondamentale dans la théorie des engrenages gauches, je vais la reprendre par une méthode directe qui ne fait pas intervenir le complexe.

Soit Y l'axe cherché. Le torseur $\mho$ est égal au torseur formé par un vecteur glissant (Y, ω) de support Y et un couple $\mathcal{C}$ dont le moment est parallèle à Y. Ainsi

$$\mho = (X_1, \omega_1) + (X_2, \omega_2) = (Y, \omega) + \mathcal{C}.$$

On a d'abord, en égalant les vecteurs libres des deux membres,

$$\omega = \omega_1 + \omega_2.$$

On conclut de cette égalité que X_1, X_2 et Y sont parallèles à un même plan.

Soit maintenant M_1N une droite quelconque rencontrant X_1 et Y, cette dernière droite à angle droit. Puisque M_1N rencontre Y, c'est une droite de moment nul pour le vecteur glissant (Y, ω). Puisque M_1N est perpendiculaire à Y, c'est une droite de moment nul pour le couple $\mathcal{C}$ dont le moment est, par hypothèse, parallèle à Y. Donc M_1N est de moment nul pour le torseur $(Y, \omega) + \mathcal{C}$ et aussi, par conséquent, pour le torseur égal $\mho$. Mais M_1N rencontre X_1. Donc M_1N est de moment nul pour (X_1, ω_1), donc aussi pour (X_2, ω_2) et par conséquent rencontre X_2. Nous sommes donc parvenus à cette conclusion : *toute droite qui rencontre X_1 et Y, cette dernière droite à angle droit, rencontre aussi X_2.*

En particulier, X_2 doit rencontrer la perpendiculaire commune à X_1 et à Y. Mais, comme X_1, X_2, Y sont parallèles à un même plan, X_2 est perpendiculaire à cette perpendiculaire commune. Ce nouveau résultat peut s'énoncer ainsi : *Y rencontre à angle droit la perpendiculaire commune à X_1 et à X_2.* Tous les angles marqués d'un petit arc sur la figure 156 sont droits.

Pour achever, faisons une épure de géométrie descriptive (*fig.* 157), en choisissant les plans de projection de telle manière que la perpendiculaire commune aux droites (X_1, X_1') et (X_2, X_2') soit verticale. L'axe cherché devant rencontrer à angle droit cette perpendiculaire commune, sa projection horizontale Y passe par le point de concours O de X_1 et de X_2 et sa projection verticale Y' est horizontale. On détermine Y, qui est parallèle au vecteur $\omega = \omega_1 + \omega_2$ en construisant cette dernière somme, comme on le voit sur la figure.

Pour construire Y', considérons, comme on l'a fait ci-dessus, une droite M_1N rencontrant (X_1, X_1') et (Y, Y'), cette dernière droite à angle droit. En projection horizontale, ce sera une droite quelconque $m_1 n$ perpendiculaire à Y. Elle rencontre (X_2, X'_2) au point (m_2, m'_2). On obtient donc la projection verticale $m'_1 m'_2$ de la droite considérée, puis le point n' par une ligne de rappel. Y' est l'horizontale du point n' et la construction est complétée.

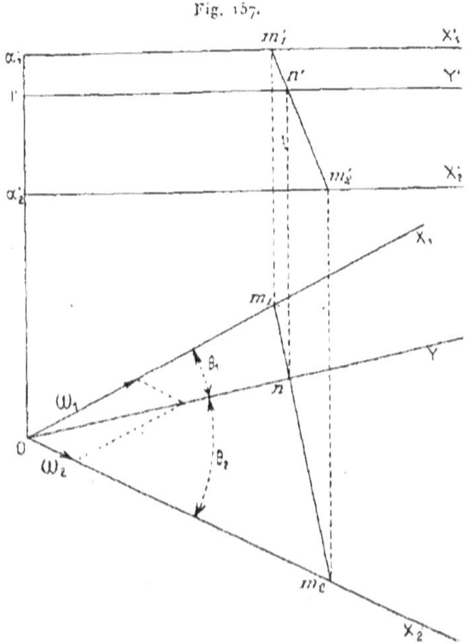

Fig. 157.

A cette construction on peut substituer des formules. Soient θ_1 et θ_2 les angles que fait Y avec X_1 et avec X_2. On a, en désignant par α l'angle $(\overset{\frown}{X_1, X_2})$,

$$(1) \qquad \theta_1 + \theta_2 = \alpha,$$

$$(2) \qquad \frac{\sin \theta_1}{\omega_2} = \frac{\sin \theta_2}{\omega_1},$$

d'où θ_1 et θ_2 (même calcul que pour l'engrenage d'angle).

En second lieu, soit I' le point où Y' rencontre la perpendiculaire commune $\alpha'_1\,\alpha'_2$ aux deux axes. On a la suite d'égalités

$$\frac{l'\alpha'_1}{l'\alpha'_2} = \frac{n'm'_1}{n'm'_2} = \frac{nm_1}{nm_2} = \frac{on\,\tan g\,\theta_1}{on\,\tan g\,\theta_2} = \frac{\tan g\,\theta_1}{\tan g\,\theta_2},$$

ou, en ne conservant que les membres extrêmes,

$$(3) \qquad\qquad \frac{l'\alpha'_1}{l'\alpha'_2} = \frac{\tan g\,\theta_1}{\tan g\,\theta_2}.$$

La formule (3) n'est établie qu'en valeur absolue. Il est bon, pour éviter toute incertitude sur la position du point l', de faire ou du moins d'esquisser l'épure.

334. Hyperboloïdes primitifs d'un engrenage gauche. — Soient A_1 et A_2 deux solides, tournant par rapport à un bâti B autour de deux axes X_1 et X_2, avec des vitesses angulaires constantes ω_1 et ω_2. Le mouvement $\left(\dfrac{A_2}{A_1}\right)$ est tangent au vissage résultant des deux rotations de vecteurs glissants $(X_1, -\omega_1)$ et (X_2, ω_2). L'axe Y de ce vissage se construit comme on vient de le voir au n° 333 (en remplaçant ω_1 par $-\omega_1$), et le mouvement continu $\left(\dfrac{A_2}{A_1}\right)$ peut être engendré, d'après le théorème général établi au Tome I, n° 174, p. 194, par la viration de l'axoïde H_2, lieu de Y dans A_2, sur l'axoïde H_1, lieu de Y dans A_1. Ces deux axoïdes sont évidemment deux hyperboloïdes de révolution, ayant pour axes respectifs X_1 et X_2 et pour centres les points α'_1 et α'_2 de la figure 157. Les rayons des cercles de gorge de ces hyperboloïdes sont $\alpha'_1\,l'$ et $\alpha'_2\,l'$.

D'après les théories générales de la cinématique, ces deux axoïdes doivent se raccorder le long de Y. Ils doivent donc avoir même paramètre de distribution. Or on a vu (t. I, n° 69, p. 80) que le paramètre de distribution d'un hyperboloïde de révolution dont le cercle de gorge a pour rayon R et dont les génératrices font l'angle α avec l'axe a pour valeur absolue $R\cot\alpha$. On doit donc avoir

$$|\alpha'_1\,l'\cot\theta_1| = |\alpha'_2\,l'\cot\theta_2|,$$

ce qui est bien conforme à l'égalité (3) du paragraphe précédent.

335. Engrenages hyperboloïdes. — Comme les deux hyperboloïdes primitifs ne roulent pas l'un sur l'autre, on ne peut songer à construire un engrenage gauche à friction (ou, du moins, il est difficile de prévoir son fonctionnement). Il faut une denture. La détermination exacte des surfaces conjuguées est extrêmement compliquée. Pratiquement, on peut appliquer une construction analogue à celle de Tredgold. On obtient deux roues, qui ont la forme de tranches d'hyperboloïdes striées suivant des génératrices. C'est *l'engrenage hyperboloïde de Bélanger*. Je ne m'y attarde pas, cet engrenage paraissant n'exister que comme objet de musée et n'avoir guère été utilisé dans la pratique, à cause de la difficulté de son exécution.

Les engrenages gauches industriels (et l'on n'y a recours, bien entendu, que lorsqu'on ne peut faire autrement) sont des *engrenages hélicoïdaux,* taillés exactement comme l'engrenage de White.

336. Traitement préliminaire d'un problème théorique. — La théorie des engrenages gauches hélicoïdaux est délicate. Avant de l'aborder, traitons le problème suivant : *Deux solides* A_1 *et* A_2 *tournent respectivement autour de deux axes* X_1 *et* X_2, *de telle manière que deux surfaces* S_1 *et* S_2 *qui les limitent restent en contact. Trouver à un instant donné le rapport des vitesses angulaires* ω_1 *et* ω_2 *des deux solides.*

Soient à cet instant M le point de contact de S_1 et de S_2, M_1 et M_2 ses projections sur X_1 et sur X_2 (*fig.* 158). Considérons le mouvement $\left(\dfrac{A_2}{A_1}\right)$. On a

$$\left(\frac{A_2}{A_1}\right) = \left(\frac{B}{A_1}\right)\left(\frac{A_2}{B}\right),$$

B étant le bâti. Les deux facteurs du second membre sont les rotations de vecteurs glissants $(X_1, -\omega_1)$ et (X_2, ω_2). Les vecteurs vitesses v_1 et v_2 du point M, entraîné dans chacun de ces mouvements, sont parallèles aux droites MU_1 et MU_2, qui sont les perpendiculaires élevées du point M aux plans (MX_1) et (MX_2). Leurs modules V_1 et V_2 sont

$$(1) \qquad V_1 = MM_1 . \omega_1, \qquad V_2 = MM_2 . \omega_2.$$

Leur somme $\mathbf{v} = v_1 + v_2$ est le vecteur vitesse de M dans le mouvement $\left(\dfrac{A_2}{A_1}\right)$.

En vertu d'un raisonnement fait plusieurs fois en cinématique théorique, ce dernier vecteur vitesse est parallèle au plan tangent commun à S_1 et à S_2. Il est donc parallèle à la droite MU, intersection de ce plan tangent et du plan (MU, U_2). Cette droite étant connue, le paral-

Fig. 158.

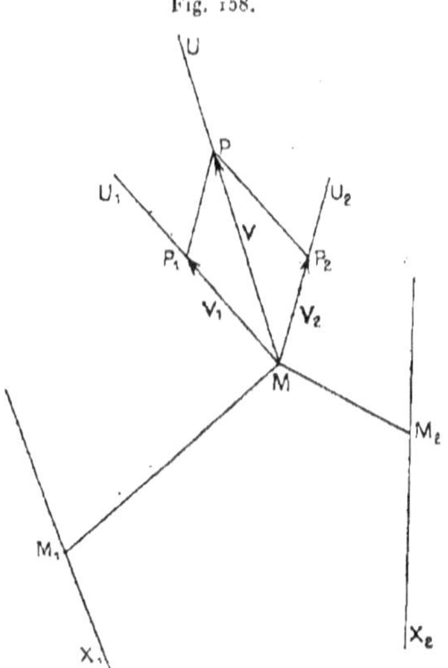

lélogramme MP_1PP_2 de la figure est complètement connu en forme, et l'on aboutit à la solution suivante :

Construire les droites MU_1, *perpendiculaire au plan* (MX_1) *et* MU_2, *perpendiculaire au plan* (MX_2). *Construire la droite* MU, *intersection du plan* (MU_1U_2) *et du plan tangent commun en* M *aux surfaces* S_1 *et* S_2.

Marquer sur MU *un point quelconque* P *et construire le parallélogramme* MP_1PP_2. *On a les relations* (1) *d'où l'on tire, en remplaçant* V_1 *par* MP_1 *et* V_2 *par* MP_2,

$$(2) \qquad \frac{\omega_2}{\omega_1} = \frac{MP_2}{MP_1}\,\frac{MM_1}{MM_2}$$

337. Construction de l'engrenage hélicoïdal. — Figurons en géométrie descriptive (*fig.* 159) les axes (X_1, X'_1) et (X_2, X'_2), en prenant un plan horizontal de projection parallèle à ces axes. Soient (M, M') un point *quelconque* de leur perpendiculaire commune; (Cy_1) et (Cy_2) deux cylindres de révolution, d'axes respectifs X_1 et X_2 et

Fig. 159.

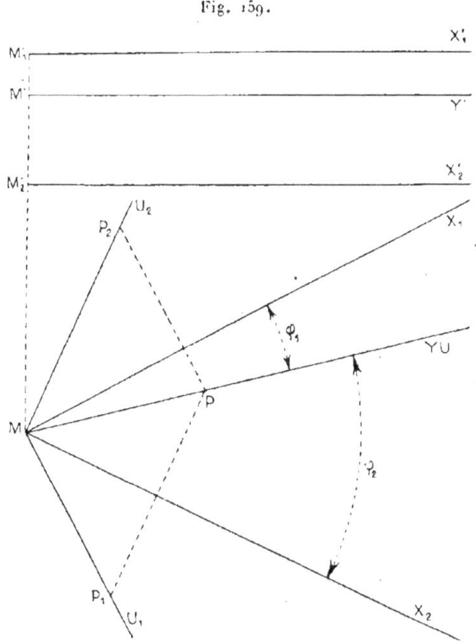

tangents en M. Soient R_1 et R_2 leurs rayons. On appellera ces cylindres les *noyaux* de l'engrenage.

Menons dans leur plan tangent commun, qui est horizontal, une droite *quelconque* $(MY, M'Y)$, faisant avec les axes les angles φ_1 et φ_2. Il existe sur (Cy_1) une hélice H_1 passant par le point M et tangente à Y, et sur (Cy_2) une hélice analogue H_2. Les pas réduits de ces hélices sont respectivement

$$h_1 = R_1 \cot\varphi_1, \qquad h_2 = R_2 \cot\varphi_2.$$

Imaginons enfin deux hélicoïdes S_1 et S_2, taillés respectivement dans A_1 et dans A_2 ayant pour axes X_1 et X_2, passant le premier par H_1 et le second par H_2, et tangents entre eux au point M. On les obtiendra au moyen de deux fraises F_1 et F_2 convenablement disposées. La première a son axe perpendiculaire à Y et son chariot reçoit une translation parallèle à X_1 pendant que A_1 tourne autour de cet axe. De même pour S_2. *Les deux hélicoïdes S_1 et S_2 ne sont pas conjugués dans le mouvement* $\left(\dfrac{A_2}{A_1}\right)$· *parce que les deux fraises F_1 et F_2 dont ils sont les enveloppes n'ont pas le même mouvement, leurs chariots ayant des translations différentes.* Autrement dit, si l'on fait tourner A_1 autour de X_1 et A_2 autour de X_2 de telle manière que les surfaces S_1 et S_2 restent en contact, le rapport des vitesses angulaires de rotation ne reste pas constant. Cherchons sa valeur, *à l'instant où l'on a fait la figure.* Il suffit pour cela d'appliquer le résultat du nº 336.

Les droites MU_1 et MU_2 sont ici les perpendiculaires élevées du point M aux plans verticaux (MX_1) et (MX_2). Elles sont donc horizontales et confondues en projection verticale avec $M'Y'$. Le plan (MU_1U_2) est le plan horizontal (Y').

Le plan tangent en M aux surfaces S_1 et S_2 contient la tangente commune aux hélices H_1 et H_2. Sa trace MU sur le plan (MU_1U_2) est donc confondue avec Y.

Il faut marquer sur MU un point quelconque P et construire le parallélogramme MP_1PP_2, MP_1 étant dirigé suivant U_1 et MP_2 suivant U_2. On a, d'après la formule (2) du nº 336,

$$\frac{\omega_2}{\omega_1} = \frac{MP_2}{MP_1}\,\frac{M'M_1'}{M'M_2'} = \frac{MP_2}{MP_1}\,\frac{R_1}{R_2}.$$

Mais

$$\frac{MP_2}{MP_1} = \frac{\sin PMU_1}{\sin PMU_2} = \frac{\cos \varphi_1}{\cos \varphi_2}.$$

Donc

$$(1) \qquad\qquad \frac{\omega_2}{\omega_1} = \frac{R_1 \cos \varphi_1}{R_2 \cos \varphi_2}.$$

Telle est la valeur cherchée du rapport des vitesses angulaires. Comme je l'ai dit, elle n'est exacte qu'à l'instant où l'on fait la figure. Mais on peut admettre que, pendant un temps suffisamment court, le rapport $\frac{\omega_2}{\omega_1}$ s'en éloigne peu. Au bout de ce temps, les surfaces S_1

et S_2, supposées limitées à des plans perpendiculaires aux axes, cessent d'être en prise. Elles sont remplacées par deux nouvelles surfaces qui ramènent le rapport $\frac{\omega_2}{\omega_1}$ à la valeur donnée par la formule (1), et ainsi de suite.

Ainsi l'engrenage hélicoïdal n'assure pas rigoureusement la constance du rapport des vitesses angulaires. Ce rapport oscille autour de la valeur $\frac{R_1 \cos\varphi_1}{R_2 \cos\varphi_2}$, avec des fluctuations dont le calcul paraît impraticable.

338. Choix des noyaux. — Un engrenage gauche hélicoïdal, assurant au rapport $\frac{\omega_2}{\omega_1}$ une valeur donnée, dépend d'un paramètre arbitraire, car les quatre éléments R_1, R_2, φ_1, φ_2 qui le définissent satisfont seulement aux trois relations

$$(1) \qquad R_1 + R_2 = d, \qquad \varphi_1 + \varphi_2 = \alpha, \qquad \frac{R_1 \cos\varphi_1}{R_2 \cos\varphi_2} = \frac{\omega_2}{\omega_1},$$

d étant la plus courte distance des axes et α leur angle. On peut chercher à faire un choix de ces éléments aussi judicieux que possible.

Il paraît plausible de réduire au minimum le glissement qui se produit nécessairement au point M. Ce glissement dépend de la vitesse du point M dans le mouvement $\left(\frac{A_2}{A_1}\right)$. Or, à un instant donné, les points d'un solide dont la vitesse est minimum sont ceux de l'axe du vissage tangent. On est donc conduit à placer le point M au point I' de la figure 157, c'est-à-dire que *l'on prend pour les rayons R_1 et R_2 des deux noyaux les rayons des cercles de gorge des hyperboloïdes primitifs.* On a ainsi

$$R_1 = I'a'_1, \qquad R_2 = I'x'_2.$$

Or on a, d'après les formules (2) et (3) du n° **333** (¹), que je récris,

$$\frac{\sin\theta_1}{\omega_2} = \frac{\sin\theta_2}{\omega_1}, \qquad \frac{R_1}{R_2} = \frac{I'x'_1}{I'x'_2} = \frac{\tan\theta_1}{\tan\theta_2},$$

(¹) Pour que la précision du raisonnement fût parfaite, il faudrait introduire ici des conventions de signe. J'allégerai l'exposition en supposant que les axes et les droites Y sont disposées comme sur les figures 157 et 159, ce qui permettra de considérer comme positives toutes les quantités introduites.

d'où

$$\frac{R_1 \cos \theta_1}{R_2 \cos \theta_2} = \frac{\sin \theta_1}{\sin \theta_2} = \frac{\omega_2}{\omega_1},$$

et, par comparaison avec la troisième des équations (1) ci-dessus,

$$\frac{\cos \varphi_1}{\cos \varphi_2} = \frac{\cos \theta_1}{\cos \theta_2}.$$

On a aussi

$$\varphi_1 + \varphi_2 = \theta_1 + \theta_2 = \alpha;$$

donc, finalement,

$$\varphi_1 = \theta_1, \qquad \varphi_2 = \theta_2.$$

Par conséquent, *la droite* (Y, Y') *de la figure* 159 *est confondue avec la droite* (Y, Y') *de la figure* 157. *C'est l'axe du vissage tangent à* $\left(\dfrac{A_2}{A_1}\right)$.

339. Résumé. — En résumé, pour tailler un engrenage gauche hélicoïdal, d'axes donnés X_1 et X_2 faisant entre eux l'angle α et distants de d, les vitesses angulaires données étant ω_1 et ω_2 :

1° Calculer les angles θ_1 et θ_2 satisfaisant aux équations

$$\theta_1 + \theta_2 = \alpha, \qquad \frac{\sin \theta_1}{\sin \theta_2} = \frac{\omega_2}{\omega_1}.$$

2° Déterminer les rayons R_1 et R_2 des noyaux par les conditions

$$R_1 + R_2 = d, \qquad \frac{R_1}{R_2} = \frac{\tan g\, \theta_1}{\tan g\, \theta_2}.$$

3° Tailler les roues comme celles d'un engrenage de White pour lequel les cylindres primitifs seraient les noyaux de l'engrenage à construire, les hélices directrices faisant avec les axes les angles θ_1 et θ_2.

Pour ces roues, les notions de *pas* et de *module normaux*, de *pas* et de *module apparents*, de *roues fictives*, subsistent entièrement.

340. Rapport des vitesses angulaires. — On a trouvé (n° 338)

$$\frac{\omega_2}{\omega_1} = \frac{R_1 \cos \theta_1}{R_2 \cos \theta_2}.$$

Soient n_1 et n_2 les nombres de dents, M le module normal, M_1

et M_2 les modules apparents. On a

$$M_1 = \frac{M}{\cos\theta_1}, \qquad M_2 = \frac{M}{\cos\theta_2},$$

$$2R_1 = n_1 M_1 = \frac{n_1 M}{\cos\theta_1}, \qquad 2R_2 = \frac{n_2 M}{\cos\theta_2}.$$

Donc

$$\frac{\omega_2}{\omega_1} = \frac{n_1 M}{n_2 M} = \frac{n_1}{n_2}.$$

La formule qui donne le rapport des vitesses angulaires est donc la même que dans les engrenages précédemment étudiés.

341. Conditions de continuité. — Il serait bien difficile de l'obtenir par un raisonnement précis, à cause de la complication du fonctionnement réel de l'engrenage. On adopte les mêmes règles que pour les engrenages à axes parallèles, et l'expérience ne donne pas de mécomptes.

342. Exemple de calcul d'un engrenage gauche hélicoïdal. — Pour prendre un exemple simple, supposons les axes rectangulaires. Ainsi $\alpha = 90°$. Soient les autres données

$$M = 3, \qquad \frac{\omega_2}{\omega_1} = \frac{3}{5}, \qquad d \sim 250^{mm}.$$

On a ici $\theta_2 = 90° - \theta_1$, puis

$$\frac{\sin\theta_1}{\sin\theta_2} = \tan\theta_1 = \frac{3}{5} = 0,6,$$

d'où

$$\theta_1 = 31°, \qquad \theta_2 = 59°.$$

On a ensuite

$$\frac{n_1}{n_2} = \frac{3}{5},$$

d'où

$$n_1 = 3x, \qquad n_2 = 5x,$$

x étant un entier à déterminer.

Les rayons des noyaux sont

$$R_1 = \frac{n_1 M}{2\cos\theta_1} = \frac{9x}{2\times 0,86} = 5,2x,$$

$$R_2 = \frac{n_2 M}{2\cos\theta_2} = \frac{15x}{2\times 0,52} = 14,4x,$$

d'où, en écrivant que la somme de ces rayons est égale à d,

$$19,6x \sim 250.$$

On fera

$$x = 13, \qquad n_1 = 39, \qquad n_2 = 65.$$

On calculera enfin les nombres de dents des roues fictives comme pour l'engrenage de White, et l'on en déduira les numéros des fraises à employer.

343. Remarques. — 1° Les roues construites avec les données de la figure 159 sont toutes les deux *à gauche*. Mais on peut avoir

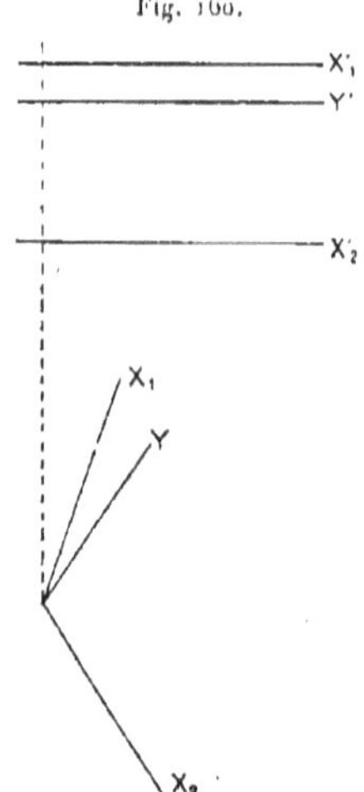

Fig. 160.

d'autres dispositions. Ainsi, avec les données de la figure 160, la roue d'axe X_1 est *à gauche* et la roue d'axe X_2 est *à droite*.

2° La considération de *l'arc-boutement* impose certaines limites aux angles ϑ_1 et ϑ_2 (*voir* plus loin, n° 426).

344. Autre engrenage hélicoïdal. — Voici le principe d'un autre engrenage hélicoïdal dont le fonctionnement est rigoureux, à la différence du précédent qui, on l'a vu, n'assure pas exactement la constance du rapport des vitesses.

En même temps que A_1 et A_2 tournent autour de X_1 et X_2, avec des vitesses uniformes ω_1 et ω_2, imaginons qu'un plan P, assujetti à la seule condition de n'être perpendiculaire ni à X_1 ni à X_2, soit animé d'une translation uniforme. Comme on l'a vu au n° 311, les enveloppes de P par rapport à A_1 et à A_2 sont deux hélicoïdes développables S_1 et S_2 (dont l'un se réduit à un cylindre ayant pour section droite une développante de cercle, si P est parallèle à l'axe correspondant). D'après les principes généraux de la théorie des engrenages, S_1 et S_2 sont conjugués dans le mouvement $\left(\dfrac{A_2}{A_1}\right)$.

En général, S_1 et S_2 ne se touchent qu'en un point, intersection des caractéristiques de P dans les deux mouvements $\left(\dfrac{P}{A_1}\right)$ et $\left(\dfrac{P}{A_2}\right)$. *Mais on peut faire en sorte que ces caractéristiques soient constamment confondues.* On reconnaît que, pour cela, il faut et il suffit que le plan P soit parallèle à la perpendiculaire commune à X_1 et à X_2, et que la vitesse de sa translation ait une valeur convenable. Si ces conditions sont réalisées, S_1 et S_2 se touchent constamment suivant une droite.

Le principe énoncé permet donc d'obtenir à volonté un engrenage à contact ponctuel ou à contact linéaire.

Quand on adopte la solution dans laquelle S_1 est un cylindre, l'engrenage ne cesse pas de fonctionner si l'on donne à X_2 une translation parallèle à X_1. Dans le cas le plus fréquent où X_2 est perpendiculaire à X_1, on dit que A_2 est une *roue de chant* [1].

345. Vis tangente. — Un engrenage gauche très employé dans la pratique est *l'engrenage à vis tangente.* Il peut se construire avec des axes faisant entre eux un angle quelconque. Ils sont le plus souvent rectangulaires.

Conservons les rotations précédentes. On prend comme surface S_2 liée au solide A_2 une surface de vis à filet carré triangulaire, d'axe X_2. La surface S_1 liée à A_1 sera l'enveloppe de S_2 dans le mouvement $\left(\dfrac{A_2}{A_1}\right)$. On la construira mécaniquement en prenant pour outil une vis ayant la forme de S_2, entaillée longitudinalement de manière

---

[1] Et non *de champ*, comme on écrit d'habitude. *Voir* le *Dictionnaire général de la langue française*, par Hatzfeld et Darmesteter.

à présenter des arêtes tranchantes. Cette vis est mise en présence d'un flan F. S_2 et F tournent autour de leurs axes de telle manière que le mouvement $\left(\dfrac{S_2}{F}\right)$ soit identique au mouvement $\left(\dfrac{A_2}{A_1}\right)$. La roue obtenue porte en général le nom de *pignon*.

Fig. 161.

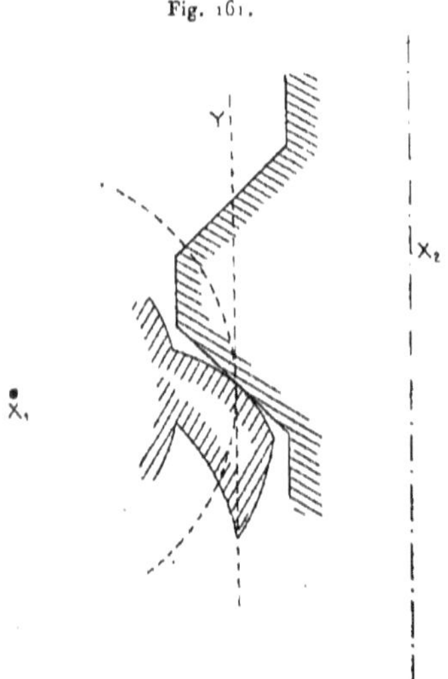

On ne peut évidemment songer à définir simplement la surface S_1 par quelque propriété géométrique, mais il est aisé de concevoir approximativement la forme de cette surface. Prenons le cas usuel où X_1 et X_2 sont rectangulaires.

Supposons d'abord que le pignon à tailler dans A_1 soit sans épaisseur, et que son plan passe par X_2. Faisons la figure dans ce plan. Alors X_1 est représenté par un point (*fig.* 161).

S_2 tournant autour de X_2 avec la vitesse constante ω_2, sa trace sur le plan de la figure, composée de génératrices parallèles constitue une crémaillère fictive animée d'une translation parallèle à X_2, de vitesse $V = h_2\omega_2$, h_2 étant le pas réduit de S_2. Le pignon est donc une roue R_1 à développantes de cercle, sans épaisseur.

Donnons maintenant à R_1 une certaine épaisseur. Alors la surface S_1

se composera de nappes identiques, dérivant les unes des autres par rotation autour de X_1. Les traces de ces nappes sur le plan de la figure seront voisines des arcs de développante obtenus dans le premier cas, et d'autant plus voisines que l'épaisseur de la roue sera plus faible. *Mais elles ne leur seront pas identiques*, contrairement à ce que l'on trouve parfois affirmé (l'erreur de principe commise dans ce cas consiste à croire que les caractéristiques de S_2, dans son mouvement relatif à A_1, sont les génératrices de cette surface, ce qui n'est pas exact). Les nappes mêmes couperont le plan de la figure *à peu près* sous le même angle que la surface S_1. Le pignon R_1 aura, en définitive, l'aspect d'une roue hélicoïdale.

On donne au flan la section représentée par la figure 162, de

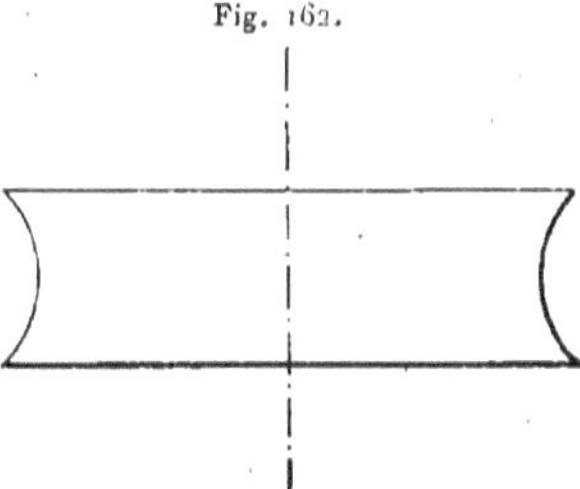

Fig. 162.

manière à assurer le contact de S_1 et de S_2 sur une assez grande étendue.

La formule qui donne le rapport des vitesses est évidente. Quand la vis a fait un tour complet, la crémaillère fictive a avancé d'une dent. Le pignon R_1 a donc aussi tourné d'une dent. Par conséquent, si n est le nombre des dents du pignon, on a

$$(1) \qquad \omega_1 = \frac{\omega_2}{n}.$$

Le nombre n pouvant être assez élevé, la vis tangente se prête à une *démultiplication* considérable, dans le cas où la vis est menante.

On peut faire aussi la vis S_2 *à plusieurs filets*. Si le nombre des filets est 2, par exemple, S_2 est en réalité composée de deux surfaces de vis, l'une ayant pour traces sur le plan de la figure les dents de la crémaillère fictive, prises de deux en deux, et l'autre les dents intermédiaires. Soit d'une manière générale p le nombre des filets. Alors, quand S_2 fait un tour, la crémaillère avance de p dents, et la formule (1) doit être remplacée par la suivante :

$$(2) \qquad \omega_1 = \frac{p}{n}\,\omega_2.$$

La vis tangente est en général *irréversible*. On entend par là que, suivant la manière dont elle est construite, elle ne peut fonctionner que *vis menante et pignon mené*, ou *pignon menant et vis menée*. Cette question sera reprise au n° **426**. Mais, dès maintenant, le bon sens indique que si les filets de la vis sont peu inclinés sur l'axe, c'est cette vis qu'il faut prendre comme menante. Si l'on cherchait à faire tourner directement le pignon, le frottement s'opposerait à cette manœuvre. Ce serait le contraire avec une vis à filets très inclinés sur l'axe.

Le premier cas est de beaucoup le plus fréquent. Cependant, dans certains mécanismes d'horlogerie, par exemple, on rencontre des engrenages à vis tangente avec pignon menant.

L'irréversibilité de la vis tangente est souvent précieuse. Par exemple, on applique cette propriété dans la commande de la direction des automobiles. Il importe en effet que la direction obéisse au volant, mais que les actions exercées directement sur les roues soient impuissantes à faire tourner le volant.

346. Pas et module de l'engrenage à vis tangente. — Reprenons la figure 161, interprétée comme un engrenage à crémaillère ordinaire. Soit R le rayon du cercle primitif du pignon. Ce cercle primitif doit rouler sur la droite primitive Y de la crémaillère, dont la translation a, comme on l'a vu, une vitesse égale à $h_2\omega_2$. On a donc

$$\mathrm{R}\,\omega_1 = h_2\,\omega_2,$$

d'où

$$\mathrm{R} = h_2\,\frac{\omega_2}{\omega_1} = n h_2,$$

en vertu de la formule (1) du n° **345**.

Par conséquent, P étant le pas circonférentiel et M le module du pignon, on a

$$\mathrm{P} = \frac{2\pi\mathrm{R}}{n} = 2\pi h_2, \qquad \mathrm{M} = \frac{2\mathrm{R}}{n} = 2 h_2.$$

Ainsi, *le pas circonférentiel du pignon est égal au pas de la vis, son module est égal au double du pas réduit de la vis.*

On adopte pour les modules des vis tangentes la même série que pour tous les engrenages étudiés précédemment.

347. Engrenage théorique à vis sans fin. — L'engrenage à vis tangente est à contact linéaire. On peut définir un engrenage analogue à contact ponctuel, l'engrenage dit *à vis sans fin* ([1]).

Les axes X_1 et X_2 étant supposés rectangulaires, adoptons le même

Fig. 163.

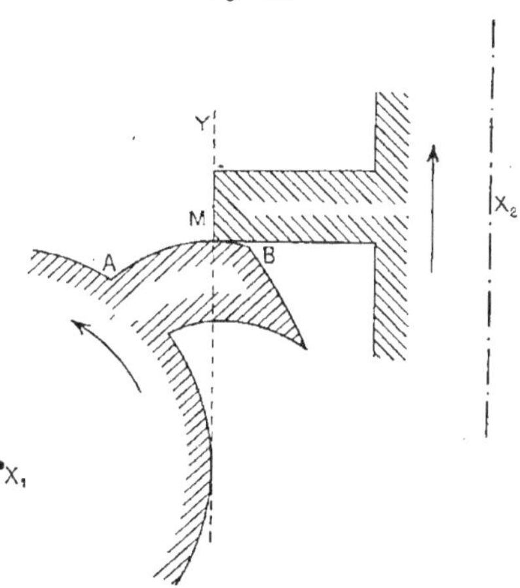

plan de figure Π que précédemment. Comme surface S_2, prenons cette fois une vis à filet carré, de telle sorte que la crémaillère fictive, trace de S_2 sur le plan de la figure, ait ses profils perpendiculaires à X_2 (*fig.* 163). Le point de contact M de l'un quelconque de ces profils avec le profil en développante correspondant AB du pignon sans épaisseur se trouve toujours sur la droite primitive Y de la cré-

---

([1]) J'en parle parce qu'il est classique. Son seul avantage est qu'il est susceptible d'une définition géométrique précise. Cela ne touche pas les praticiens. Le seul engrenage employé (avec la *vis globique,* dont il sera parlé plus loin) est l'engrenage à vis tangente.

maillère. Donnons maintenant au pignon une épaisseur finie. La dent considérée du pignon sera limitée par une surface S_1 ayant pour trace l'arc AB, et l'on fera en sorte que les surfaces S_1 et S_2 se touchent en M. Quand on fait tourner la vis et le pignon, le point M décrit, par rapport à celui-ci, l'arc AB. Le même point décrit, dans le plan Π, la droite Y. Quelle que soit sa position, le plan tangent à S_2 en M fait évidemment un angle constant avec le plan Π. Par conséquent, la surface S_1 doit satisfaire à cette condition que son plan tangent, tout le long de AB, fasse un angle constant avec Π, et, réciproquement, si cette condition est satisfaite, S_1 et S_2 constitueront bien un couple de surfaces ponctuellement conjuguées. Il existe, bien entendu, une infinité de surfaces S_1 satisfaisantes. L'idée la plus simple est de prendre pour S_1 une *surface d'égale pente* passant par AB, c'est-à-dire la développable, enveloppe d'un plan qui varie en touchant AB et en faisant un angle constant avec le plan Π. Une telle surface n'est autre qu'un *hélicoïde développable*, dont l'arête de rebroussement est une hélice, tracée sur le cylindre qui a pour section droite le cercle primitif du pignon sans épaisseur.

En résumé, l'engrenage à vis sans fin est un engrenage à contact ponctuel, dans lequel les surfaces conjuguées sont, d'une part, une surface de vis à filet carré, d'autre part, une série d'hélicoïdes développables.

348. Engrenage à vis globique. — Cet engrenage, qui rend les mêmes services que l'engrenage à vis tangente, a été imaginé en vue d'augmenter le nombre des filets et des dents en prise, ce qui, d'une part, permet de le soumettre à de plus grands efforts, et, d'autre part, réduit le jeu ou *temps perdu* de l'engrenage. Cette dernière qualité est recherchée dans la construction de certains instruments de précision (goniomètres), où la rotation d'un limbe est provoquée au moyen d'une vis tangente.

Considérons un tore T, ayant pour axe la droite X_2 et pour cercle méridien le cercle Γ, X_2 et Γ appartenant au plan de la figure (*fig.* 164). Soit ABCD un quadrilatère curviligne, ayant pour côtés deux tangentes à un cercle $Γ_1$ concentrique à Γ et deux arcs de cercle concentriques aussi à Γ. Imaginons que, le plan méridien du tore tournant autour de X_2 avec une vitesse uniforme ω_2, le contour ABCD tourne dans le plan de Γ, autour du centre de ce cercle, avec une vitesse également uniforme ω_1. Alors chacun des points A, B, C, D décrit une courbe tracée sur un tore d'axe X_2. Une telle courbe est dite hélice *torique* ou *globique*. Le quadrilatère ABCD engendre un volume dit *filet de vis globique*. La trace de ce filet sur le plan de la

Fig. 164.

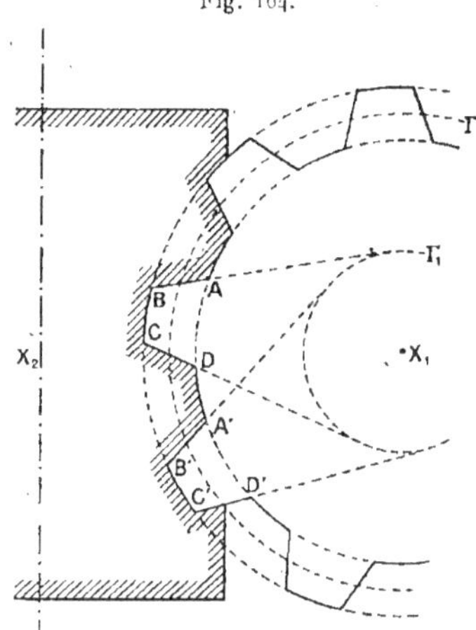

figure se compose de quadrilatères ABCD, A'B'C'D', ..., provenant du premier par rotations successives d'un même angle autour du centre de Γ. On fait en sorte que cet angle soit une partie aliquote de 360°.

Cela posé, si l'on imagine un pignon sans épaisseur limité par le contour ABCDA'B'C'D',..., il est clair que la rotation de la vis globique autour de son axe X_2, avec la vitesse angulaire ω_2, entraîne la rotation du pignon autour de l'axe de bout X_1, avec la vitesse angulaire ω_1.

Si l'on donne ensuite au pignon une certaine épaisseur, on pourra obtenir sa rotation avec la même vitesse, en limitant ses dents par des surfaces dont l'ensemble S_1 sera la surface conjuguée de celle S_2 de la vis globique. La définition de la surface S_1 est encore plus compliquée que dans le cas de la vis tangente (¹). Tout ce que

_____

(¹) Pour la vis tangente (*fig.* 161), la distribution du plan tangent est la même l'on peut en dire, semble-t-il, c'est que si l'épaisseur du pignon est faible, sa trace sur le plan de la figure sera voisine du contour ABCD A'B'C'D'.

Mais peu importe cette difficulté géométrique, car il va sans dire que le pignon de la vis globique est taillé mécaniquement, comme celui de la vis tangente.

La forme donnée à la vis globique permet de mettre en prise, comme il a été dit, plusieurs dents du pignon avec les filets de cette vis (4 en général). Ce qui limite le nombre de ces dents, c'est la nécessité de pouvoir opérer le montage.

La vis globique a été très préconisée à une certaine époque. Elle présente au moins deux défauts : 1° elle donne beaucoup de frottement; 2° il faut que les axes soient très exactement mis en place, sous peine d'une grande dureté de fonctionnement. Il semble, en conséquence, que l'on tende à l'abandonner pour revenir à la vis tangente.

349. Engrenage à broches. — Pour terminer cette section, je décrirai un engrenage gauche qui n'est applicable que dans le cas où $\omega_1 = \omega_2$, mais qui peut se recommander par la simplicité de sa construction.

Soient deux plans P_1 et P_2, formant un dièdre de grandeur quelconque (*fig.* 165). Dans ces deux plans sont tracés deux cercles égaux C_1 et C_2, dont les centres O_1 et O_2 se projettent en O'_1 et en O'_2 sur l'arête du dièdre.

Si deux points M_1 et M_2 décrivent ces cercles avec des vitesses égales, de telle manière que leurs projections M'_1 et M'_2 sur l'arête du dièdre passent simultanément en O'_1 et en O'_2, et si de plus les mouvements se font dans des sens convenables, il est clair que la distance $M'_1 M'_2$ reste constamment égale à $O'_1 O'_2$. Cela peut s'exprimer ainsi : les perpendiculaires élevées des points M_1 et M_2, respectivement aux plans P_1 et P_2, ont une plus courte distance qui reste égale à $O'_1 O'_2$. Ou encore : deux cylindres de révolution, ayant pour axes ces deux perpendiculaires et ayant pour rayon commun $\frac{1}{2}O'_1 O'_2$, restent constamment tangents.

---

sur toutes les arêtes de la crémaillère fictive qui constituent la trace de cette vis. Dans le cas actuel, le plan tangent à S_2 n'est pas distribué sur A'B' comme il l'est sur AB, ce qui complique encore la question.

D'où *l'engrenage à broches*. Les deux roues sont identiques. Chacune d'elles se compose d'un plateau dans lequel sont implantés

Fig. 165.

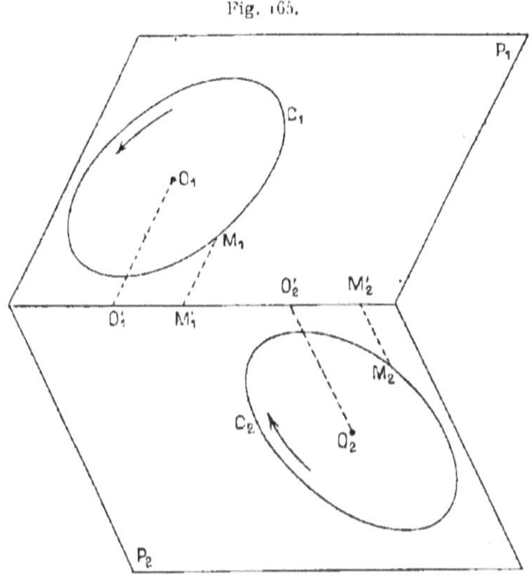

normalement des cylindres de révolution ou *broches*. Les broches d'une des roues restent en contact avec celles de l'autre.

Cet engrenage constitue, on le voit, une généralisation de celui qui a été décrit au n° 315. On reconnaît aussi qu'il ne cesse pas de fonctionner si l'une ou l'autre des roues reçoit une translation parallèle à son axe. Il est donc propre à la construction des roues de chant (n° 344).

Il est clair qu'il ne convient qu'à la transmission de faibles efforts, les broches travaillant en porte à faux. Il peut rendre quelques services en horlogerie.

Dans l'étude complète d'un engrenage à broches, il faudra se garder des interférences possibles.

CHAPITRE XVI.

TRAINS D'ENGRENAGES.

A. — TRAINS ORDINAIRES.

350. Définition. — On appelle *train d'engrenages* un système de roues dentées en nombre plus ou moins élevé, se commandant les unes les autres. Le schéma d'un train d'engrenages est le suivant (*fig.* 166) : des roues R_1, R'_2, R_2, R'_3, R_3, ..., R'_{m-1}, R_{m-1}, R'_m, sont

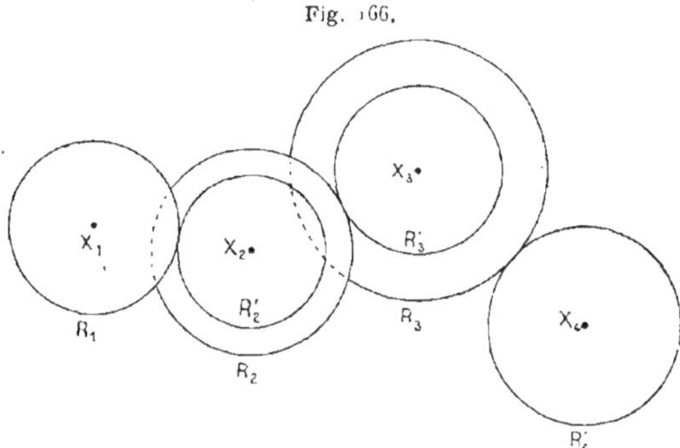

Fig. 166.

montées sur des axes X_1, X_2, ..., X_m. Les roues R_i et R'_i sont solidaires l'une de l'autre et folles sur leur axe commun X_i. Une rotation donnée à la première roue du train, R_1, se communique à la dernière R'_m.

Le plus souvent les axes X_i sont parallèles, mais rien ne s'oppose à ce qu'il en soit autrement, et un train peut comprendre des engrenages d'angle ou même des engrenages gauches.

351. Formule fondamentale. Raison du train. — Proposons-nous de calculer la vitesse angulaire de la dernière roue, connaissant celle de la première et les nombres des dents des diverses roues.

Soient n_i et n'_i les nombres des dents des roues R_i et R'_i, ω_i leur vitesse angulaire commune. On a (n° 289) les égalités

$$\left|\frac{\omega_2}{\omega_1}\right| = \frac{n_1}{n'_2}, \qquad \left|\frac{\omega_3}{\omega_2}\right| = \frac{n_2}{n'_3}, \qquad \dots \quad , \qquad \left|\frac{\omega_m}{\omega_{m-1}}\right| = \frac{n_{m-1}}{n'_m},$$

d'où, par multiplication,

$$(1) \qquad\qquad \left|\frac{\omega_m}{\omega_1}\right| = \frac{n_1\, n_2 \dots n_{m-1}}{n'_2\, n'_3 \dots n'_m} .$$

La formule (1) est vraie, quelle que soit la disposition des axes. La formation du second membre est facile à retenir, si l'on observe que dans l'engrenage simple constitué par les roues R_i et R'_{i+1}, la première fonctionne comme menante et la seconde comme menée. On voit alors que *le second membre de* (1) *est une fraction ayant pour numérateur le produit des nombres des dents des roues menantes du train, et pour dénominateur le produit des nombres des dents des roues menées.*

Cette fraction est dite la *raison* du train considéré.

Dans le cas où les axes sont parallèles, les ω_i sont susceptibles de signes. Si l'on se rappelle qu'un engrenage extérieur change le sens de la rotation et qu'un engrenage intérieur le conserve, on parvient immédiatement à la règle suivante : *les roues extrêmes du train tournent dans le même sens ou non, c'est-à-dire que le rapport* $\frac{\omega_m}{\omega_1}$ *est positif ou négatif suivant que, dans le train, le nombre des contacts extérieurs est pair ou impair* (retenir qu'il faut compter les *contacts* et non les *roues* et que les contacts intérieurs ne sont pas à considérer). Alors on appellera *raison du train* le second membre de (1), précédé du signe convenable, et l'on écrira la formule, vraie en grandeur et en signe,

$$\frac{\omega_m}{\omega_1} = K,$$

en désignant par K cette raison.

Il peut arriver que, dans un train comprenant des roues d'angle, les axes extrêmes soient parallèles. La raison du train est encore susceptible de signe, mais la règle précédente n'est plus applicable. Ainsi la raison du train représenté par la figure 167 est négative, comme on

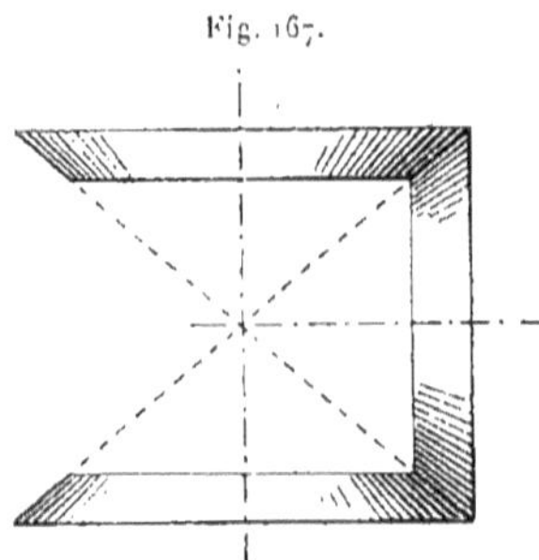

Fig. 167.

le reconnaît par un examen direct, bien que les contacts extérieurs soient en nombre pair.

Une roue R_i peut être confondue avec la roue R'_i de même axe. Elle prend alors le nom de *roue parasite*. L'introduction dans un train d'une roue parasite n'altère pas la valeur absolue de la raison, puisque le nombre de ses dents figurerait à la fois au numérateur et au dénominateur, mais elle en change le signe.

352. Utilité des trains d'engrenage. — On recommande, dans la construction des engrenages simples, de ne pas donner au pignon et à la roue des diamètres trop différents, de sorte que le rapport des vitesses angulaires soit compris entre $\frac{1}{10}$ et 10. Quand on veut aller au delà, il faut employer un train d'engrenages.

Un train d'engrenages peut encore servir à transformer l'une en l'autre deux rotations de même axe.

Les applications des trains d'engrenages sont très nombreuses en horlogerie, dans les machines-outils, dans les automobiles (*changement de vitesse*), etc. J'en citerai deux.

353. Minuterie d'une horloge. — Une horloge possède un moteur (poids ou ressort) qui communique à un axe une rotation très lente. Il existe, de cet axe à celui des minutes, une multiplication considérable qui exige un train d'engrenages. Je ne le décrirai pas en détail.

Je ne m'arrêterai que sur le mécanisme de la *minuterie*, c'est-à-dire
sur le train d'engrenages qui communique le mouvement de l'aiguille
des minutes à celle des heures.

Ce train se compose de quatre roues A, B, C, D, représentées en
plan (*fig.* 168). B et C sont solidaires. A est solidaire de l'aiguille

Fig. 168.

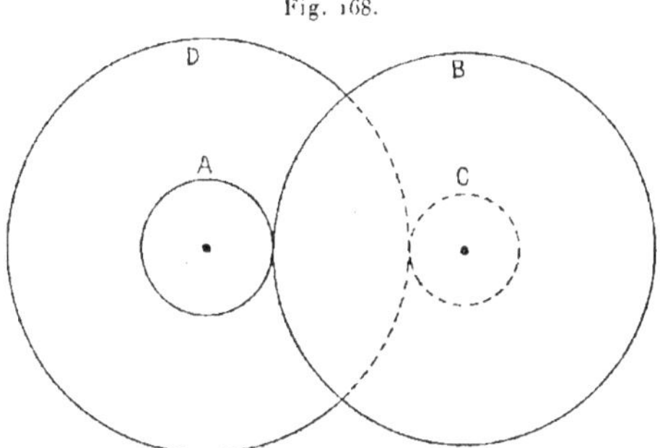

des minutes et D de l'aiguille des heures (¹). L'axe de A passe à tra-
vers celui de D, qui est creux et auquel on donne le nom de *canon*.

L'aiguille des heures doit tourner 12 fois moins vite que celle des
minutes. Si donc on désigne les nombres des dents des roues A, B, C, D
par les minuscules correspondantes, on doit avoir, en vertu de la
formule générale,

$$(1) \qquad \frac{ac}{bd} = \frac{1}{12}$$

Le nombre des contacts étant 2, la raison est bien positive, comme
il convient.

Il faut satisfaire à la condition (1) en donnant à a, b, c, d des valeurs
entières. Il existe une infinité de solutions. Mais, si l'on tient, comme
il est naturel, *à employer des roues qui aient toutes le même
module* M, on doit avoir, en égalant deux expressions de la distance
des axes,

$$\frac{a\,M}{2} + \frac{b\,M}{2} = \frac{c\,M}{2} + \frac{d\,M}{2}$$

(¹) Pratiquement, l'aiguille des heures est montée à frottement sur l'axe de D, de
telle sorte qu'on peut la mouvoir sur le cadran sans entraîner le mécanisme.

ou

$$(2) \qquad\qquad a + b = c + d.$$

Il faut résoudre le système des équations (1) et (2) en nombres entiers positifs. Pour cela, résolvons-le d'abord en nombres rationnels. Comme les équations sont homogènes, en multipliant les valeurs trouvées par un entier convenable, on obtiendra pour a, b, c et d des valeurs entières satisfaisantes.

On peut écrire le système de la manière suivante :

$$12\,ac - bd = 0,$$
$$c + d = a + b.$$

Résolvons ces équations en considérant c et d comme inconnues. On trouve

$$c = \frac{(a + b)b}{12\,a + b}, \qquad d = \frac{12\,a(a + b)}{12\,a + b}.$$

Quels que soient a et b rationnels et positifs, c et d sont aussi rationnels et positifs. Faisons par exemple $a = 1$, $b = 3$. On a

$$c = \frac{4 \times 3}{15} = \frac{4}{5}, \qquad d = \frac{12 \times 4}{15} = \frac{16}{5}.$$

En multipliant ces nombres par 15, on a la solution

$$a = 15, \qquad b = 45. \qquad c = 12, \qquad d = 48.$$

Ce sont des nombres de dents admissibles.

La solution adoptée varie suivant les constructeurs.

354. Tour à fileter. — Un *tour à fileter* comprend essentiellement un bâti ou *banc*, sur lequel est monté le cylindre à fileter entre deux *poupées*, l'une fixe, l'autre mobile, celle-ci recevant la commande du tour et assurant la rotation du cylindre autour de son axe X avec une vitesse angulaire ω. Parallèlement à X est montée une longue vis, dite *vis mère*, reliée à la poupée mobile par un train d'engrenages de raison K. La vis mère tourne donc avec une vitesse angulaire égale à Kω. Elle est engagée dans un écrou, solidaire d'un chariot qui se meut parallèlement à X. Le chariot porte un burin spécial, dit *grain d'orge*, qui taille dans le cylindre monté sur le tour les filets de la vis à fabriquer.

Soit H le pas de la vis mère. Cherchons le pas H′ de la vis taillée.

Pour cela, il suffit de remarquer que la translation du chariot s'opère avec une vitesse égale en valeur absolue à

$$K \omega \frac{H}{2\pi}.$$

Le mouvement du chariot, par rapport au cylindre à fileter, résulte de cette translation et d'une rotation de vitesse $-\omega$, autour d'un axe parallèle. C'est donc un vissage ayant pour pas réduit

$$\frac{1}{\omega} K \omega \frac{H}{2\pi} = \frac{KH}{2\pi},$$

et pour pas KH.

La vis taillée a donc aussi pour pas KH. On reconnaît qu'elle est à droite ou à gauche (la vis mère étant à droite) suivant que K est positif ou négatif.

Pour obtenir des vis de divers pas, il faut pouvoir faire varier la raison K du train d'engrenages. A cet effet, on dispose, pour former ce train, d'un certain nombre de roues d'assortiment que l'on peut assujettir sur une pièce spéciale, dite *lyre* ou *tête de cheval*. Un calcul simple permet de trouver la composition du train ou *harnais*, pour les pas usuels.

Soit, par exemple, la vis mère ayant un pas de 10^{mm}, à tailler une vis au pas de $8^{mm},25$.

On doit avoir

$$K = \frac{8,25}{10} = \frac{825}{1000}$$

ou, en décomposant en facteurs premiers les termes de la dernière fraction,

$$K = \frac{3 \times 5^2 \times 11}{2^3 \times 5^3} = \frac{3 \times 11}{2^3 \times 5} = \frac{3}{4} \times \frac{11}{10}.$$

Multiplions maintenant les deux termes de chacune des fractions facteurs du dernier membre, de manière à introduire des nombres de dents admissibles. On écrira, par exemple,

$$K = \frac{30}{40} \times \frac{55}{50}.$$

On aura donc un train constitué de quatre roues, ayant respecti-

vement 3o, 4o, 55 et 5o dents, les deux roues du milieu étant montées sur le même axe et solidaires l'une de l'autre (*fig.* 169).

Fig. 169.

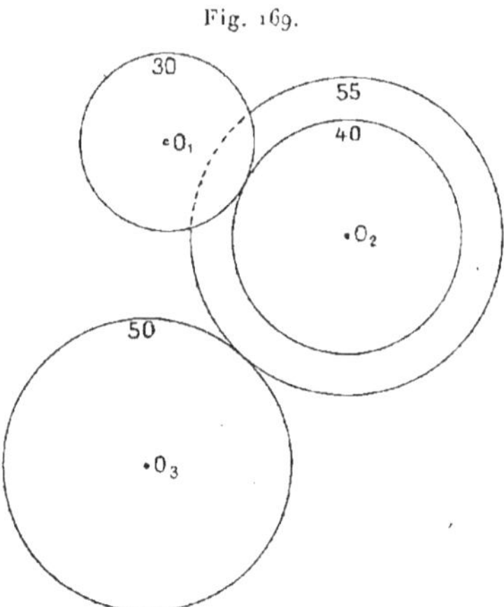

Il faut encore ici avoir égard à la considération du module. Soit M
le module commun des roues utilisées. Les axes extrêmes O_1 et O_2
des roues du train sont celui de la poupée mobile du tour et celui de
la vis mère. Appelons d leur distance, exprimée en modules M. C'est
une constante de construction. Le triangle $O_1 O_2 O_3$ a pour côtés, en
prenant M pour unité,

$$O_1 O_3 = d, \qquad O_1 O_2 = \frac{3o + 4o}{2}, \qquad O_2 O_3 = \frac{55 + 5o}{2}.$$

Il faut s'assurer, avant d'entreprendre le montage, que ces valeurs
satisfont bien aux conditions d'existence d'un triangle (chaque côté
est plus petit que la somme des deux autres). S'il n'en était pas ainsi,
il faudrait chercher une autre solution.

355. Obtention de rapports de vitesses compliqués. — Reprenons
la formule qui donne, en valeur absolue, la raison d'un train d'engrenages,

$$(1) \qquad K = \frac{n_1 n_2 \ldots n_{m-1}}{n'_2 n'_3 \ldots n'_m}.$$

On peut mettre K sous la forme d'une fraction irréductible. Posons

$$K = \frac{p}{q},$$

p et q étant des entiers premiers entre eux. On a

$$\frac{p}{q} = \frac{n_1 n_1 \dots n_m}{n'_2 n'_3 \dots n'_m}.$$

Donc, en vertu d'un théorème d'arithmétique bien connu, p doit diviser le numérateur et q le dénominateur du second membre. On en conclut que tout facteur premier de p doit appartenir à l'un au moins des nombres n_1, n_2, ..., n_{m-1}, et tout facteur premier de q à l'un au moins des nombres n'_1, n'_2, ..., n'_m. Par conséquent :

Pour obtenir, avec un train d'engrenages, un rapport donné de vitesses angulaires, il faut disposer de roues telles que les facteurs premiers des termes de ce rapport, mis sous forme de fraction irréductible, appartiennent chacun au nombre des dents de l'une au moins de ces roues.

Par exemple, les tours de fabrication anglaise ou américaine ont une vis mère dont le pas est égal à un pouce anglais ou à une fraction de pouce. Le pouce anglais vaut $25^{mm},4$. Pour utiliser ces tours au filetage de vis au pas métrique, il faudra obtenir des rapports de vitesses où interviendra le nombre $254 = 2 \times 127$. Le nombre 127 étant premier, le harnais du tour devra comprendre une roue de 127 dents.

Si les nombres n_1, n_2, ..., n'_m ne satisfont pas à la condition requise, il est impossible d'obtenir exactement le rapport des vitesses $\frac{p}{q}$. C'est le cas en particulier si l'un au moins des nombres p et q a des facteurs premiers trop considérables. Il en est de même, à plus forte raison, si le rapport donné est incommensurable.

Or, dans certaines applications (j'en indiquerai plus loin), on a besoin d'obtenir de tels rapports. Il faut se contenter d'une solution approximative.

La méthode consiste à développer en *fraction continuelle* [1] le

---

[1] *Voir* la Note B.

rapport donné, et à en calculer les réduites successives. On cherchera une réduite suffisamment approchée, réalisable avec les roues dont on dispose, et l'on aura une solution plus ou moins bonne suivant les cas.

336. Exemples. — 1° *Soit à tailler une vis au pas de $\frac{1}{2}$ pouce anglais, soit* $12^{mm},7$. *La vis mère du tour employé est au pas de* 10^{mm}. *Les nombres de dents des roues dont on dispose pour former le harnais vont de 5 en 5, de 15 à 120.*

Il faut obtenir le rapport de vitesses

$$K = \frac{12,7}{10} = \frac{127}{100},$$

ce qui est impossible à faire exactement avec les ressources dont on dispose. Développons K en fraction continuelle. On trouve

$$K = (1, 3, 1, 2, 2, 1, 2),$$

et le tableau des réduites est

$$\frac{1}{0}, \quad \frac{1}{1}, \quad \frac{4}{3}, \quad \frac{5}{4}, \quad \frac{14}{11}, \quad \frac{33}{26}, \quad \frac{47}{37}, \quad \frac{127}{100}.$$

On choisira la réduite $\frac{33}{26}$. On peut écrire

$$\frac{33}{26} = \frac{3}{2} \times \frac{11}{13} = \frac{30}{20} \times \frac{55}{65}.$$

Le train correspondant peut être constitué. Le pas de la vis obtenue aura pour valeur exacte

$$10^{mm} \times \frac{33}{26} = 12^{mm},69.$$

L'erreur est négligeable.

2° *Les roues motrices d'une locomotrice électrique ont un diamètre de* $1^m,245$. *On veut installer sur cette locomotive un compteur kilométrique dont l'aiguille fasse un tour pour* 10^{km} *parcourus.*

Il faut relier l'arbre des roues motrices à l'axe de l'aiguille par un train d'engrenages de raison convenable K.

Quand la locomotive fait 10^{km}, l'arbre des roues motrices fait un nombre de tours égal à

$$\frac{10\,000}{\pi \times 1,245} = 2556,7.$$

Donc

$$K = \frac{1}{2556,7} = \frac{10}{25567} = \frac{1}{100} \times \frac{1000}{25567}.$$

La réalisation du facteur $\frac{1}{100}$ ne présente pas de difficulté. Reste celle du second facteur. Or on a $25567 = 37 \times 691$. Le nombre 691 est premier et dépasse le nombre admissible de dents. Il faut donc rechercher une solution approximative en développant $\frac{1000}{25567}$ en fraction continuelle. On trouve

$$\frac{1000}{25567} = (0, 25, 1, 1, 3, 4, 3, 10).$$

L'avant-dernière réduite est $\frac{2480}{97} = \frac{80.31}{97}$. Ce rapport est réalisable. Je laisse au lecteur le soin d'écrire la constitution du train.

Quand l'aiguille du compteur fait un tour, le chemin parcouru par la locomotive a pour valeur exacte

$$\frac{248\,000}{97} \times \pi \times 1^m,245.$$

L'écart entre cette valeur et $10\,000^m$ ne peut être mis en évidence avec une table de logarithmes à 5 décimales.

B. — TRAINS ÉPICYCLOÏDAUX.

337. **Définition**. — Un *train épicycloïdal* est un train d'engrenages dont les axes, au lieu d'êtres fixes, sont portés par une pièce qui peut elle-même tourner autour d'un axe. On donne à cette pièce le nom général de *châssis*.

Je supposerai (et c'est ce qui a toujours lieu en pratique) que l'axe de rotation du châssis et les axes des roues extrêmes du train sont parallèles. L'un de ces derniers, ou tous les deux, se confondent souvent avec le premier axe. Les axes intermédiaires peuvent être quelconques.

La figure 170 donne le schéma d'un train épicycloïdal. Le châssis C tourne autour de l'axe X. Les roues R_1, R'_2, ..., R'_m du train sont montées folles sur des axes X_1, ..., X_m portés par le châssis.

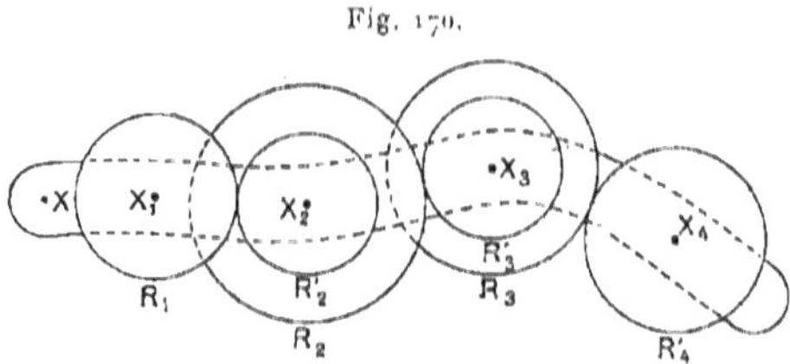

Fig. 170.

Le mécanisme obtenu ainsi est au second degré de liberté, car on peut faire tourner, suivant des lois de temps indépendantes, C autour de X et R_1 autour de X_1. Le mouvement des autres roues s'ensuit.

358. Formule de Willis. — Soient u la vitesse angulaire du châssis, ω_1 et ω_m les vitesses angulaires *absolues* des roues extrêmes R_1 et R'_m; on entend par là que ω_1, par exemple, est la vitesse angulaire d'une roue qui tournerait autour d'un axe *fixe*, en restant constamment orientée comme la roue R_1.

Le mécanisme étant au second degré de liberté, il existe une relation entre les trois vitesses angulaires u, ω_1 et ω_m. Cherchons-la.

Pour cela, désignons par ω'_1 et ω'_m les vitesses angulaires des roues R_1 et R'_m par rapport au châssis. On a évidemment

$$\omega'_1 = \omega_1 - u, \qquad \omega'_m = \omega_m - u.$$

Mais, par rapport au châssis, le train se comporte comme un train ordinaire. On a par conséquent, en désignant par K sa raison,

$$\frac{\omega'_m}{\omega'_1} = K.$$

On aboutit donc à la formule, dite *formule de Willis*,

$$\frac{\omega_m - u}{\omega_1 - u} = K,$$

qui permet de traiter tous les problèmes relatifs aux trains épicycloïdaux.

359. Exemple : Train de Pecqueur. — Le *train de Pecqueur* est constitué de quatre roues, montées comme l'indique la figure 171. La

Fig. 171.

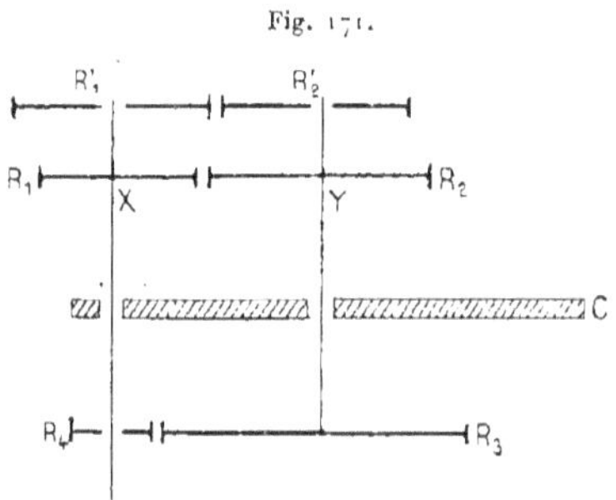

roue R_1, d'axe X, ne tourne pas. Les roues R_2 et R_3 sont solidaires l'une de l'autre et leur axe commun Y est fou par rapport au châssis C qui tourne autour de X. Enfin R_3 engrène avec la roue R_4, montée folle sur l'axe X.

Cherchons la vitesse angulaire ω_4 de R_4, quand C tourne autour de X avec la vitesse angulaire u.

Soit n_i le nombre des dents de la roue R_i. On a, pour la raison du train,

$$K = \frac{n_1 n_3}{n_2 n_4},$$

avec le signe $+$ devant le second membre, car il y a deux contacts extérieurs.

Appliquons la formule de Willis. Ici, $\omega_1 = 0$. On a donc

$$\frac{\omega_4 - u}{- u} = \frac{n_1 n_3}{n_2 n_4},$$

d'où l'on tire

$$(1) \qquad \omega_4 = \left(1 - \frac{n_1 n_3}{n_2 n_4}\right) u = \frac{n_2 n_4 - n_1 n_3}{n_2 n_4} u,$$

ce qui résout le problème.

Le train de Pecqueur a diverses applications. On voit d'abord qu'il permet d'obtenir des démultiplications considérables. Faisons, par exemple,

$$n_2 = n_4 = 100, \qquad n_1 = 99, \qquad n_3 = 101.$$

On a

$$n_2 n_1 - n_1 n_3 = 100^2 - (100 - 1)(100 + 1) = 1,$$

donc

$$\omega_4 = \frac{1}{10000}\, u,$$

alors qu'un train ordinaire de 4 roues (*fig.* 168) permettrait d'obtenir au plus une démultiplication de $\frac{1}{10^2} = \frac{1}{100}$ ([1]).

Ce même train a aussi été employé dans des mécanismes de *changement de vitesse*. Montons sur l'axe Y de la figure 171 une troisième roue R'_2, solidaire de R_2 et de R_3, engrenant avec une roue R'_1 d'axe X. Imaginons qu'un dispositif permette à volonté de caler l'une des roues R_1 et R'_1, l'autre étant en même temps rendue folle sur son

---

([1]) Si l'on veut employer quatre roues de même module, il faut qu'on ait

$$n_1 + n_2 = n_3 + n_4,$$

comme on le reconnaît en égalant deux expressions de la distance des axes X et Y. Cette condition n'est pas satisfaite dans l'exemple numérique ci-dessus. Voici alors comment on procédera : au lieu d'un train de quatre roues, on emploiera un train de *six* roues, représenté en plan (*fig.* 172). Les roues R_1, R_2, R_3, R_4 jouent le même

Fig. 172.

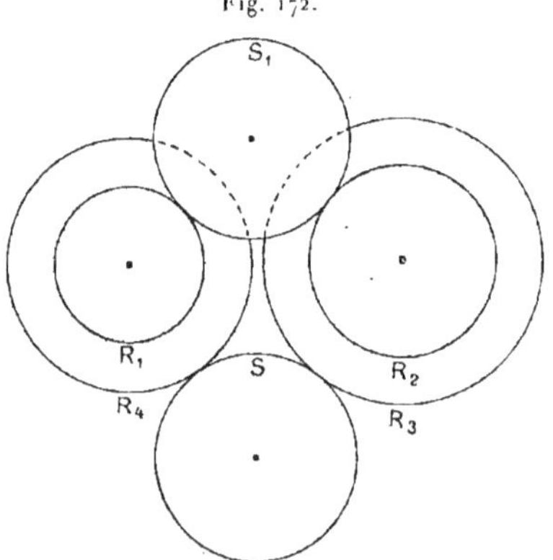

rôle que dans le train de Pecqueur. Les roues S_1 et S_3, folles sur leurs axes, sont des roues parasites dont la présence ne modifie le second membre de (1) ni en grandeur, ni en signe, puisque le nombre de contacts extérieurs reste pair. Il est clair qu'on peut donner aux axes une disposition telle que toutes les roues employées soient de même module.

axe, si bien qu'elle ne jouera alors aucun rôle dans le mécanisme. Si c'est la roue R'_1 que l'on cale, la vitesse de la roue R_4 sera donnée par la formule

$$\omega'_4 = \frac{n'_2 \, n_4 - n'_1 \, n_3}{n_2 \, n_4} \, u,$$

n'_1 et n'_2 désignant les nombres des dents des roues R'_1 et R'_2. On peut faire en sorte que le rapport $\frac{\omega'_4}{u}$ ait une valeur différente de $\frac{\omega_4}{u}$, et même qu'il soit de signe contraire, c'est-à-dire que la roue R_4 tourne à volonté dans un sens ou dans l'autre. Il est clair que l'on peut installer un nombre quelconque de couples (R_1, R_2), (R'_1, R'_2), ..., et obtenir ainsi pour R_4 autant de vitesses de rotation que l'on veut, positives ou négatives, u conservant toujours la même valeur.

360. **Paradoxe de Fergusson**. — Une roue R_1, d'axe X ($fig.$ 173), engrène avec la roue R_2, d'axe Y. Celle-ci engrène avec les roues R_3,

Fig. 173.

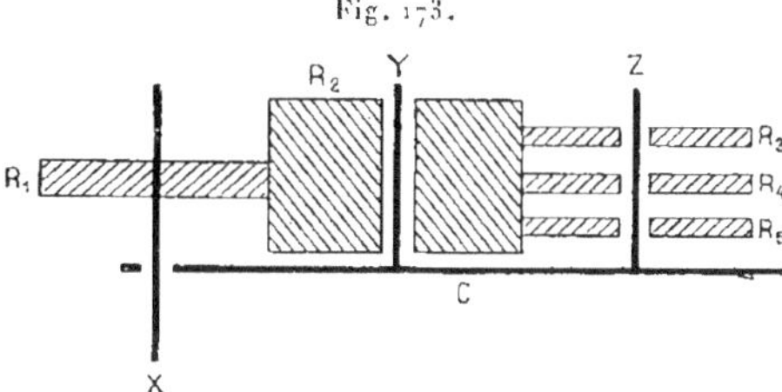

R_4, R_5, de même axe Z. La roue R_1 peut à volonté être fixée ou rendue mobile autour de son axe. Les roues R_2, R_3, R_4, R_5 sont folles sur leurs axes, solidaires du châssis C qui peut, comme R_1, soit être fixé, soit rendu mobile autour de X.

Soit n_i le nombre des dents de la roue R_i. On peut faire en sorte qu'on ait

$$n_3 = n + 1, \qquad n_4 = n, \qquad n_5 = n - 1,$$

n étant un entier qui ne soit pas trop petit, 30 par exemple. En effet, les cercles primitifs des engrenages (R_2, R_3), (R_2, R_4), (R_2, R_5) différeront alors peu les uns des autres, et si les dents de R_2 sont assez longues, leurs profils seront coupés par chacun des cercles primitifs correspondants. Il sera donc possible de construire pour R_3, R_4, R_5 des profils conjugués de ceux de R_2. Pratiquement, on prendra pour R_3, R_4 et R_5 des roues dont les dents seront identiques, et il suffira de laisser du jeu dans le montage pour permettre au mécanisme de fonctionner.

Si C étant fixé, on fait tourner R_1 avec la vitesse angulaire ω_1, R_3, R_4 et R_5 tournent avec des vitesses données par les formules

$$\omega_3 = \omega_1 \frac{n_1}{n_3} = \omega_1 \frac{n_1}{n+1}, \qquad \omega_4 = \omega_1 \frac{n_1}{n}, \qquad \omega_5 = \omega_1 \frac{n_1}{n-1}.$$

Ces vitesses sont différentes, mais *toutes de même signe*.

En second lieu, fixons R_1 et faisons tourner C avec la vitesse u. La formule de Willis donne pour la vitesse angulaire ω'_3 de R_3

$$\frac{\omega'_3 - u}{- u} = \frac{n_1}{n+1}, \qquad \text{d'où} \qquad \omega'_3 = u\left(1 - \frac{n_1}{n+1}\right).$$

On a de même, avec des notations analogues,

$$\omega'_4 = u\left(1 - \frac{n_1}{n}\right), \qquad \omega'_5 = u\left(1 - \frac{n_1}{n-1}\right).$$

En particulier, si $n_1 = n$,

$$\omega'_3 = u \frac{1}{n+1}, \qquad \omega'_4 = 0, \qquad \omega'_5 = - u \frac{1}{n-1}.$$

Donc la roue R_4 a une rotation absolue nulle, et les roues R_3 et R_5 des rotations *de sens contraires*. C'est en cela que consiste le *paradoxe de Fergusson*. On le met en évidence en adaptant aux roues des aiguilles qui permettent de comparer leurs sens de rotation.

361. Roue planétaire de Watt. — La roue R_2 (*fig.* 174) est mobile autour de l'axe X_2. Une roue R_1 qui engrène avec R_2 tourne autour de cette dernière roue. Elle est solidaire de la bielle B' commandée par le balancier B qui est animé d'une rotation alternative autour d'un point de son axe.

On a là un train épicycloïdal dont le châssis est la droite $X_2 X_1$ qui joint les centres des deux roues. Si la bielle B' est assez longue, on peut assimiler le mouvement de R_1 à une translation, de sorte que l'on a ici $\omega_1 = 0$. La formule de Willis donne donc

$$\frac{\omega_2 - u}{- u} = - \frac{n_1}{n_2},$$

avec les notations précédemment adoptées. Donc

$$\omega_2 = u \left(1 + \frac{n_1}{n_2} \right)$$

Fig. 174.

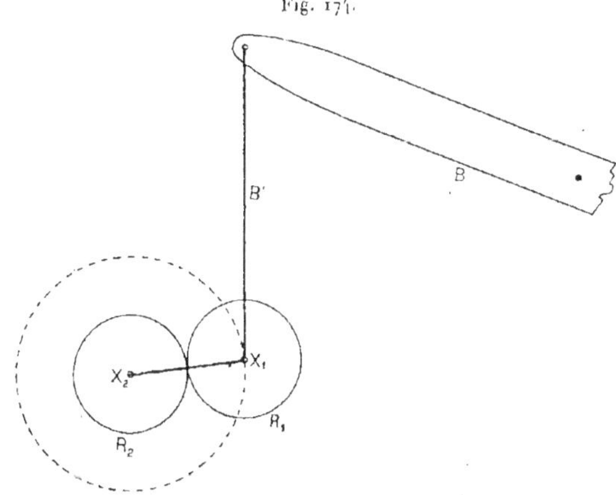

Si l'on fait $n_1 = n_2$, on a $\omega_2 = 2u$. Ainsi, la vitesse de rotation de la roue R_2 est double de la vitesse de *circulation* de la roue R_1.

362. **Différentiel.** — C'est le plus répandu des trains épicycloïdaux. Un *différentiel* se compose de trois roues d'angle, R_1, R_2, R_3 (*fig.* 175), dont la première et la dernière, égales, ont leurs axes dans le prolongement l'un de l'autre. Le châssis, qui porte l'axe de la roue intermédiaire, est un cylindre creux ou *boîte*, tournant autour de l'axe de R_1 et de R_3.

La raison du train, égale à 1 en valeur absolue, est négative (n° 351). La formule de Willis donne donc ici

(1) $$\frac{\omega_3 - u}{\omega_1 - u} = - 1 \qquad \text{ou} \qquad \omega_1 + \omega_3 = 2u.$$

L'une des applications les plus importantes de ce mécanisme se
rencontre dans les automobiles, où la commande des roues arrière

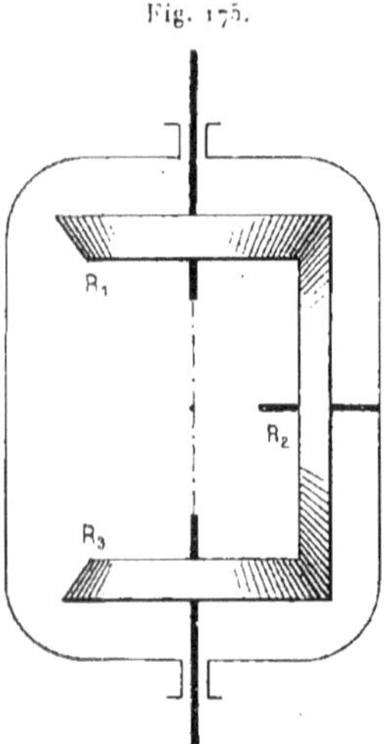

Fig. 176.

par le moteur se fait par l'intermédiaire d'un différentiel qui permet
les virages.

Considérons (*fig.* 176) une automobile, figurée schématiquement
en plan à l'instant d'un virage. Pour que celui-ci s'effectue correctement, il faut que les axes des 4 roues convergent au centre de ce
virage. Comme l'axe commun X des roues arrière A_1 et A_3 est fixe
par rapport au châssis de la voiture, cela revient à dire que les axes
des roues avant C_1 et C_3 doivent se couper en un point I de X. Un
dispositif spécial, qui sera décrit plus tard (n° 401), assure cette convergence (approximativement). Le conducteur détermine la position
du point I sur X en agissant sur le volant de direction.

Le point I étant supposé connu, les roues A_1 et A_3 ont des vitesses
angulaires ω_1 et ω_3 proportionnelles aux vitesses de leurs centres M_1
et M_3. Ces dernières vitesses sont elles-mêmes proportionnelles à IM_1
et à IM_3. On doit donc avoir

$$(2) \qquad \frac{\omega_1}{IM_1} = \frac{\omega_3}{IM_3}.$$

Cela ne pourrait avoir lieu si les roues arrière étaient solidaires, comme le sont les roues de wagons. Mais on intercale entre elles un différentiel, et les axes des deux roues sont solidaires respectivement des roues R_1 et R_3 de la figure 175. La boîte du différentiel est commandée par le moteur, et sa vitesse u est déterminée.

Fig. 176.

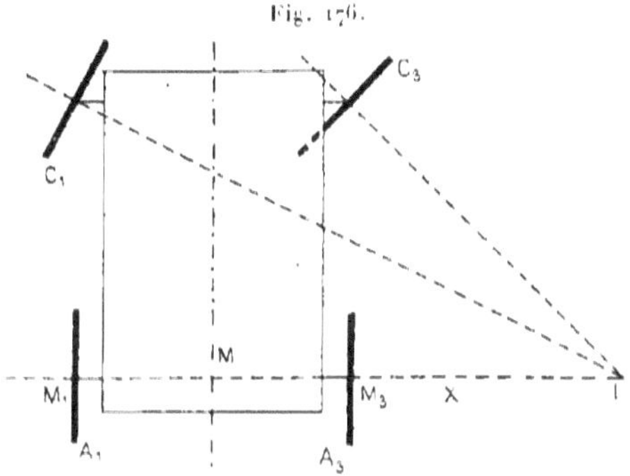

Les vitesses angulaires ω_1 et ω_3 doivent satisfaire à (1) et (2). On a donc

$$\frac{\omega_1}{IM_1} = \frac{\omega_3}{IM_3} = \frac{\omega_1 + \omega_3}{IM_1 + IM_3} = \frac{2\,u}{2\,IM},$$

M étant le milieu de $M_1 M_2$. Donc

$$\omega_1 = \frac{IM_1}{IM}\,u, \qquad \omega_3 = \frac{IM_3}{IM}\,u.$$

On voit que ces vitesses angulaires sont bien déterminées pour un virage de rayon donné. Dans la marche en ligne droite, le point I est rejeté à l'infini, et l'on a

$$\omega_1 = \omega_3 = u.$$

Comme autre application du différentiel, on peut citer un appareil permettant de vérifier si deux arbres donnés (par exemple, ceux des hélices d'un navire) tournent avec la même vitesse angulaire, et dans le cas contraire, d'apprécier leur différence de vitesse. A cet effet, on commande chacune des roues R_1 et R_3 du différentiel par l'un de ces arbres, de telle manière que leurs rotations soient de sens opposé. Si les deux arbres ont la même vitesse, $\omega_1 = -\omega_3$, $u = 0$ et la boîte du différentiel est immobile. Si les deux vitesses sont inégales, la boîte tourne dans un sens ou dans l'autre.

Un dispositif analogue permet d'évaluer la torsion d'un arbre moteur sous l'action du couple résistant.

Le différentiel permet encore d'exercer une double commande sur une rotation. Considérons, par exemple, un *équatorial*. C'est, comme on sait, une lunette astronomique montée de manière à tourner autour d'un axe parallèle à l'axe du monde avec une vitesse opposée à celle de la rotation de la Terre. On peut, de la sorte, observer une étoile donnée aussi longtemps qu'on le veut. L'équatorial est commandé par la roue R_3 d'un différentiel dont la roue R_1 est fixe, en principe, et dont le châssis est commandé par un moteur. On a donc $\omega_1 = 0$, $\omega_3 = 2u$. Comme il est impossible en pratique d'assurer rigoureusement à u sa valeur, il faut introduire une correction de temps à autre. A cet effet, sans interrompre l'action du moteur, on fait tourner à la main R_1 dans le sens convenable, de manière à rétablir le pointage dérangé.

363. Obtention de rapports de vitesses compliqués. — Comme on l'a vu au n° 355, un train ordinaire ne permet pas de réaliser des rapports de vitesse de la forme $\dfrac{p}{q}$, où p et q sont des nombres premiers entre eux, ayant des facteurs premiers dont l'un au moins surpasse le maximum admissible pour le nombre des dents d'une roue.

Je vais montrer qu'avec des trains épicycloïdaux, *on peut toujours, au moins théoriquement, réaliser un rapport de vitesses commensurable quelconque, et cela sans employer de roue dont le nombre des dents dépasse un nombre donné arbitraire.*

Reprenons, en effet, la formule du différentiel

$$\omega_1 + \omega_3 = 2u.$$

Si la boîte du différentiel porte une couronne dentée, engrenant avec une roue ayant deux fois moins de dents, cette roue aura pour vitesse angulaire

$$\omega = 2u = \omega_1 + \omega_3.$$

On voit donc qu'un différentiel permet d'ajouter deux vitesses angulaires ω_1 et ω_3.

Cela posé, soit donné le rapport $\frac{p}{q}$, où p et q sont des entiers quelconques. On peut écrire

$$p = p_1 + p_2 + \ldots + p_n,$$

$p_1, p_2, \ldots, p_n$ étant des entiers dont aucun ne dépasse un nombre donné. On a donc

$$\frac{p}{q} = \frac{p_1}{q} + \frac{p_2}{q} + \ldots + \frac{p_n}{q}.$$

Étant donnée une vitesse angulaire ω, on pourra, en employant des différentiels, ajouter successivement les vitesses angulaires $\frac{p_1}{q}\omega$, $\frac{p_2}{q}\omega$, ..., supposées réalisées, et par suite, obtenir la vitesse $\frac{p}{q}\omega$.

Tout revient donc à réaliser les vitesses $\frac{p_i}{q}\omega$. Or, on peut écrire

$$\frac{q}{p_i} = \frac{q_1}{p_i} + \frac{q_2}{p_i} + \ldots + \frac{q_n}{p_i},$$

$q_1, q_2, \ldots, q_n$ étant encore des entiers qui ne dépassent pas le maximum donné. Par conséquent, on peut réaliser $\frac{q_i}{p_i}$ au moyen d'un train d'engrenages ordinaires, puis $\frac{q}{p_i}$ avec des différentiels, et par conséquent $\frac{p_i}{q}$. Cela démontre la proposition.

Il va sans dire que l'application littérale de cette méthode conduirait en général à des « monstres » cinématiques. Mais il fallait montrer qu'il existe *certainement* un train épicycloïdal où n'entrent que des roues exécutables et qui permette de réaliser un rapport donné de vitesses angulaires. Il s'agit ensuite de trouver une solution *pratique*. On voit alors se poser des problèmes d'arithmétique pour le traitement desquels il n'existe pas de méthode générale, dans l'état actuel de la théorie des nombres. On se tire d'affaire par des artifices plus ou moins heureux, dont je vais donner des exemples ([1]).

([1]) Pour traiter les problèmes de cette nature, il est indispensable d'avoir une table assez étendue des diviseurs des nombres entiers. La plus importante est actuellement celle de Lehmer (Washington, 1909), qui donne les diviseurs des nombres jusqu'à 10170000. Plus modeste, mais suffisant en général aux besoins de la pratique, est celle d'Inghirami (Paris, Gauthier-Villars, 1919), allant jusqu'à 100000.

364. Premier exemple. — Proposons-nous de construire une horloge donnant, en même temps que le temps civil, le temps sidéral. La durée du jour sidéral est, à moins d'un dixième de seconde près, égale à 86164 secondes de temps solaire moyen.

Supposons que l'aiguille des heures de temps civil fasse, comme d'habitude, le tour du cadran en 12 heures $= 43200$ secondes. Si l'aiguille des heures de temps sidéral doit faire le même tour en un jour sidéral, on devra relier les deux aiguilles des minutes par un mécanisme réalisant le rapport de vitesses angulaires

$$\frac{43\,200}{86\,164} = \frac{10\,800}{21\,541}.$$

Le dénominateur est égal à 13×1657. Le second facteur étant un nombre premier, il est pratiquement impossible d'avoir recours à un train ordinaire. Cherchons à employer un train épicycloïdal.

Donnons-nous *a priori* la constitution de ce train. Ce sera un train de Pecqueur (*fig.* 171), compliqué d'une roue parasite R_5, engrenant avec R_3 et R_4, ce qui rend la raison négative. La roue R_1 étant supposée fixe, on a, avec les notations déjà employées,

$$\frac{\omega_4 - u}{- u} = - \frac{n_1 n_3}{n_2 n_4},$$

ou

$$\omega_4 = u \left(1 + \frac{n_1 n_3}{n_2 n_4} \right),$$

ou encore

$$(1) \qquad u = \omega_4 \frac{n_2 n_4}{n_1 n_3 + n_2 n_4}.$$

Cherchons à faire en sorte que, ω_4 étant égal à la vitesse angulaire de l'aiguille des minutes de temps civil, u soit dans un rapport simple K avec celle de l'aiguille des minutes de temps sidéral. On doit avoir

$$(2) \qquad u = K \frac{10\,800}{21\,541} \omega_4.$$

Assujettissons, d'autre part, les nombres n_1, n_2, n_3, n_4 à la condition

$$(3) \qquad n_1 n_3 + n_2 n_4 = 21\,541.$$

On tire de (1), (2) et (3)

$$K \frac{10\,800}{21\,541} \omega_1 = \frac{n_2 n_4}{21\,541} \omega_1,$$

d'où

(4)
$$K = \frac{n_2 n_4}{10\,800}.$$

On se trouve dès lors en présence du problème d'arithmétique suivant : trouver deux nombres x et y, tels que l'on ait

$$x + y = 21\,541, \qquad x = n_1 n_3, \qquad y = n_2 n_4,$$

n_1, n_2, n_3, n_4 étant des entiers qui ne dépassent pas le nombre admissible de dents d'une roue d'engrenage (200, par exemple), et tels, en outre, que le rapport $\frac{y}{10800}$, réduit à sa plus simple expression, ait des termes assez petits.

En s'aidant de la table des diviseurs, on trouve la combinaison suivante :

$$x = 6\,241 = 79^2, \qquad n_1 = 79, \qquad n_3 = 79,$$
$$y = 15\,300 = 150 \times 102, \qquad n_2 = 150, \qquad n_4 = 102,$$
$$K = \frac{15\,300}{10\,800} = \frac{17}{12}.$$

Cette solution est acceptable.

On pourra de même établir le rouage d'une *horloge lunaire*, c'est-à-dire le rouage d'une horloge donnant l'âge de la Lune en même temps que les indications ordinaires. La durée de la lunaison est $29^j\,12^h\,44^m = 42\,524^m$, à moins de 3 secondes près. Si donc on veut relier l'axe de l'aiguille de la lunaison à l'aiguille des heures, il faut réaliser le rapport

$$\frac{720}{42\,524} = \frac{180}{10\,631}.$$

Le dénominateur du second membre est un nombre premier.

365. **Deuxième exemple.** — On peut avoir à rechercher, dans certains compteurs, une réduction de vitesse considérable (*voir* n° 356, 2°). Soit donné, par exemple, le rapport $\frac{1}{601}$, dont le dénominateur est un nombre premier.

Cherchons à employer un train de Pecqueur (à quatre roues), dont la première roue n'est pas astreinte à l'immobilité. Avec les notations déjà employées, on a la formule

$$\frac{\omega_4 - u}{\omega_1 - u} = \frac{n_1 n_3}{n_2 n_4}$$

ou

(1) $$n_1 n_3 \omega_1 - n_2 n_4 \omega_4 = (n_1 n_3 - n_2 n_4) u.$$

Assujettissons *a priori* n_1, n_2, n_3, n_4 à vérifier la relation

(2) $$n_1 n_3 - n_2 n_4 = 1.$$

Supposons que, dans le mécanisme à constituer, la vitesse de la rotation la plus rapide soit celle du châssis. En désignant par ω la vitesse de la rotation la plus lente, on doit avoir

$$u = 601 \, \omega.$$

(1) s'écrit donc, en tenant compte de (2),

(3) $$n_1 n_3 \omega_1 - n_2 n_4 \omega_4 = 601 \, \omega.$$

On tire de (2) et (3)

$$n_1 n_3 = \frac{601 \, \omega - \omega_4}{\omega_1 - \omega_4}, \qquad n_2 n_4 = \frac{601 \, \omega - \omega_1}{\omega_1 - \omega_4}.$$

Imposons-nous maintenant les conditions suivantes : 1° on a

$$\omega_1 = k_1 \omega, \qquad \omega_4 = k_4 \omega.$$

k_1 et k_4 étant des entiers au plus égaux à 10; 2° on a

$$k_1 - k_4 = 1,$$

ce qui donne

$$n_1 n_3 = 601 - k_4, \qquad n_2 n_4 = 601 - k_1;$$

3° les nombres n_1, n_2, n_3, n_4 satisfaisant aux rotations précédentes ne sont pas trop élevés.

Quelques essais conduisent à la solution suivante :

$$k_1 = 7, \qquad k_4 = 6,$$
$$n_1 = 35, \qquad n_2 = 18, \qquad n_3 = 17, \qquad n_4 = 33.$$

En définitive, on aboutit au mécanisme suivant : un axe X (*fig.* 177) porte deux roues solidaires S_1 et S_4, engrenant respectivement avec les roues S'_1 et S'_4, solidaires des roues extrêmes d'un train de Pecqueur. Les nombres de dents sont inscrits sur la figure. Si l'on

Fig. 177.

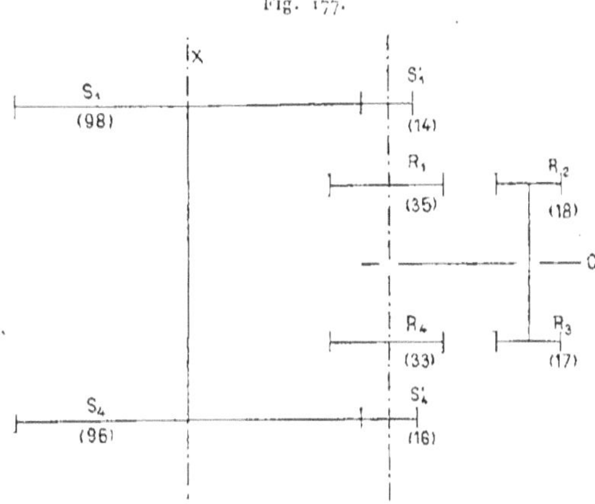

fait tourner le châssis avec une vitesse u, la vitesse commune des roues S_1 et S_4 est égale à $\dfrac{u}{601}$.

On observera que les nombres des dents de roues S_1, S'_1, S_4, S'_4 sont tels qu'on puisse les tailler au même module, car on a

$$98 + 14 = 96 + 16.$$

Les roues R_1, R_2, R_3, R_4 ne satisfont pas à la même condition. Il faut donc interposer des roues parasites, respectivement entre R_1, R_2 et R_3, R_4. Ces roues, non représentées sur la figure, n'ont pas nécessairement leurs axes dans le même plan que ceux des roues avec lesquelles elles engrènent.

CHAPITRE XVII.

366. Position du problème. — Il rentre dans le problème général du n° 275. Soient A_1 et A_2 deux solides pouvant tourner respectivement autour de deux axes parallèles X_1 et X_2. On veut établir entre ces deux solides une liaison telle que la rotation de A_1, suivant une loi de temps donnée, entraîne celle de A_2 suivant une loi de temps également donnée. La question a été étudiée en détail au Chapitre XV, dans le cas où les rotations sont uniformes. Abordons maintenant le cas général où les lois de temps de ces rotations sont quelconques.

On obtient immédiatement une solution comportant beaucoup d'arbitraire, en appliquant la méthode générale du n° 276. Soient S_2 une surface arbitraire, S_1 la surface enveloppe de S_2 entraînée dans le mouvement $\left(\dfrac{A_2}{A_1}\right)$. En limitant le solide A_1 par S_1 et le solide A_2 par S_2, on a résolu le problème par le moyen d'un *couple de contact linéaire* (et la solution est aussi générale que possible). On peut aussi avoir recours à un *couple de contact ponctuel* (n° 277).

Le mécanisme obtenu est un *système de cames*. On l'étudiera au Chapitre suivant. Dans le cas général, le couple (S_1, S_2) donne lieu à un glissement. On peut chercher à obtenir un *couple de roulement*. Il n'y a qu'un moyen d'y parvenir. Il faut en effet que le mouvement $\left(\dfrac{A_2}{A_1}\right)$ soit engendré par le roulement de S_2 sur S_1. Or ce mouvement est évidemment celui d'un solide A_2 dont un plan glisse sur un plan du solide A_1, ces deux plans étant perpendiculaires aux axes X_2 et X_1, et il est engendré d'une seule manière par un roulement, celui d'un cylindre (Cy_2) sur un cylindre (Cy_1), ces deux cylindres ayant leurs génératrices parallèles à X_2 et X_1. Les surfaces S_1 et S_2 ne peuvent être que (Cy_1) et (Cy_2) [1].

Le mécanisme obtenu est un *couple de cylindres roulants*. On dit plus communément, de *courbes roulantes*, parce qu'on pense tout de suite à la section droite du mécanisme.

367. Calcul des courbes roulantes. — En faisant la section droite du mécanisme, on obtient deux courbes C_1 et C_2 qui tournent respectivement autour de deux points O_1 et O_2, en roulant l'une sur

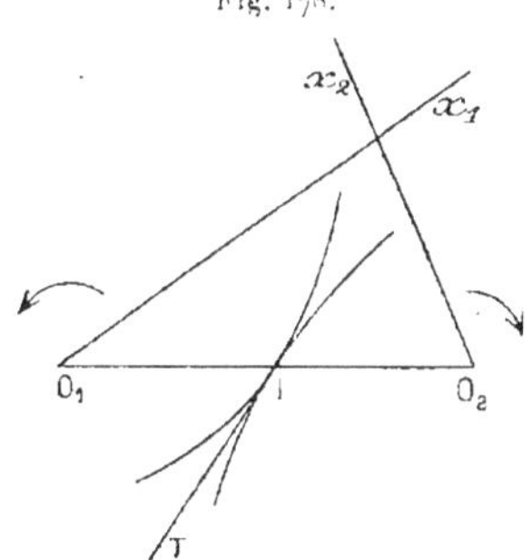

l'autre (*fig.* 178). Cherchons à les construire, étant données les lois de temps des deux rotations.

Soit I leur point de contact. P_0 étant le plan auquel sont liés les points O_1 et O_2, les c. i. r. des trois mouvements $\left(\dfrac{C_1}{P_0}\right)$, $\left(\dfrac{P_0}{C_2}\right)$, $\left(\dfrac{C_2}{C_1}\right)$ sont respectivement les points O_1, O_2, I. Ils sont donc en ligne droite. Donc, *au cours du fonctionnement du mécanisme, le point I ne cesse pas d'appartenir à la droite $O_1 O_2$.*

Cela vu, cherchons les équations en coordonnées polaires des courbes C_1 et C_2, rapportées respectivement à deux axes polaires $O_1 x_1$ et $O_2 x_2$, entraînés chacun avec la courbe correspondante. Comme, dans la pratique, les deux rotations sont toujours de sens opposés,

---

[1] Si l'on voulait avoir un couple de contact *ponctuel* de roulement, la solution comporterait plus d'arbitraire. On traite aisément la question en généralisant la théorie de l'engrenage de White (n° 317). Comme elle ne paraît pas présenter d'intérêt pratique, je ne m'y arrête pas.

on prendra dans les deux systèmes de coordonnées des sens opposés pour les angles polaires croissants, cela de telle manière que ces angles polaires croissent avec le temps. Les flèches de la figure désignent les sens des rotations. Les angles polaires croissent dans les sens opposés.

Soient alors (ρ_1, φ_1) et (ρ_2, φ_2) les coordonnées polaires du point 1 dans chaque système. Désignons par a la distance $O_1 O_2$. Les lois de temps des rotations étant connues, φ_1 et φ_2 sont des fonctions données du temps :

$$(1) \qquad \varphi_1 = f_1(t), \qquad \varphi_2 = f_2(t).$$

On peut supposer que, pour $t = 0$, on a

$$\varphi_1 = \varphi_2 = 0.$$

Le point 1 étant toujours sur $O_1 O_2$, on a

$$(2) \qquad \rho_1 + \rho_2 = a.$$

Exprimons ensuite que les deux courbes sont tangentes en 1. 1T étant leur tangente commune, on doit avoir

$$\widehat{O_2 1T} + \widehat{O_1 1T} = \pi,$$

d'où

$$\operatorname{tang} \widehat{O_2 1T} + \operatorname{tang} \widehat{O_1 1T} = 0,$$

et, d'après une formule connue de géométrie analytique,

$$(3) \qquad \frac{\rho_1 \, d\varphi_1}{d\rho_1} + \frac{\rho_2 \, d\varphi_2}{d\rho_2} = 0.$$

On tire de (2)

$$d\rho_1 + d\rho_2 = 0.$$

Donc

$$(4) \qquad \rho_1 \, d\varphi_1 = \rho_2 \, d\varphi_2.$$

L'équation (4) pouvait s'obtenir immédiatement en écrivant que, les deux courbes C_1 et C_2 roulant l'une sur l'autre, le point 1 a la même vitesse, qu'on le considère comme lié à C_1 ou à C_2. Cela donne

$$\rho_1 \frac{d\varphi_1}{dt} = \rho_2 \frac{d\varphi_2}{dt},$$

c'est-à-dire l'équation (4).

On vérifie que, les équations (2) et (4) étant satisfaites, les deux courbes C_1 et C_2 roulent l'une sur l'autre. En effet, on en tire d'abord (3), qui exprime que les deux courbes sont tangentes, puis

$$\rho_1^2 \, d\varphi_1^2 + d\rho_1^2 = \rho_2^2 \, d\varphi_2^2 + d\rho_2^2,$$

qui exprime qu'elles ont même arc élémentaire.

En tenant compte de (1), (4) peut s'écrire

$$(5) \qquad \rho_1 f_1'(t) = \rho_2 f_2'(t).$$

Le système (2), (5), résolu en ρ_1 et ρ_2, donne

$$(6) \qquad \rho_1 = a \frac{f_2'(t)}{f_1'(t) + f_2'(t)}, \qquad \rho_2 = a \frac{f_1'(t)}{f_1'(t) + f_2'(t)}.$$

Les formules (1) et (6) font connaître $\rho_1, \varphi_1, \rho_2, \varphi_2$ en fonction de t. On a donc une représentation paramétrique de chacune des deux courbes et le problème est résolu. Si l'on veut les équations polaires mêmes de C_1 et de C_2, on cherchera à éliminer t entre les (1) et les (6).

Dans tous les cas pratiques, les mouvements donnés sont *périodiques et de même période*, c'est-à-dire que t augmentant d'un temps donné θ, φ_1 et φ_2 augmentent de 2π. On a donc

$$f_1(t + \theta) = f_1(t) + 2\pi, \qquad f_2(t + \theta) = f_2(t) + 2\pi,$$

quel que soit t, et, par dérivation,

$$(7) \qquad f_1'(t + \theta) = f_1'(t), \qquad f_2'(t + \theta) = f_2'(t).$$

Par conséquent, C_1 et C_2 sont des courbes fermées, puisque, pour chacune d'elles, le rayon vecteur reprend la même valeur quand l'angle polaire augmente de 2π.

Le plus souvent, l'une des rotations est uniforme. On a, par exemple,

$$\varphi_1 = \omega t,$$

ω étant une constante. Alors

$$\theta = \frac{2\pi}{\omega}.$$

368. **Construction des courbes roulantes.** — On peut traduire graphiquement les formules (1) et (6). Donnons-nous les courbes G_1 et G_2 représentatives des rotations

$$\varphi_1 = f_1(t), \qquad \varphi_2 = f_2(t),$$

. Les temps sont portés en abscisses, les angles en ordonnées (*fig*. 179).

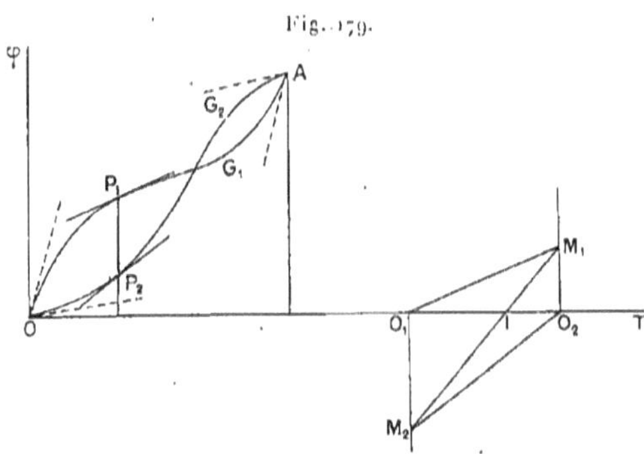

On a par hypothèse

$$f_1(0) = f_2(0) = 0, \qquad f_1(0) = f_2(0) = 2\pi.$$

Les deux courbes G_1 et G_2 partent donc du point O et aboutissent au même point $A(0, 2\pi)$. Observons en outre que la relation

$$f_1'(0) = f_1'(0),$$

obtenue en faisant $t = 0$ dans la formule (7) du n° 366, se traduit ainsi : les tangentes en O et en A à la courbe G_1 sont parallèles. De même pour la courbe G_2.

Soient, sur les deux courbes G_1 et G_2, deux points de même abscisse, $P_1(t, \varphi_1)$ et $P_2(t, \varphi_2)$. Traçons un segment horizontal O_1O_2 de longueur a. Par O_1 menons une parallèle à la tangente à G_1 en P_1, par O_2 une parallèle à la tangente à G_2 en P_2. Ces parallèles coupent respectivement les verticales des points O_2 et O_1 en deux points M_1 et M_2. On a

$$O_2M_1 = a f_1'(t), \qquad M_2O_1 = a f_2'(t).$$

Soit I le point où M_1M_2 rencontre O_1O_2. On a, en grandeur et en signe,

$$\frac{O_1I}{O_1M_2} = \frac{O_2I}{O_2M_1} \qquad \text{ou} \qquad \frac{O_1I}{M_2O_1} = \frac{IO_2}{O_2M_1} = \frac{a}{O_2M_1 + M_2O_1},$$

et, par comparaison avec les formules (6) du n° 365,

$$O_1I = \varphi_1, \qquad IO_2 = \varphi_2.$$

On a donc graphiquement, pour chacune des courbes C_1 et C_2, l'angle polaire et le rayon vecteur correspondant à une valeur quelconque de t. Il est dès lors facile de construire ces courbes.

369. Autre problème. — Le problème qui vient d'être traité : *construire les courbes C_1 et C_2, les lois de temps des rotations étant données*, est celui de la pratique. Mais on peut encore examiner la question géométrique suivante : *l'une des deux courbes étant donnée, trouver l'autre* (ce n'est plus de la Cinématique proprement dite : le mécanisme étant construit pourra fonctionner avec une loi de temps quelconque donnée pour l'une des deux rotations).

Soit donnée la courbe C_1 par l'équation

$$\rho_1 = f(\varphi_1).$$

On a d'abord

$$(1) \qquad \rho_2 = a - \rho_1 = a - f(\varphi_1),$$

puis

$$d\varphi_2 = \frac{\rho_1\, d\varphi_1}{\rho_2} = \frac{f(\varphi_1)\, d\varphi_1}{a - f(\varphi_1)},$$

d'où, en intégrant et en supposant que φ_1 et φ_2 sont simultanément nuls,

$$(2) \qquad \varphi_2 = \int_0^{\varphi_1} \frac{f(\varphi_1)\, d\varphi_1}{a - f(\varphi_1)}.$$

Les formules (1) et (2) donnent une représentation paramétrique de la courbe C_2, φ_1 étant le paramètre.

Ainsi, la courbe C_1 étant arbitrairement donnée, le problème admet une solution que l'on obtient par une quadrature.

370. Denture des courbes roulantes. — Revenons à la figure 178. On voit qu'avec la disposition adoptée, la courbe C_2 tournant autour de O_2 dans le sens indiqué entraînera bien la courbe C_1, parce que les rayons vecteurs de C_2 croissent avec le temps. Si la courbe C_2 tournait dans le sens opposé, c'est-à-dire si son rayon vecteur $C_2 = f_2(t)$ était une fonction décroissante, l'entraînement ne se produirait pas. C_2 étant une courbe fermée, cette dernière circonstance doit nécessairement se présenter pendant une certaine partie d'une révolution complète. Par conséquent il est impossible, avec un couple de courbes roulantes, de transmettre indéfiniment une rotation de sens constant.

Si l'on veut y parvenir, il faut se résigner à abandonner le roulement et *denter* les courbes C_1 et C_2, tout au moins le long de certains de leurs arcs. La denture des courbes roulantes se fait par l'application des méthodes qui conviennent aux engrenages cylindriques (méthode des enveloppes, méthode des roulettes). Les tracés sont naturellement plus pénibles, car les dents sont toutes de formes différentes et chacune d'elles exige une épure spéciale.

371. Exemple. Spirales logarithmiques roulantes. — Comme exemple, supposons que C_1 soit une spirale logarithmique de pôle O_1. Pour

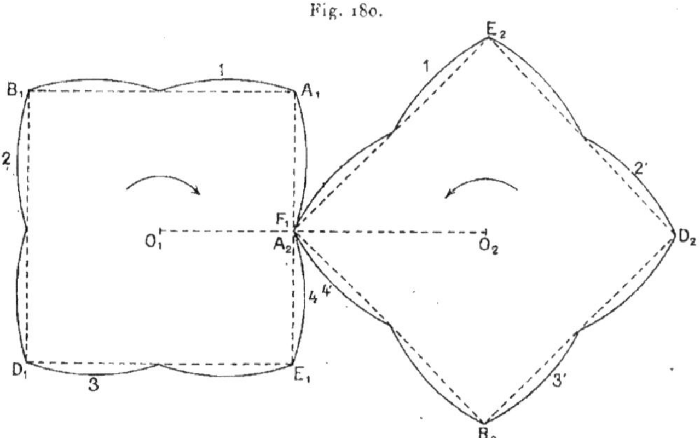
Fig. 180.

trouver C_2, on pourrait appliquer les formules du paragraphe précédent. Mais il est beaucoup plus simple d'observer que, lorsque C_1 tourne autour de O_1, cette courbe coupe $O_1 O_2$ sous un angle constant. Par conséquent, puisque le point O_2 est fixe par rapport à C_2, cette courbe est une spirale logarithmique de pôle O_2.

Ainsi, *deux spirales logarithmiques peuvent constituer un couple de courbes roulantes.*

La spirale logarithmique étant une courbe ouverte, chacune des deux courbes C_1 et C_2 doit être constituée d'une suite d'arcs appartenant à des spirales différentes, telles que l'ensemble soit fermé (*fig.* 180).

Par exemple, $A_1 B_1 D_1 E_1$ et $A_2 B_2 D_2 E_2$ étant deux carrés égaux, de centres respectifs O_1 et O_2, chacune des courbes C_1 et C_2 se compose de huit arcs de spirale logarithmique égaux. En posant $O_1 A_2 = l$, et en prenant $O_1 O_2$ pour axe polaire, on reconnaît que l'arc $F_1 A_1$ a pour équation

$$(1) \qquad \rho_1 = l\, e^{\frac{2 L 2}{\pi} \varphi_1},$$

L désignant le logarithme népérien. En effet on a bien $\rho_1 = l$ pour $\varphi_1 = 0$ et $\rho_1 = l \sqrt{2}$ pour $\varphi_1 = \dfrac{\pi}{4}$. Pour la construction effective, on pourra mettre ρ_1 sous la forme

$$\rho_1 = l \times 10^{K \varphi_1},$$

où φ_1 est exprimé en *degrés*, avec $K = 0,000334$.

On a

$$O_1 O_2 = a = l(1 + \sqrt{2}).$$

L'angle aigu sous lequel les rayons vecteurs des spirales logarithmiques coupent ces courbes est égal à $66° 11'$.

Pour la continuité du mouvement, il faudra, en supposant que les rotations aient lieu dans les sens indiqués sur la figure et que C_1 soit la courbe menante, denter les arcs 1, 2, 3, 4, 1', 2', 3', 4'.

Ce mécanisme a été appliqué dans certaines machines à imprimer.

372. Ellipses roulantes. — Un autre mécanisme, dont il existe quelques applications, est constitué par un *couple d'ellipses roulantes*. On en établit facilement l'existence, indépendamment de la théorie générale.

Soient (*fig.* 181) C_1 et C_2 deux ellipses égales. Supposons d'abord que, l'ellipse C_1 restant fixe, on fasse rouler l'autre sur elle, de telle manière que les deux ellipses restent constamment symétriques l'une de l'autre par rapport à une tangente commune MT. Soient F_1 et F'_1 les foyers de C_1, F_2 celui des foyers de C_2 qui est symétrique de F_1 par rapport à MT. On reconnaît, en vertu des propriétés élémentaires de l'ellipse, que les points F'_1, M, F_2 sont en ligne droite et que l'on a

$$F'_1 F_2 = F'_1 M + M F_2 = F'_1 M + M F_1 = 2a,$$

$2a$ étant la longueur commune des grands axes des deux ellipses. Cela vu, on peut supposer qu'au lieu de fixer l'ellipse C_1, on fixe dans le plan les deux points F'_1 et F_2, ce qui est possible, puisque $F'_1 F_2 = $ const. Alors les deux ellipses tournent respectivement autour de F'_1 et de F_2 en roulant l'une sur l'autre.

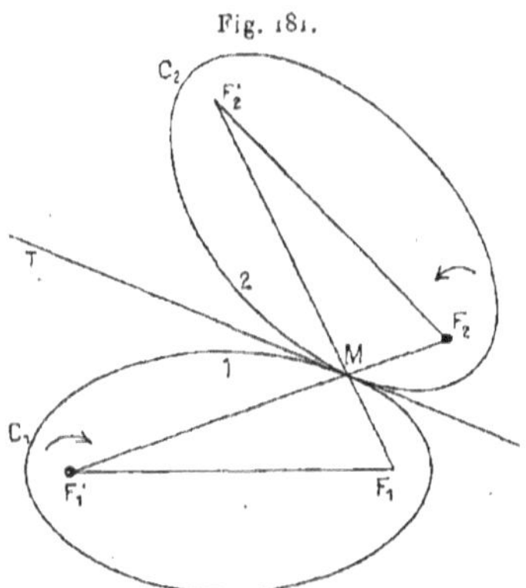

Pour la continuité du mouvement, il faut que, C_1 étant menante et les rotations s'effectuant dans les sens indiqués par les flèches, les moitiés 1 et 2 des deux ellipses soient dentées.

Les vitesses de rotation étant ω_1 et ω_2, on a, à chaque instant,

$$\frac{\omega_1}{\omega_2} = \frac{F_2 M}{F'_1 M},$$

et l'on en conclut que les extrema de ce rapport sont $\dfrac{a-c}{a+c}$ et $\dfrac{a+c}{a-c}$, avec la notation ordinaire pour l'ellipse.

373. Courbes roulantes dérivées d'un couple donné. — Si l'on connaît un couple de courbes roulantes, on peut immédiatement en déduire une infinité de couples similaires.

En effet, conservant les notations antérieures, récrivons les conditions nécessaires et suffisantes pour que deux courbes C_1 et C_2 constituent un couple de courbes roulantes

$$\rho_1 + \rho_2 = a, \qquad \rho_1 \, d\varphi_1 = \rho_2 \, d\varphi_2.$$

Considérons les deux courbes C'_1 et C'_2 dérivant des courbes C_1

et C_2 par les formules de transformation

$$\rho'_1 = \rho_1; \qquad \varphi'_1 = K\varphi_1; \qquad \rho'_2 = \rho_2, \qquad \varphi'_2 = K\varphi_2,$$

K étant une constante quelconque. On a

$$\rho'_1 + \rho'_2 = 0, \qquad \rho'_1\, d\varphi'_1 = \rho'_2\, d\varphi'_2.$$

Donc C'_1 et C'_2 forment bien un nouveau couple de courbes roulantes.

Pour qu'elles soient fermées comme C_1 et C_2, il faut donner à K une valeur qui soit l'inverse d'un nombre entier.

En faisant cette transformation, on obtient un mécanisme qui donne lieu à plus d'oscillations que le mécanisme initial du rapport des vitesses angulaires, pendant une révolution complète de chacune des courbes. Cela peut rendre des services.

CHAPITRE XVIII.

CAMES.

374. **Définition.** — Sous la forme la plus générale, une *came* est un solide A tournant autour d'un axe X et agissant par contact sur un autre solide guidé, de manière à provoquer son mouvement. Dans la majorité des cas, la surface qui limite A est un cylindre dont les génératrices sont parallèles à X.

Ce mécanisme est très répandu, et les appareils les plus usuels

Fig. 182.

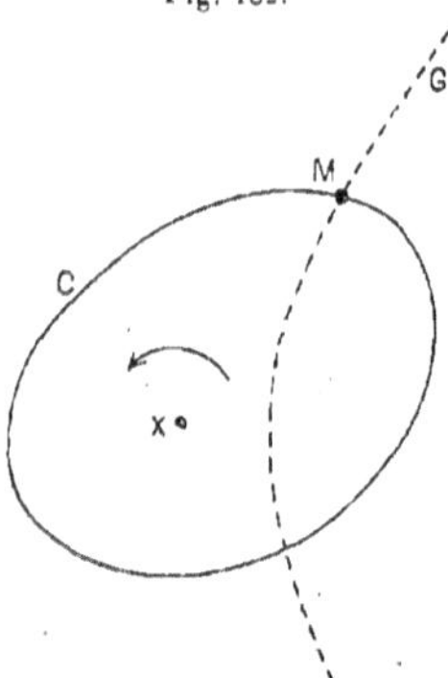

contiennent des cames : une clef, par exemple, est une came. On en trouve aussi dans les horloges, en particulier dans le mécanisme de la sonnerie.

Une came en forme de cylindre de révolution, ne tournant pas autour de son axe de figure, est souvent désignée sous le nom d'*excentrique* (dans la pratique industrielle, ce terme se voit aussi appliqué à des cames de formes diverses. Il vaut mieux n'en rien faire, si l'on tient à donner aux mots un sens précis).

Voici des exemples généraux de cames :

1° *Commande continue d'un point guidé sur une courbe*. — Un point M est guidé sur une courbe G (*fig*. 182). Il s'appuie d'autre part sur une came C tournant autour d'un axe X. Si C a une forme telle qu'elle rencontre constamment G (c'est le cas de la figure), il est clair que le point M est assujetti à osciller sur un certain arc de G, suivant une loi de temps qui dépend de la forme de cette courbe, de la forme de C et de la loi de temps de rotation de cette came.

2° *Commande intermittente*. — Si la came C ne rencontre pas, dans toutes ses positions, la courbe G (*fig*. 183), il arrive un instant

Fig. 183.

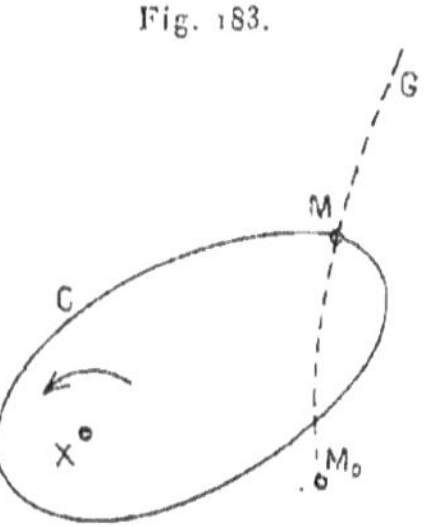

où le point M *échappe*, et abandonné à lui-même revient, sous l'action de son poids ou de toute autre force, en un point M_0, où il reste en repos jusqu'à ce que la came revienne le soulever.

3° *Obtention d'un mouvement de rotation alternatif*. — La came C est en contact avec une autre came C′, tournant autour de l'axe X′, généralement parallèle à X (*fig*. 184). Si les formes sont à peu près celles de la figure, C en tournant toujours dans le même sens communique à C′ un mouvement de rotation alternatif.

On remarque que, dans les engrenages, deux surfaces conjuguées jouent les rôles de C et de C′.

Le mouvement de rotation de C′ peut être remplacé par un mouvement de translation.

Quel que soit le cas, le problème qui se pose est toujours le même : déterminer le contour de la came (ou des cames) de telle manière que le mouvement commandé satisfasse à une loi de temps donnée.

Fig. 184.

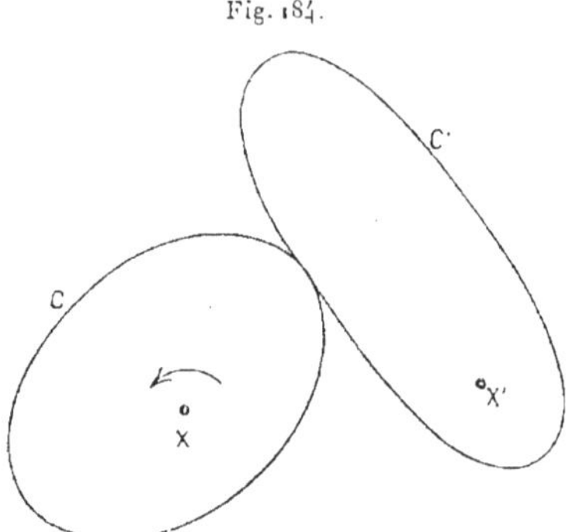

Naturellement, la loi de temps de la rotation de la came menante est supposée donnée aussi.

375. Rapport des vitesses de rotation de deux cames. — Soient deux cames C et C′ tournant respectivement autour des axes X et X′. Proposons-nous de *trouver, à un instant donné, le rapport de leurs vitesses angulaires*.

Le problème a déjà été traité, dans le cas général où les axes X et X′ sont quelconques, ainsi que les surfaces qui limitent C et C′, à propos de la théorie des engrenages gauches hélicoïdaux (n° 336). Prenons le cas particulier où X et X′ sont parallèles et où les cames C et C′ sont des cylindres ayant leurs génératrices parallèles à ces axes. On peut alors raisonner sur un plan de section droite du mécanisme.

Soit B le bâti. Considérons les trois mouvements $\left(\dfrac{C'}{B}\right)$, $\left(\dfrac{B}{C}\right)$, $\left(\dfrac{C'}{C}\right)$. On a

$$\left(\frac{C'}{C}\right) = \left(\frac{C'}{B}\right)\left(\frac{B}{C}\right).$$

Donc les c. i. r. des trois mouvements considérés sont en ligne droite. Ceux de $\left(\dfrac{C'}{B}\right)$ et de $\left(\dfrac{B}{C}\right)$ sont respectivement les points X′ et X (*fig.* 185). Donc le c. i. r. I de $\left(\dfrac{C'}{C}\right)$ appartient à la droite XX′. D'autre part, il doit être sur la normale commune aux deux courbes

C et C′ en leur point de contact M. Il est donc à l'intersection de cette normale et de XX′.

Fig. 185.

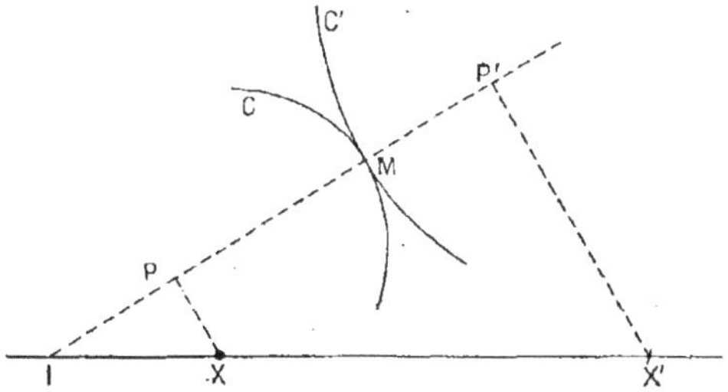

On a pour le point I, par la composition des vitesses,

$$\mathbf{v}_{C'/B} + \mathbf{v}_{B/C} = \overset{\bullet}{\mathbf{v}}_{C'/C} = 0,$$

ou

$$\mathbf{v}_{B/C} = \mathbf{v}_{B/C'},$$

ou encore, en désignant par ω et ω' les deux vitesses angulaires dont on cherche le rapport

$$XI.\omega = X'I.\omega'.$$

Soient P et P′ les projections des points X et X′ sur MI. On tire de l'égalité précédente

$$\frac{\omega}{\omega'} = \frac{X'I}{XI} = \frac{X'P'}{XP}.$$

D'où ce résultat simple : *les vitesses angulaires des deux cames, à un instant donné, sont inversement proportionnelles aux distances de leurs centres de rotation à leur normale commune.*

376. Transformation d'un mouvement circulaire uniforme en mouvement rectiligne alternatif. — Le problème est plan : *une came C tourne autour d'un point O avec une vitesse angulaire constante ω (fig. 186). Un point M est guidé sur une droite G passant par le point O (c'est le cas le plus fréquent). On demande que le point M ait un mouvement défini par l'équation*

$$x = f(t),$$

x étant la distance OM et f une fonction donnée.

Théoriquement, la fonction f peut être quelconque. Pratiquement, pour que l'on obtienne un mécanisme réalisable, il faut d'abord que $f(t)$ soit toujours > 0. En outre, quand la came a fait un tour com-

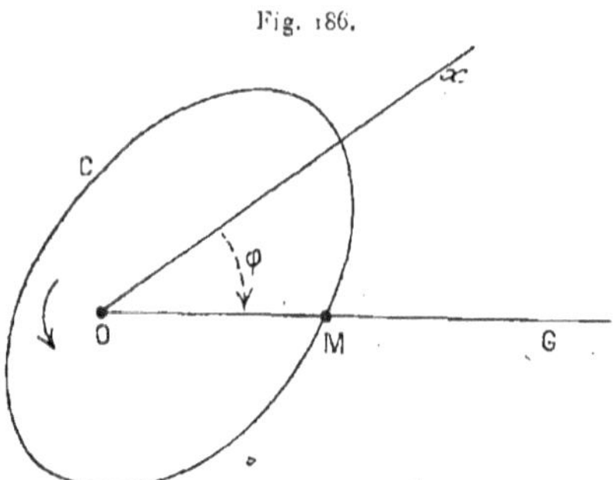

Fig. 186.

plet, il faut que M reprenne la même position. Autrement dit, x doit reprendre la même valeur, quand t s'accroît de $\frac{2\pi}{\omega}$. *Ainsi $f(t)$ doit être une fonction périodique, de période égale à $\frac{2\pi}{\omega}$.*

Rapportons la courbe C à un axe polaire Ox entraîné dans la rotation de la came. On peut supposer qu'à l'instant $t = 0$, Ox coïncide avec G. Comptons comme positifs les angles polaires dans le sens opposé à celui de la rotation, c'est-à-dire dans celui de la flèche tracée en pointillé.

Les coordonnées du point M étant (φ, ρ), on a

$$\varphi = \omega t, \qquad \rho = x = f(t),$$

d'où l'équation de C,

$$(1) \qquad \rho = f\left(\frac{\varphi}{\omega}\right).$$

Le tracé de la courbe C, traduisant l'équation (1), est tellement simple qu'il paraît inutile de s'y arrêter.

377. Exemple : came en cœur. — Supposons que la condition imposée au mouvement du point M soit la suivante : il oscille sur un segment AB de G (*fig.* 187), qu'il décrit de A vers B pendant un demi-tour de la came, et de B vers A pendant le demi-tour suivant, ces deux mouvements étant uniformes.

Fig. 187.

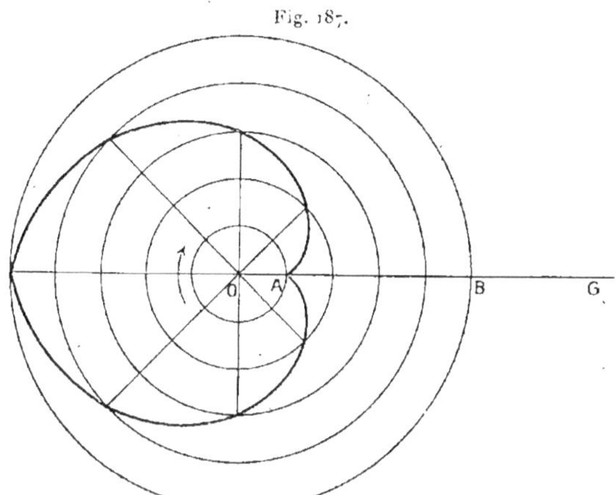

Posons $OA = a$, $OB = b$ $(b > a)$. Le point M parcourant la distance $b - a$ dans le temps $\frac{\pi}{\omega}$, sa vitesse est toujours égale, en valeur absolue, à $\frac{(b-a)\omega}{\pi}$, et l'on a, pour définir la loi de son mouvement, de l'instant O à l'instant $\frac{\pi}{\omega}$,

$$f(t) = a + \frac{(b-a)\omega}{\pi} t,$$

de l'instant $\frac{\pi}{\omega}$ à l'instant $\frac{2\pi}{\omega}$,

$$f(t) = b - \frac{(b-a)\omega}{\pi}\left(t - \frac{\pi}{\omega}\right) = 2b - a - \frac{(b-a)\omega}{\pi} t.$$

Le contour C se compose donc de deux arcs, représentés par les équations, φ variant de O à π,

$$\rho = a + \frac{b-a}{\pi} \varphi;$$

φ variant de π à 2π,

$$\rho = 2b - a - \frac{b-a}{\pi} \varphi.$$

Ce sont deux arcs de *spirale d'Archimède*, symétriques par rapport à Ox. On les construit comme l'indique la figure 187, qui se passe de commentaires. La came dont elles forment le contour est dite *came en cœur*.

Elle a naturellement le défaut de communiquer au point M un mouvement dont la vitesse présente des discontinuités périodiques, qui entraînent des chocs. C'est une conséquence nécessaire de la loi de mouvement imposée.

On obtient un mécanisme plus satisfaisant si le point M est astreint à avoir un mouvement vibratoire simple sur le segment AB. Soit

$$x = a + b \cos \omega t$$

la loi donnée de ce mouvement. Il faut que l'on ait $a > b$ pour que le point M n'atteigne pas le point O. Alors le contour de la came est donné par l'équation

$$\rho = a + b \cos \varphi,$$

qui représente un *limaçon de Pascal*. Ce limaçon, à cause de $a > b$, est *acnodal*, c'est-à-dire qu'il n'a pas de point double réel, comme il convient. On peut reconnaître qu'il a des points d'inflexion si $b < a < 2b$, et que ces points d'inflexion disparaissent si $a > 2b$. La forme de la came est alors particulièrement avantageuse.

378. **Détails pratiques.** — Revenons au cas général. On a raisonné, au n° 376, comme si le point guidé M était un point géomé-

Fig. 168.

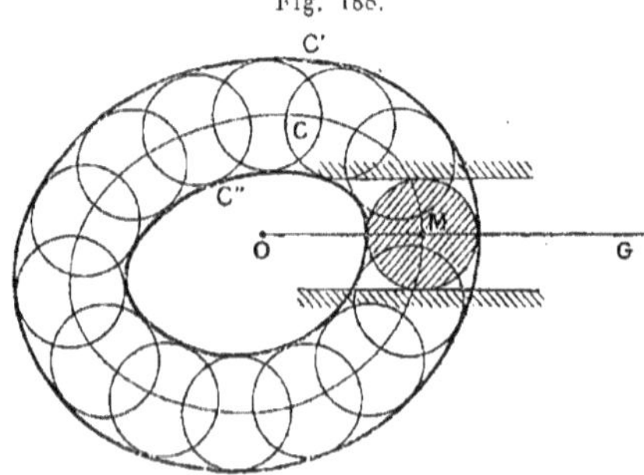

trique. Pratiquement, le point M est le centre d'un *galet* ou disque cylindrique guidé par un coulissage (*fig.* 188). Quand le point M décrit la courbe C, le galet enveloppe deux courbes C′ et C″, qui sont parallèles à C, leur distance commune à C étant égale au rayon du galet. La came sera taillée de manière à avoir pour contour, non pas C, mais la courbe intérieure C″, s'il existe une force pressant constamment le galet contre cette came. Si l'on ne peut compter sur une telle force, le galet sera engagé dans une rainure, limitée par C′ et par C″, et pratiquée dans un plateau de dimensions suffisantes. Les courbes C′ et C″ se construisent comme l'indique la figure.

Remarquons que les rayons de courbure aux divers points de la courbe C″ sont égaux à ceux de la courbe C aux points correspondants, diminués du rayon du galet. Il faut donc, pour éviter que cette courbe C″ n'ait des points singuliers qui en rendraient la réalisation impossible, que le rayon de courbure de C ne soit nulle part inférieur au rayon de courbure du galet. C'est à quoi l'on doit toujours faire attention dans les tracés de cames.

Dans le cas de la came en cœur (*fig.* 187), la courbe C présente en A un point anguleux, que l'on peut considérer comme un arc de cercle de rayon nul, raccordant les deux arcs de spirale qui aboutissent en ce point. Le contour C a un rayon de courbure nul au point A. On est donc conduit à supprimer des deux arcs de spirale les parties voisines du point A et à leur substituer un arc de cercle, de rayon égal à celui du galet, et raccordant les arcs conservés des spirales. Par conséquent, à l'une des extrémités de la course, le point M n'est pas guidé exactement suivant la loi prescrite.

379. Came à double guidage. — Le contour C de la came rencontre la droite G en deux points M et N. Si ce contour est tel que la distance MN soit constante, la came est dite *à double guidage*. On peut en effet au galet M en adjoindre un second N, solidaire du premier, tel que les deux galets soient toujours en contact avec le contour de la came. Le guidage est ainsi assuré sans pression auxiliaire.

La courbe C doit, dans ce cas, être telle que la somme des rayons vecteurs correspondant à des valeurs de φ différant entre elles de π soit une constante k. La fonction f du n° 376 doit donc être telle que l'on ait

$$f\left(\frac{\varphi}{\omega}\right) + f\left(\frac{\varphi+\pi}{\omega}\right) = k,$$

ou, en remplaçant φ par sa valeur ωt,

$$f(t) + f\left(t + \frac{\pi}{\omega}\right) = k.$$

Il est facile de reconnaître que cette condition est satisfaite dans le cas de la came en cœur.

380. Came à barre. — Ce mécanisme rentre dans la catégorie 3° du n° 374. Une came C tournant autour du point O reste en contact avec une droite D, assujettie par un guidage convenable à n'avoir comme mouvement possible qu'une translation perpendiculaire à sa direction (*fig.* 189).

Fig. 189.

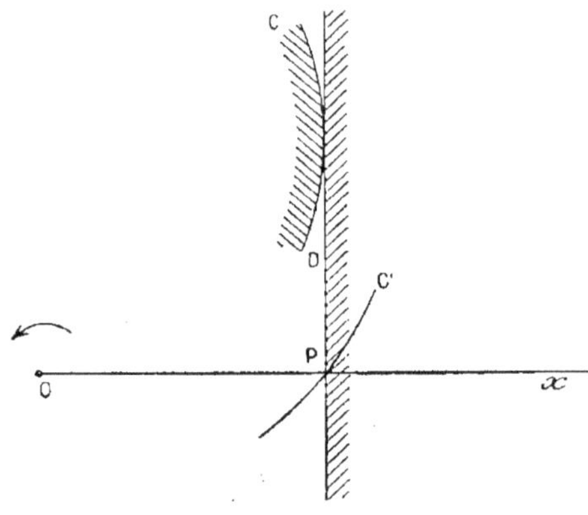

Déterminons le contour C de la came, supposée animée d'un mouvement de rotation uniforme de vitesse ω, de telle manière que la translation de D s'effectue suivant une loi donnée *a priori*.

Le problème se ramène immédiatement à celui du n° 376. Soient en effet Ox la parallèle menée par O à la translation de D, et P son point de rencontre avec D. La loi du mouvement de P sur Ox est identique à la loi de translation donnée. On peut déterminer une came fictive C', tournant autour du point O avec la vitesse angulaire ω, qui assure ce mouvement. Il est clair que C' n'est autre chose que la podaire de C par rapport à O. La courbe C est donc *l'antipodaire* de C′ par rapport au même point. On la construit aisément comme enveloppe de ses tangentes.

381. Remarque sur les cames à barre. — La courbe C, construite comme on vient de le dire, peut avoir des points de rebroussement, ce qui rend le mécanisme inexécutable. La question suivante se pose donc : *à quelle condition doit satisfaire la loi de temps de la translation de* D, *pour que la courbe* C *n'ait pas de rebroussements ?*

Comme on l'a vu, le mouvement de D a la même loi que celui du point P sur Ox. Soit

$$(1) \qquad x = f(t),$$

l'équation de ce mouvement. D'après le n° **376**, la courbe C′ a pour équation en cordonnées polaires, dans le plan entraîné avec cette courbe,

$$\rho = f\left(\frac{\varphi}{\omega}\right).$$

Soit (*fig.* 190) P un point (φ, ρ) de C′. La droite PM perpen-

Fig. 190.

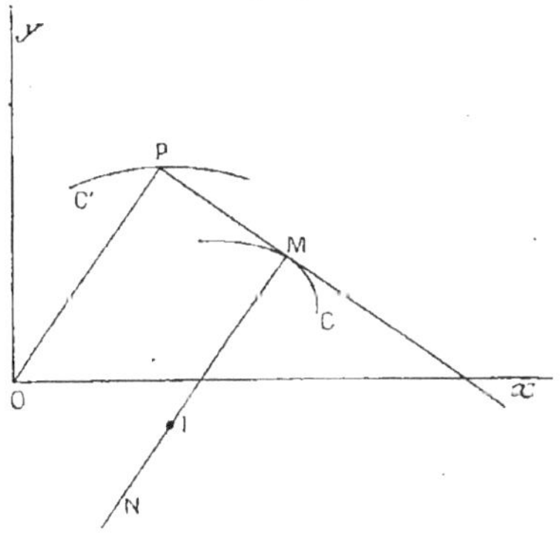

diculaire à OP a pour équation en coordonnées cartésiennes, en prenant O comme origine et Ox comme axe des x,

$$(2) \qquad x \cos\varphi + y \sin\varphi = \rho,$$

comme il est bien connu et comme on le vérifie d'ailleurs aisément. La courbe C est l'enveloppe de PM quand φ varie.

Le point caractéristique M de PM est donné par l'équation (2) jointe à la suivante, obtenue en dérivant (2) par rapport à φ,

$$(3) \qquad\qquad - x \sin\varphi + y \cos\varphi = \rho'.$$

On remarque que (3) représente une droite perpendiculaire à (2). Cette équation (3) est donc celle de la normale MN à C en M.

Cherchons le centre de courbure I de C en M. C'est le point caractéristique de MN. Il est donc donné par l'équation (3), jointe à celle que l'on en déduit en dérivant une seconde fois par rapport à φ,

$$(4) \qquad - x \cos\varphi - y \sin\varphi = \rho'' \qquad \text{ou} \qquad x \cos\varphi + y \sin\varphi = -\rho''.$$

La droite (4) est parallèle à PM. La distance de ces deux droites est donc le rayon de courbure en M. Or la première intercepte sur la droite orientée OP, à partir du point O, un segment de longueur ρ; la seconde intercepte un segment de longueur $-\rho''$. La distance dont il s'agit est donc $\rho + \rho''$, et l'on a

$$R = \rho + \rho'',$$

en appelant R le rayon de courbure de C en M.

Le calcul précédent est classique.

Pour que C n'ait pas de rebroussements, il faut et il suffit, en admettant que R varie continûment le long de cette courbe, que ce rayon de courbure ne soit jamais nul. On doit donc avoir, pour tous les points de C,

$$(5) \qquad\qquad \rho + \rho'' \neq 0.$$

Introduisons maintenant la fonction f. On a

$$\rho = f\left(\frac{\varphi}{\omega}\right), \qquad \rho' = \frac{d\rho}{d\varphi} = \frac{1}{\omega} f'\left(\frac{\varphi}{\omega}\right), \qquad \rho'' = \frac{d^2\rho}{d\varphi^2} = \frac{1}{\omega^2} f''\left(\frac{\varphi}{\omega}\right).$$

Remplaçons enfin $\frac{\varphi}{\omega}$ par t. (5) devient

$$f(t) + \frac{1}{\omega^2} f''(t) \neq 0.$$

Donc, *pour que le mouvement défini par* (1) *soit susceptible d'être obtenu par le moyen d'une came à barre de vitesse angu-*

laire ω, il faut et il suffit que l'équation

$$f(t) + \frac{1}{\omega^2} f'(t) = 0$$

n'ait pas de racines réelles.

Cette condition restreint le champ d'application du mécanisme considéré.

382. Cames à cadre. Courbes de largeur constante. — Parmi les cames à barre, il en est de remarquables du point de vue géométrique. Ce sont *celles dont le contour jouit de cette propriété que la distance de deux tangentes quelconques parallèles de ce contour est constante.* Les courbes de cette nature sont dites *courbes de largeur constante* ou encore *orbiformes.*

Elles se prêtent évidemment à une double commande : en effet, supposé que la courbe C de la figure 189 soit de largeur constante, la tangente parallèle à D pourra être invariablement reliée à cette droite, et la commande se fera par double contact.

Une courbe de largeur constante peut être considérée comme parallèle à elle-même. Par conséquent : 1° *la droite joignant les points de contact M et M' de deux tangentes parallèles est perpendiculaire à ces tangentes;* autrement dit, *les normales à la courbe en ces deux points sont confondues.* Puisque la droite MM' est normale à la courbe en M et M', son point caractéristique, quand elle varie, peut être considéré à volonté comme étant le centre de courbure en M ou en M'. Donc : 2° *les centres de courbure aux points de contact de deux tangentes parallèles sont confondus.*

De là résulte une conséquence curieuse : *toutes les courbes de même largeur constante a ont même longueur totale.* Soient en effet C une courbe de largeur constante a, M et M' les points de contact de deux tangentes parallèles, I le centre de courbure commun en M et en M' (*fig.* 191). Si la droite MM' tourne d'un angle infiniment petit $d\varphi$, les arcs élémentaires ds et ds' de C, en M et en M', sont donnés par

$$ds = \mathrm{IM}\, d\varphi, \qquad ds' = \mathrm{M'I}\, d\varphi,$$

d'où

$$ds + ds' = (\mathrm{IM} + \mathrm{M'I})\, d\varphi = \mathrm{M'M}\, d\varphi = a\, d\varphi.$$

Pour que les points M et M' décrivent, à eux deux, toute la

courbe C, il faut faire varier φ dans un intervalle égal à π. On a donc,

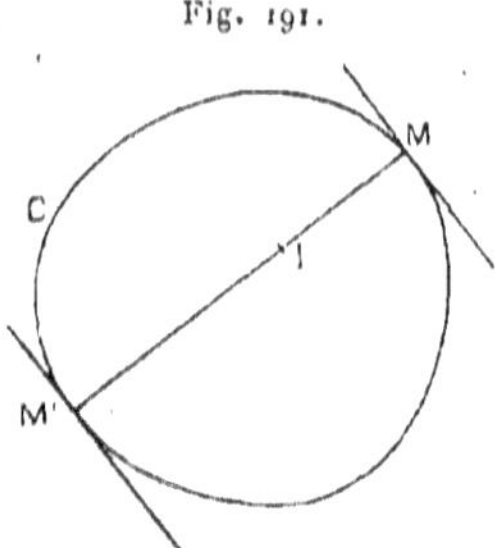

Fig. 191.

L étant la longueur totale de C,

$$L = \pi a,$$

ce qui démontre la proposition.

La plus simple de toutes les courbes de largeur constante est le cercle.

Pour tracer de la manière la plus générale une courbe de largeur constante, on s'y prendra comme il suit : sur deux droites paral-

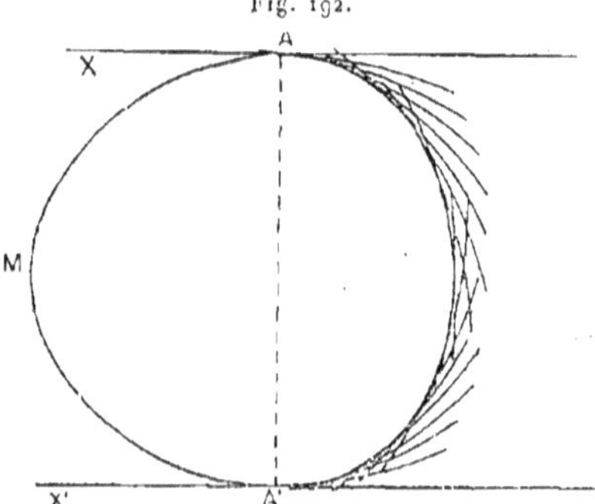

Fig. 192.

lèles X et X′ distantes de a (*fig.* 192), marquer deux points A et A′ tels que AA′ soit perpendiculaire à ces deux droites; joindre A et A′ par un arc de courbe AMA′ arbitraire (à une condition près sur laquelle je vais revenir); tracer l'arc A'A, parallèle à l'arc AA', la distance des deux arcs étant égale à a. Pour cela, on construira cet arc comme enveloppe de cercles de rayon a ayant leurs centres sur l'arc AMA'.

La condition à laquelle doit satisfaire l'arc AMA' est la suivante : *son rayon de courbure* R *doit partout être inférieur à* a. En effet, pour que la courbe C soit pratiquement utilisable, il faut qu'elle soit convexe, et que par conséquent le centre de courbure commun en deux points correspondants quelconques M et M' (*fig.* 191) soit situé entre ces deux points. Cela exige bien $R < a$.

En revanche, aucun minimum n'est imposé à R. Une courbe de largeur constante peut fort bien, en particulier, avoir *des points anguleux*, que l'on est en droit de considérer, ainsi que je l'ai déjà dit à propos de la came en cœur, comme des arcs de cercle de rayon nul raccordant deux arcs ordinaires. On verra justement plus loin un exemple de ce fait.

Les courbes de largeur constante ont donné lieu, dans ces dernières années, à diverses études théoriques. Parmi les résultats obtenus, je citerai le suivant, qui est dû à M. Henri Lebesgue : *de toutes les courbes de largeur constante donnée* a, *celle qui enferme l'aire minimum est le contour de la came triangulaire*, dont il va être question au paragraphe suivant. Celle qui enferme l'aire maximum est naturellement le cercle de diamètre a.

383. Came triangulaire. — Soit ABC un triangle équilatéral (*fig.* 193), de côté a. De chaque sommet comme centre, avec le rayon a, décrivons un arc de cercle limité aux deux autres sommets. *Le contour ainsi formé* G *est de largeur constante* a. En effet, soit D une tangente à l'arc AC, par exemple. La parallèle D' à D, distante de D de a et tracée du côté convenable, passe par B. De même pour les tangentes aux autres arcs. Réciproquement, si D passe par l'un des sommets, D' est tangent à l'arc opposé.

La came limitée par le contour G est dite came *triangulaire*.

Elle présente trois points anguleux, ce qui, pratiquement, est un défaut. Pour les faire disparaître, il suffit de substituer à G un contour extérieurement parallèle G'. Si h est la distance des deux contours, G' se compose de six arcs de cercles dont trois ont pour rayon h

et trois pour rayon $a + h$. Ils se raccordent comme on le voit sur la figure (¹).

On obtient un mouvement intéressant avec une came triangulaire que l'on fait tourner autour d'un des sommets, A par exemple, du

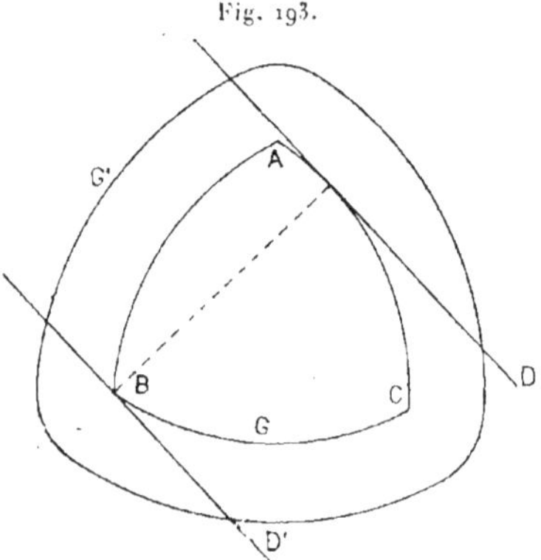

Fig. 193.

triangle équilatéral générateur. Il est clair que le mouvement est exactement le même, que la came soit limitée par le contour G ou par le contour G'. Supposons donc que le contour soit G.

Supposons verticale la translation du cadre (D, D'). Supposons aussi qu'à l'origine du temps, la droite AB soit verticale, le point B étant au-dessous du point A (*fig.* 194). La droite D est tangente à l'arc BC en B, la droite D' passe par le point A.

La came tournant dans le sens de la flèche, D' reste d'abord tangent à l'arc AC, le point de contact allant de A à C, et la droite D ne cesse pas de passer par le point B. Il en est ainsi pendant un sixième de tour. Pendant le sixième de tour suivant, D reste tangente à l'arc BA, le point de contact allant de B à A, et la droite D' passe par le point C. Et ainsi de suite. L'ensemble de ces faits se résume dans le tableau suivant, dont les colonnes correspondent aux sixièmes de tour successifs :

(¹) D'une manière générale, on peut toujours supprimer les points anguleux d'une came à cadre, sans altérer le mouvement produit.

	1	2	3	4	5	6
(1) D	B	arc BA	A	arc AC	C	arc CB
D′	arc AC	C	arc CB	B	arc BA	A

Cela veut dire que, pendant la quatrième période du mouvement, par exemple, D reste en contact avec l'arc AC, et D′ passe par le point B.

Le mouvement du cadre n'est autre que celui du point d'intersection

Fig. 194.

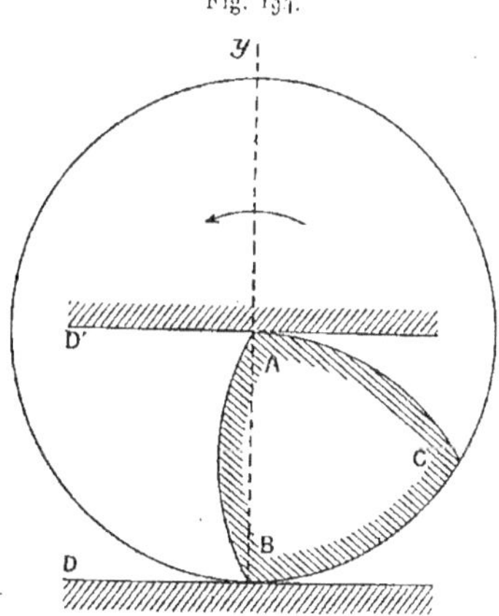

de D avec AB. Pendant trois des périodes considérées, ce point est la projection sur AB de l'un des sommets du triangle. Pendant les trois autres périodes, ce qui était vrai de D devient vrai pour D′. Mais le mouvement de D est identique à celui de D′, décalé verticalement de — a. On peut donc former le nouveau tableau suivant :

	1	2	3	4	5	6
(2)	(B)	(C) $- a$	(A)	(B) $- a$	(C)	(A) $- a$

Il signifie que pendant la quatrième période, par exemple, le mouvement du point d'intersection de D avec AB est celui de la projection, décalée de $-a$, du point B sur cette droite.

Il est maintenant facile de tracer le graphique du mouvement du cadre, en supposant que la rotation de la came soit uniforme. Soit ω sa vitesse. En prenant le point A pour origine, les mouvements des projections des sommets du triangle sur l'axe vertical $A y$, dirigé de bas en haut, sont donnés par les formules

$$\text{pour A,} = 0,$$
$$\text{pour B,} = a \cos(-\pi + \omega t),$$
$$\text{pour C,} = a \cos\left(-\frac{2}{3}\pi + \omega t\right).$$

Les courbes représentatives de ces trois mouvements sont tracées en pointillé sur la figure 195. Les deux dernières courbes sont des

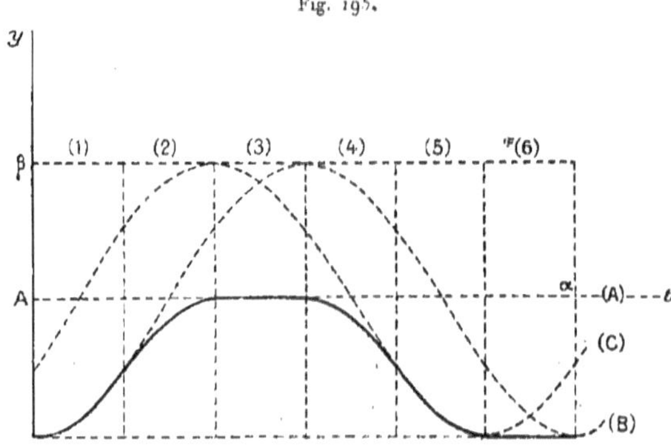

Fig. 195.

sinusoïdes. Le temps d'une révolution complète, $\dfrac{2\pi}{\omega}$, est figuré par la longueur $A\alpha$. On a $A\beta = a$.

Pour avoir la courbe représentative du mouvement du cadre, on utilisera successivement les trois courbes pendant les six périodes considérées, suivant les indications du tableau (2), c'est-à-dire que les arcs de ces courbes seront alternativement conservés ou décalés verticalement de $-a$. On obtient ainsi la courbe tracée en trait plein. On voit que le cadre monte pendant les périodes (1) et (2), reste immobile pendant la période (3), redescend pendant les périodes (4) et (5), reste immobile pendant la période (6).

On reconnaît encore aisément que la tangente à la courbe tracée varie d'une manière continue, les arcs partiels se raccordant en leurs points communs. Par conséquent, la vitesse de la came est aussi une fonction continue du temps, propriété évidente *a priori* (il n'en est pas de même de l'accélération).

384. Came de Trézel. — On peut généraliser la came triangulaire, en partant d'un triangle quelconque ABC, de côtés a, b, c (*fig*. 196).

Fig. 196.

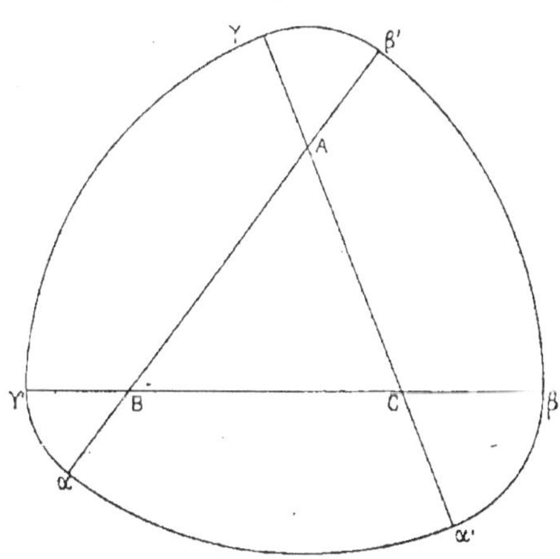

Marquons sur les côtés orientés d'après le sens de circulation ABC six points α, α', β, β', γ, γ', tels que l'on ait en grandeur et en signe,

$$\beta'A = A\gamma = l + a, \qquad \gamma'B = B\alpha = l + b, \qquad \alpha'C = C\beta = l + c,$$

l étant une longueur quelconque (elle peut être négative, mais alors inférieure en valeur absolue au plus petit des trois côtés a, b, c). On reconnaît immédiatement que les six arcs de cercle

$$(A, l + a), \quad (B, l + c + a), \quad (C, l + c),$$
$$(A, l + b + c), \quad (B, l + b) \quad (C, l + a + b)$$

se raccordent en α, α', β, β', γ, γ', comme l'indique la figure, et que le contour formé par les six arcs a une largeur constante égale à $2l + a + b + c$. Il convient donc pour une came à cadre. C'est la *came de Trézel.*

Si la came tourne autour d'un des sommets du triangle, le mouvement du cadre aura une allure analogue à celle du mouvement étudié

Fig. 197.

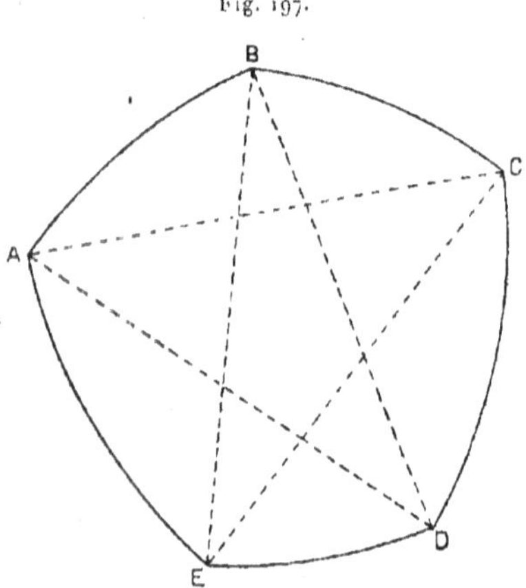

au paragraphe précédent, mais les périodes de mouvement proprement dit et de repos n'auront plus entre elles les mêmes rapports, ce qui peut être utile.

La came triangulaire et la came de Trézel ont été employées dans divers appareils, en particulier dans des cinématographes, pour commander le mouvement intermittent de la pellicule.

Une généralisation ultérieure consisterait à remplacer le triangle par un polygone d'un nombre *impair* quelconque de côtés, par exemple un pentagone. Ainsi le contour ABCDE (*fig.* 197) est formé de cinq arcs de cercle de même rayon.

On obtiendrait ainsi des mouvements de plus en plus compliqués.

CHAPITRE XIX.

385. Définition générale. — On appelle *systèmes articulés* les mécanismes dont tous les couples d'éléments contigus sont des *couples rotoïdes* ou des *couples sphériques* (le bâti, bien entendu, doit être mis au nombre des éléments du mécanisme). On peut y faire rentrer ceux où interviennent des *couples prismatiques* ou des *couples plans*, ces couples pouvant êtres considérés comme cas particuliers, les premiers des couples rotoïdes (axe à l'infini), et les seconds des couples sphériques (centre à l'infini).

A. — SYSTÈMES ARTICULÉS PLANS.

386. Définitions. — Nous étudierons d'abord le cas d'un système articulé formé de couples rotoïdes dont tous les axes sont parallèles. Si l'on coupe le système par un plan perpendiculaire à ces axes, ses divers éléments ont pour sections des figures planes de grandeurs invariables, telles que le mouvement relatif de deux figures contiguës est une rotation autour d'un point qui sera dit *pivot*. Il est clair qu'il suffit d'étudier le mécanisme ainsi obtenu, dit *système articulé plan*.

387. Systèmes à quatre membres. Quadrilatère articulé. — Un système articulé à trois éléments ou membres est manifestement indéformable, à moins que les trois pivots ne soient confondus, cas sans intérêt. Le plus simple des systèmes articulés déformables est le *système à quatre membres*, composé de quatre plaques 1, 2, 3, 4 (*fig.* 198), avec quatre pivots O_{12}, O_{23}, O_{34}, O_{41}. Le mécanisme de

l'espace dont on obtient ainsi la section droite est une chaîne fermée
de quatre couples rotoïdes (n° 272).

Les côtés du quadrilatère $O_{12}O_{23}O_{34}O_{41}$ ont des longueurs inva-

Fig. 198.

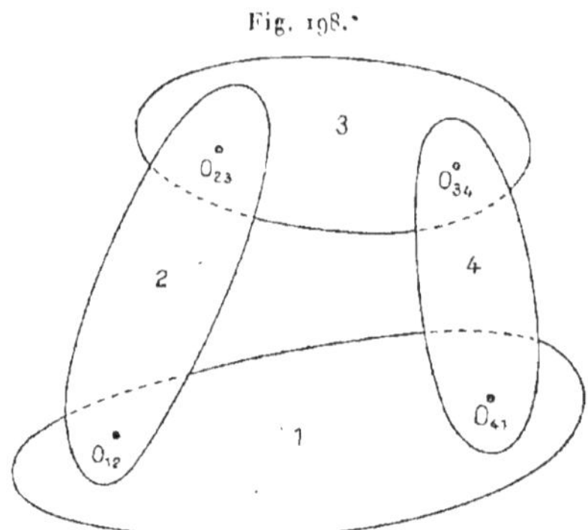

riables, puisque deux sommets consécutifs de ce quadrilatère appartiennent à une même plaque. On dit que c'est un *quadrilatère
articulé* ([1]). La déformabilité d'un quadrilatère articulé est intuitive,
sans qu'il soit besoin de compter des paramètres.

On peut, sans gêner la liberté du mécanisme, fixer l'un des quatre
membres, 1 par exemple. Il joue alors le rôle de bâti. Les membres 2
et 4 prennent le nom de *manivelles*, et le membre 3 celui de *bielle*.
Le système (2, 3, 4) est dit *trois-barres*.

388. Pivots à révolution complète. — Une question qui se pose, au
début de l'étude du quadrilatère articulé, est la suivante : soit ABCD
un tel quadrilatère (*fig.* 199). Quand il se déforme, ses angles
varient. Il peut arriver qu'un de ces angles, $\widehat{B}$ par exemple, puisse
prendre toutes les valeurs de 0 à 2π; ou, au contraire, que cet angle
oscille entre certaines limites. Dans le premier cas, le sommet B est
dit *pivot à révolution complète*, parce qu'en fixant AB, par exemple,
BC peut faire un tour complet autour du point B.

([1]) Le terme de *quadrilatère* doit être pris dans son sens le plus général. Le quadrilatère $O_{12}O_{23}O_{34}O_{41}$ peut être convexe ou concave, ou encore avoir des côtés
opposés qui se croisent.

Cherchons à quelles conditions le point B est à révolution complète.

Posons

$$AB = a, \quad BC = b, \quad CD = c, \quad DA = d.$$

Fig. 199.

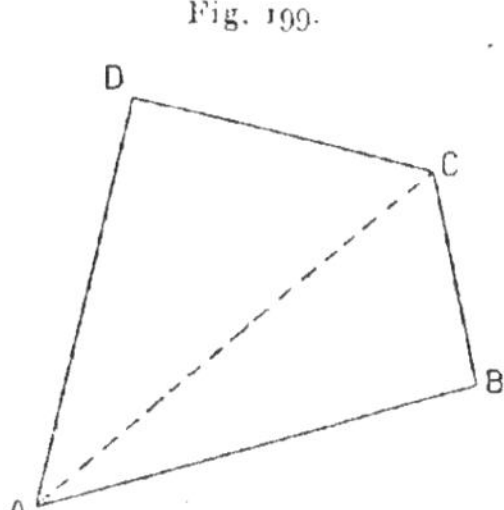

On peut, évidemment, sans restreindre la généralité, supposer que l'on a

$$(1) \qquad\qquad a \leqq b.$$

Si B est à révolution complète, la longueur de la diagonale AC prend, au cours de la déformation, toutes les valeurs comprises entre $b - a$ et $a + b$, bornes incluses. Il faut que, quelle que soit la valeur de AC, on puisse construire le triangle ADC, qui a pour côtés $AD = d$, $DC = c$, AC, donc que l'on ait les deux inégalités

$$(2) \qquad\qquad c + d \geqq AC,$$
$$(3) \qquad\qquad |c - d| \leqq AC.$$

En particulier, (2) doit avoir lieu pour la valeur maximum et (3) pour la valeur minimum de AC, ce qui donne

$$(4) \qquad\qquad c + d \geqq a + b,$$
$$(5) \qquad\qquad |c - d| \leqq b - a.$$

Réciproquement, si les inégalités (4) et (5) sont satisfaites, (2) et (3) auront lieu quel que soit AC compris entre $b - a$ et $a + b$. Le quadrilatère ABCD pourra être construit, quel que soit l'angle donné $\hat{B}$, et le point B sera à révolution complète.

L'inégalité (5) équivaut au système de deux inégalités :

$$(6) \qquad c - d \leqq b - a, \qquad d - c \leqq b - a.$$

En résumé, (4), (5), (6) sont les conditions nécessaires et suffisantes pour que B soit à révolution complète. Récrivons ces inégalités de la manière suivante :

$$(7) \qquad \begin{cases} b + c + d - 2b \geqq a, \\ b + c + d - 2c \geqq a, \\ b + c + d - 2d \geqq a. \end{cases}$$

Si l'on appelle x la plus grande des longueurs b, c, d, il faut et il suffit, pour que les (7) soient satisfaites, que l'on ait

$$b + c + d - 2x \geqq a.$$

Soit, par exemple, $x = c$. L'inégalité précédente s'écrit

$$(8) \qquad b + d \geqq a + c.$$

D'autre part, en ajoutant deux à deux les (7), on obtient

$$(9) \qquad b \geqq a, \qquad c \geqq a, \qquad d \geqq a.$$

Par conséquent, AB est un côté de longueur minimum.

Les inégalités (8) et (9) permettent donc d'énoncer le résultat suivant :

Pour qu'un quadrilatère articulé ait un pivot à révolution complète, il faut et il suffit que la somme du plus grand et du plus petit côté soit au plus égale à la somme des deux autres. Le pivot à révolution complète est à l'une des extrémités du côté de longueur minimum.

Comme l'ordre dans lequel se succèdent les longueurs a, b, c, d n'intervient pas dans ces conditions, on peut ajouter ceci : *si un quadrilatère articulé possède un pivot à révolution complète, il en possède un second à l'autre extrémité du côté de longueur minimum aboutissant au pivot dont il s'agit.*

389. Conditions pour qu'il y ait plus de deux points à révolution complète. Quadrilatères particuliers. — Supposons que A et B soient à révolution complète. Les inégalités (7) du paragraphe précédent sont satisfaites.

Pour qu'un troisième pivot C soit à révolution complète, il faut que C soit, comme A et B, à l'extrémité d'un côté de longueur minimum. Deux cas sont à examiner, suivant que ce côté est BC ou CD.

1° $BC = b$ étant comme a de longueur minimum, on doit avoir $a = b$. Les deux dernières des inégalités (7) deviennent

$$d - c \gtreqless 0, \qquad c - d \gtreqless 0,$$

d'où $c = d$. Ainsi $AB = BC$, $AD = CD$. Le quadrilatère ABCD, symétrique par rapport à la diagonale BD, est dit *rhomboïde*. Au cours de sa déformation, il peut être convexe ou concave (*fig.* 200).

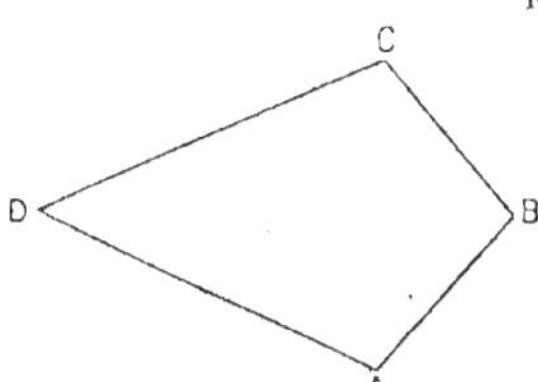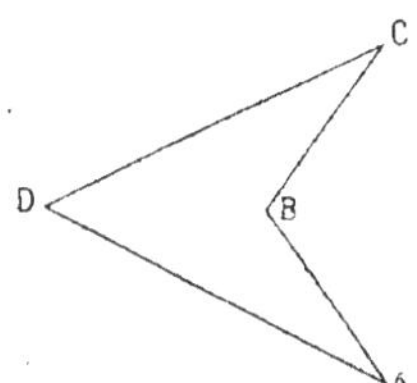

Fig. 200.

On l'appelle parfois *cerf-volant* dans le premier cas et *fer de lance* dans le second.

2° $CD = c$ étant comme a de longueur minimum, on a $a = c$. La première et la troisième des (7) deviennent

$$d - b \geqq 0, \qquad b - d \geqq 0,$$

d'où $b = d$. Alors chaque pivot est à l'extrémité d'un côté de longueur minimum. *Tous les pivots sont à révolution complète.*

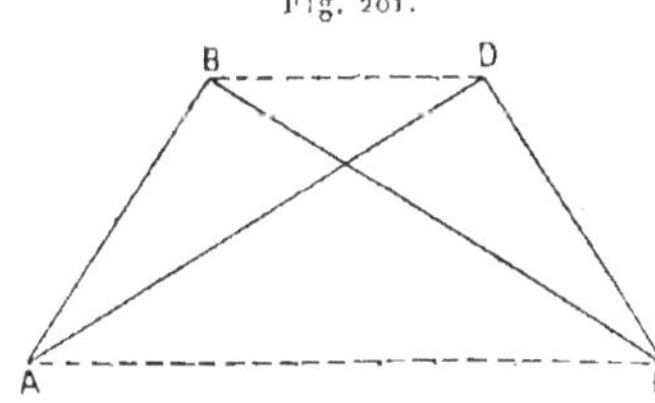

Fig. 201.

Le quadrilatère ABCD peut être convexe ou non. Dans le premier cas, c'est un *parallélogramme*. Dans le second cas (*fig.* 201), on l'appelle un *contre-parallélogramme*. Les deux triangles ABC et CDA étant égaux comme ayant leurs côtés égaux deux à deux, leurs hauteurs issues de B et de D sont égales. Donc le quadrilatère ABDC est un trapèze, nécessairement isocèle. Ainsi, à un instant quelconque de sa déformation, un contre-parallélogramme est constitué par les côtés non parallèles et les diagonales d'un trapèze isocèle.

Un parallélogramme et un contre-parallélogramme ABCD sont *aplatissables* de deux manières, tous leurs angles devenant égaux à o ou à 180°. A partir d'une position d'aplatissement (*fig.* 202), on

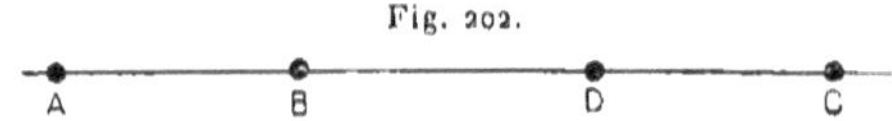

Fig. 202.

peut déformer le quadrilatère en lui donnant soit la forme d'un parallélogramme, soit celle d'un contre-parallélogramme.

390. Contre-losange. — Si $a = b = c = d$, le quadrilatère peut être soit un losange, auquel cas sa déformation ne présente rien de particulier, soit un *contre-losange*. Alors deux sommets opposés sont nécessairement confondus, les deux autres étant en général distincts.

Dans la position d'aplatissement, A est confondu avec C et B avec D (*fig.* 203). A partir de cette forme, on peut le déformer en

Fig. 203.

laissant en coïncidence soit A et C, soit B et D.

Le principe du contre-losange est appliqué depuis longtemps à la liaison des feuilles des paravents. La figure 204 représente deux feuilles consécutives F et F'. Ces feuilles sont réunies par des rubans placés à des hauteurs différentes et liant alternativement l'arête A à l'arête B, l'arête C à l'arête D. En projection horizontale, les rubans et les rives des deux feuilles forment un contre-losange, de sorte que le paravent peut être ouvert, en laissant en coïncidence soit B et D, soit A et C (sur la figure, pour la clarté, on a écarté l'une de l'autre

les arêtes A et C qui devraient être confondues). Aujourd'hui, on fait
sur le même principe des charnières métalliques permettant à une

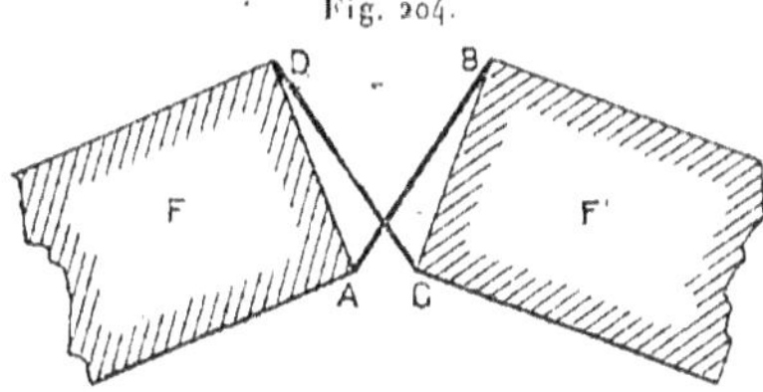

Fig. 204.

porte de s'ouvrir dans les deux sens. On utilise aussi le contre-losange
dans certains porte-billets, dans des cahiers de papier à cigarettes.

391. Quadrilatère à diagonales rectangulaires. — Je signalerai
encore deux variétés intéressantes du quadrilatère articulé, d'abord
le *quadrilatère à diagonales rectangulaires.*

On a la propriété suivante : *si un quadrilatère* ABCD *a ses diagonales rectangulaires, cette propriété subsiste au cours de la
déformation du quadrilatère.*

On a, en effet, O étant le point de rencontre des diagonales
(*fig.* 205),

$$\overline{OA}^2 + \overline{OB}^2 = a^2, \quad \overline{OB}^2 + \overline{OC}^2 = b^2, \quad \overline{OC}^2 + \overline{OD}^2 = c^2, \quad \overline{OD}^2 + \overline{OA}^2 = d^2,$$

Fig. 205.

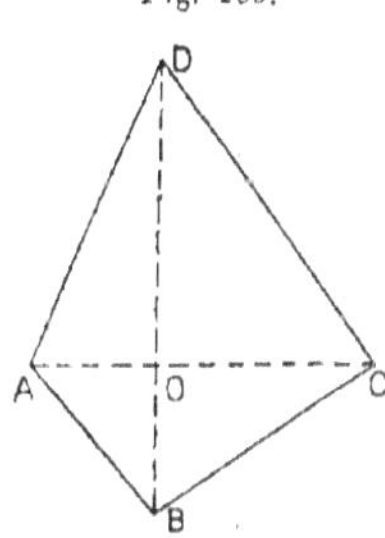

d'où, par une combinaison simple,

$$a^2 + c^2 = b^2 + d^2.$$

Réciproquement, si la condition précédente est vérifiée, on reconnaît aisément que le quadrilatère a ses diagonales rectangulaires. Cette relation entre les longueurs des côtés subsistant au cours de la déformation, la proposition est établie.

392. Quadrilatère circonscriptible. — *Quand un quadrilatère ABCD est circonscriptible à un cercle, cette propriété subsiste au cours de la déformation.*

Cela résulte du théorème bien connu suivant : *la somme de deux côtés opposés d'un quadrilatère circonscrit à un cercle est égale à la somme des deux autres côtés, et réciproquement, si un quadrilatère satisfait à cette relation, il est circonscriptible à un cercle* ([1]).

On peut établir une propriété remarquable de la déformation d'un quadrilatère circonscriptible : *le centre du cercle circonscrit décrit un cercle par rapport à chaque côté du quadrilatère, en sorte qu'on peut, sans gêner la déformation, relier ce centre à un point convenable de chaque côté par une tige articulée, de longueur constante.*

Soient, en effet, ABCD le quadrilatère (*fig.* 206); $a = \mathrm{AB}$,

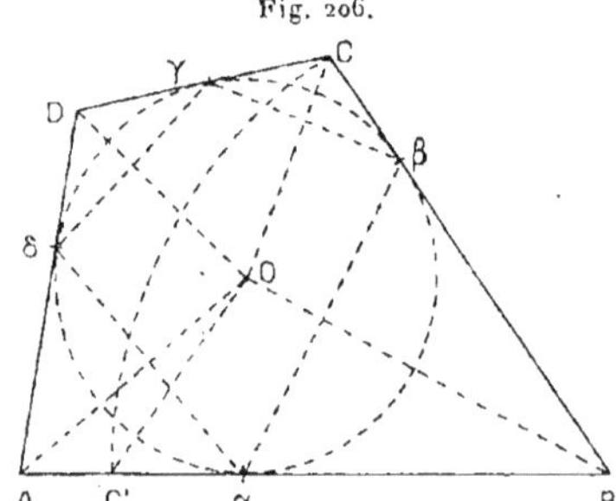

Fig. 206.

$b = \mathrm{BC}$, $c = \mathrm{CD}$, $d = \mathrm{DA}$ les longueurs de ses côtés ; α, β, γ, δ

([1]) Cet énoncé n'est exact que pour un quadrilatère convexe, circonscrit à un cercle de telle manière que les points de contact des côtés avec ce cercle leur soient tous intérieurs. Il doit être modifié, quand on sait seulement que les côtés du quadrilatère sont tangents à un cercle, c'est-à-dire qu'on prend le mot *circonscrit* au sens le plus large. *Voir* à ce sujet la Note C.

leurs points de contact avec le cercle inscrit; O le centre et R le rayon de celui-ci. On a

$$\widehat{AOB} = \pi - \widehat{\beta\alpha\delta}, \qquad \widehat{COD} = \pi - \widehat{\delta\gamma\beta};$$

mais

$$\widehat{\beta\alpha\delta} + \widehat{\delta\gamma\beta} = \pi.$$

Donc

(1)
$$\widehat{AOB} + \widehat{COD} = \pi.$$

Considérons les deux triangles AOB, COD. On a, en égalant deux expressions du rapport de leurs aires,

$$\frac{OA.OB \sin \widehat{AOB}}{OC.OD \sin \widehat{COD}} = \frac{a\,R}{c\,R},$$

ce qui se réduit, à cause de (1), à

$$\frac{OA.OB}{OC.OD} = \frac{a}{c}.$$

On a de même

$$\frac{OA.OD}{OC.OB} = \frac{d}{b},$$

d'où, par multiplication,

$$\frac{\overline{OA}^2}{\overline{OC}^2} = \frac{ad}{bc}, \qquad \frac{OA}{OC} = \frac{\sqrt{ad}}{\sqrt{bc}}.$$

Marquons maintenant sur BA le point C′ tel que l'on ait BC′ = BC = b. On a OC′ = OC, d'où

$$\frac{OA}{OC'} = \frac{\sqrt{ad}}{\sqrt{bc}}.$$

Le point A et le point C′ sont fixes sur le côté AB. En s'appuyant sur un théorème bien connu, on en conclut que, par rapport à ce côté, le point O décrit un cercle comme on l'avait annoncé. De même, par rapport aux autres côtés.

Il serait facile de préciser les positions des points des quatre côtés qui peuvent être reliés au point O par des tiges de longueurs constantes. Je ne m'arrête pas à cela, car le théorème qui vient d'être démontré n'est qu'un cas particulier d'un théorème bien plus général (*voir* la Note E).

393. Pantographe. — Au quadrilatère articulé se rattachent un certain nombre de mécanismes.

Considérons d'abord un parallélogramme articulé ABCD (*fig.* 207).

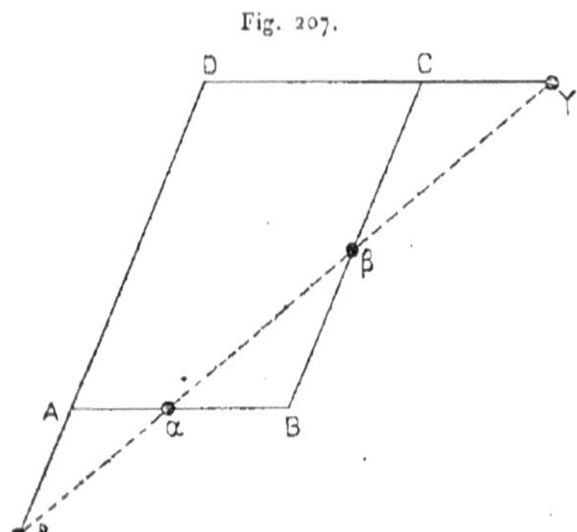
Fig. 207.

Marquons sur ces côtés quatre points α, β, γ, δ qui soient en ligne droite à un instant donné. Cette relation entre les quatre points persiste au cours de la déformation. On a, a effet,

$$\frac{\delta A}{\delta D} = \frac{A\alpha}{D\gamma},$$

égalité qui, étant toujours satisfaite, montre bien que les points δ, α, γ restent alignés. De même pour les points δ, β, γ.

En outre, les rapports mutuels des segments limités par les points α, β, γ, δ sont constants. On a en effet, par exemple,

$$\frac{\delta\alpha}{\delta\gamma} = \frac{A\alpha}{D\gamma} = \text{const.}$$

et de même pour les rapports similaires.

Si l'on fixe le point δ, le mécanisme conserve une liberté du second degré, car on peut d'une part déformer le parallélogramme, d'autre part, le faire tourner autour du point δ. On peut donc amener le point α aux divers points d'une figure quelconque F (pourvu qu'elle soit contenue tout entière dans une certaine région du plan). Alors le point γ décrit une figure F', homothétique de F par rapport au point δ.

Pratiquement, on fait souvent en sorte que deux des points α, β, γ, δ soient confondus en un sommet du quadrilatère.

On a donc un mécanisme, connu sous le nom de *pantographe*, qui permet de dessiner une figure semblable à une figure donnée, le rapport de similitude étant quelconque.

Le pantographe est employé par les artistes qui veulent réduire ou amplifier un dessin, par les cartographes (qui, cependant, se servent plus volontiers aujourd'hui des procédés de réduction photographique), dans la construction de certains appareils ; par exemple, on gradue les règles à calcul en réduisant, à l'aide d'un pantographe, une règle de grandes dimensions.

Il est clair que le pantographe est plus précis pour la réduction que pour l'amplification ([1]).

394. Inverseur de Hart. — On vient de voir que les propriétés du parallélogramme articulé permettent de tracer une figure homothétique d'une figure donnée. On peut tout aussi simplement tracer une figure *inverse*, en s'appuyant sur les propriétés du contre-parallélogramme.

Soit ABCD un contre-parallélogramme (*fig.* 208). Marquons sur ses côtés quatre points O, M, N, P satisfaisant aux relations

$$\frac{OA}{OB} = \frac{MA}{MD} = \frac{NC}{NB} = \frac{PC}{PD}.$$

Il est évident que, lorsque le contre-parallélogramme se déforme, ces quatre points restent sur une droite, parallèle à AC et à BD.

La figure ayant toujours un axe de symétrie, les quatre points B, M, N, D sont toujours sur un cercle qui rencontre AB en B et en un autre point Q. On a

$$AB.AQ = AM.AD.$$

Les segments AB, AM, AD étant de longueurs constantes, il en est de même de AQ. Donc le point Q est fixe sur le côté AB. La considération du même cercle donne encore

$$OM.ON = OB.OQ,$$

ce qui prouve que le produit OM.ON est constant.

([1]) Le pantographe peut être généralisé. *Voir* Note D, n° 460.

Si l'on fixe le point O, le mécanisme conserve une liberté du second degré, et l'on peut amener le point M aux divers points d'une figure

Fig. 208.

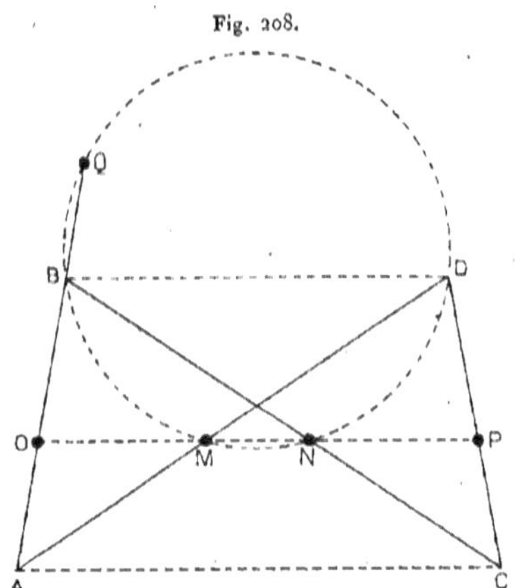

quelconque F intérieure à une certaine région du plan. Alors le point N viendra successivement aux divers points d'une figure F', inverse de F par rapport au point O.

395. Inverseur de Peaucellier. — L'*inverseur de Hart*, décrit au paragraphe précédent, n'est pas le premier en date. Il avait été pré-

Fig. 209.

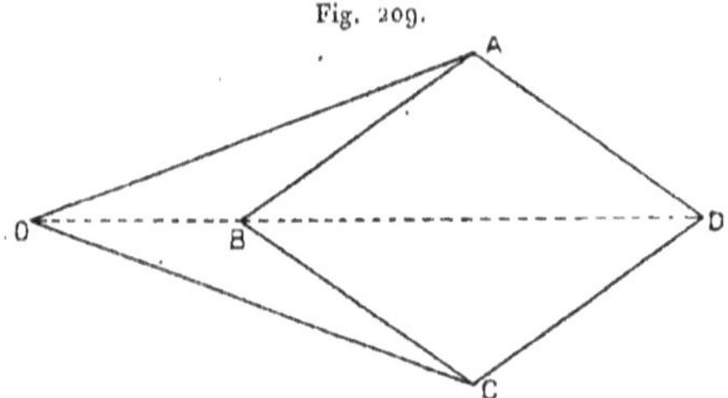

cédé par l'*inverseur de Peaucellier*, dont voici la description : l'appareil se compose d'un losange ABCD (*fig.* 209). Les sommets opposés A et C sont réunis à un point O par deux tiges égales OA et OC. Le tout est articulé. Si l'on fixe le point O, on a encore un mécanisme au deuxième degré de liberté, et l'on peut amener le point B en un point quelconque d'une certaine région du plan.

Les points O, B, D restent en ligne droite. Considérons le cercle (A, AB). Il passe par le point D. En égalant deux expressions de la puissance du point O par rapport à ce cercle, on a

$$OB.OD = \overline{OA}^2 - \overline{AB}^2 = \text{const.}$$

Donc le point D est l'inverse du point B, par rapport au point O.

Bien que l'appareil de Peaucellier soit plus compliqué que celui de Hart (six tiges au lieu de quatre), il est d'un maniement plus commode parce que ses éléments ne s'entrecroisent pas.

On peut le généraliser un peu en prenant pour ABCD non plus un losange, mais un rhomboïde quelconque où $AB = AD$, $CB = CD$, les tiges OA et OC satisfaisant à la relation

$$\overline{OA}^2 - \overline{OC}^2 = \overline{AB}^2 - \overline{CB}^2.$$

Il est facile de reconnaître que les points O, B, D restent en ligne droite, et la démonstration s'achève comme ci-dessus.

396. Description de la ligne droite. — Les appareils précédents permettent de décrire rigoureusement une ligne droite, ou plutôt un segment de ligne droite, au moyen d'un système articulé. Reprenons, par exemple, l'inverseur de Peaucellier et astreignons, en ajoutant une septième tige IB, le point B à décrire un cercle passant par le point O (I est fixe et $IB = IO$). Alors, en vertu des propriétés élémentaires de l'inversion, le point D décrit une droite perpendiculaire à OI.

En employant l'inverseur de Hart, on résout le même problème avec cinq tiges seulement.

Il existe d'autres appareils « à ligne droite ». Les plus remarquables sont dus à Hart et à Kempe. La théorie en est compliquée, dans le cas général ([1]), et je me bornerai ici à la description d'un dispositif particulier dont les propriétés s'établissent facilement.

Mais disons tout de suite que ces appareils ne présentent guère

---

([1]) *Voir* la Note E.

qu'un intérêt théorique et ne paraissent pas avoir reçu d'applications. Pour décrire la ligne droite au moyen d'un système articulé, on préfère aux solutions exactes la solution approximative de Watt (n° 399), parce qu'elle est plus simple.

397. Second appareil de Hart (cas particulier). — Soient A et A′ deux points fixes (*fig.* 210), M un point décrivant la médiatrice de AA′,

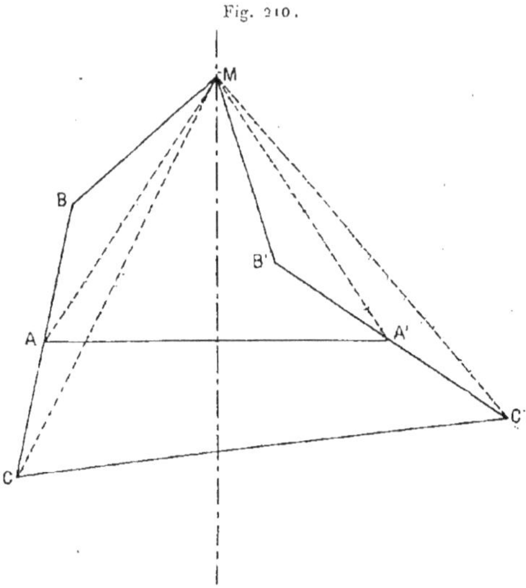

Fig. 210.

MB, MB′, BA, B′A′ quatre tiges articulées satisfaisant aux conditions

$$MB = MB', \qquad BA = B'A'.$$

Les deux triangles MBA, MB′A′ sont égaux, comme ayant leurs trois côtés égaux chacun à chacun. On suppose la disposition de la figure telle que leur égalité soit *directe*.

Marquons sur BA et sur B′A′ deux points C et C′ tels qu'on ait

$$(1) \qquad \overline{BM}^2 = BA.BC, \qquad \overline{B'M}^2 = B'A'.B'C',$$

d'où

$$BC = B'C'.$$

Les deux triangles MAC, MA′C′ sont égaux, et l'on a

$$\widehat{AMC} = \widehat{A'MC'}, \qquad \text{d'où} \qquad \widehat{C'MC} = \widehat{A'MA}.$$

Les deux triangles isoscèles MAA′, MCC′ sont donc semblables. Par conséquent,

$$(2) \qquad \frac{CC'}{AA'} = \frac{MC}{MA}.$$

Mais la relation (1) peut s'écrire

$$\frac{BM}{BA} = \frac{BC}{BM}.$$

Les deux triangles BMA, BCM sont donc semblables, et l'on a

$$\frac{MC}{AM} = \frac{BC}{BM}.$$

Donc, d'après (2),

$$\frac{CC'}{AA'} = \frac{BC}{BM} = \text{const.},$$

d'où enfin

$$CC' = \text{const.}$$

Par conséquent, on peut, sans gêner le mouvement du point M, relier C et C′ par une tige de longueur constante.

Réciproquement, si l'on construit le pentagone articulé MBCC′B′, et si on le déforme en faisant tourner BC autour de A et B′C′ autour de A′, le point M décrira la médiatrice de A′A (à un certain instant, les angles $\widehat{MBC}$ et $\widehat{MB'C'}$ sont égaux à π. On peut, à partir de cet instant, déformer le pentagone de deux manières, les angles $\widehat{MBC}$ et $\widehat{MB'C'}$ étant de même signe ou de signes contraires. Dans le premier cas, ils restent égaux et l'on a le résultat énoncé. Dans le second, cette égalité n'a pas lieu, et le point M décrit une courbe compliquée).

398.· Courbe du trois-barres. — On a défini le *trois-barres* au n° 387. Si M est un point du plan entraîné avec la bielle CD, tel par conséquent que le triangle MCD soit de grandeur constante, on donne au lieu de ce point le nom de courbe du trois-barres.

L'étude de la courbe du trois-barres est difficile dans le cas général (^{1}). Je me bornerai ici aux indications particulières suivantes :

1° Si ABCD est un parallélogramme, il est évident que le point M décrit un cercle, ayant pour centre un point O tel que le triangle OAB soit directement égal au triangle MDC.

2° Si ABCD est un contre-parallélogramme, *le point M décrit une podaire de conique.*

Fig. 211.

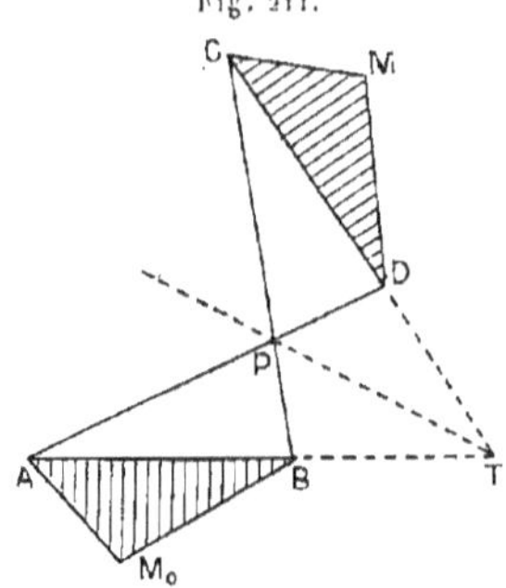

Soient, en effet, P le point de rencontre des côtés AD et BC (*fig.* 211 et 212), T le point de rencontre des côtés AB et CD. La

Fig. 212.

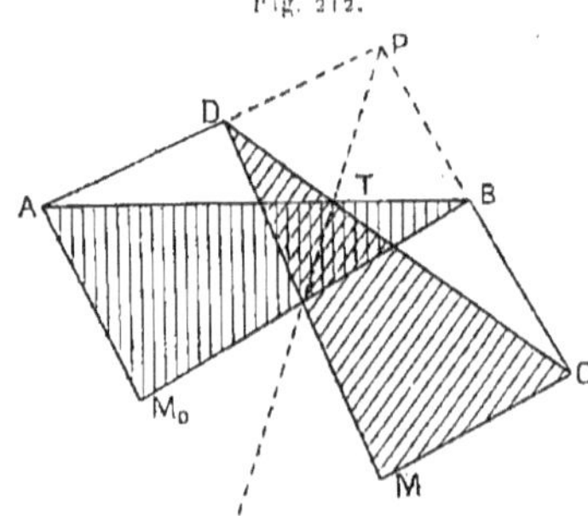

droite PT est un axe de symétrie de la figure, et l'on a PD = PB.

(^{1}) *Voir* la Note G.

Donc, suivant le cas de figure, on a

$$|PA \pm PB| = AD = \text{const.,}$$

et le point P décrit une ellipse (*fig.* 211), ou une hyperbole (*fig.* 212),
de foyers A et B. Marquons dans le plan fixe le point M_0 tel que le
triangle $M_0 AB$ soit inversement égal au triangle MCD. Les points M_0
et M sont symétriques par rapport à la droite PT, qui est la tangente
en P à la conique lieu de ce point. Par conséquent, le lieu du point M
est homothétique de la podaire du point M_0 par rapport à la conique,
le centre d'homothétie étant le point M_0 et le rapport d'homothétie
étant égal à 2. D'où le théorème énoncé.

Dans le cas particulier où l'on a $AB = AD\sqrt{2}$, c'est-à-dire dans le

Fig. 213.

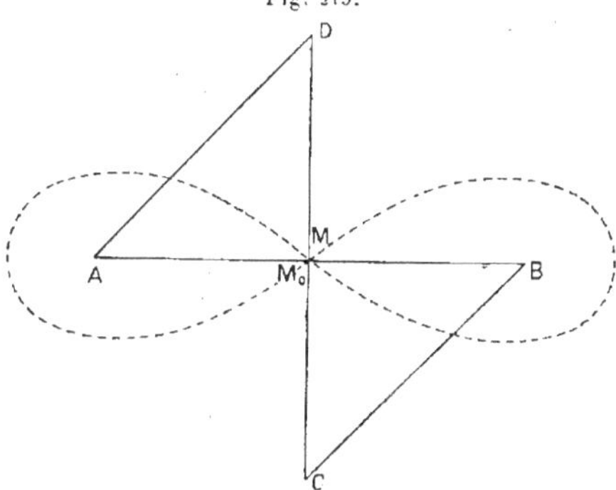

cas où le contre-parallélogramme est constitué, à un certain instant,
par deux côtés opposés et par les diagonales d'un carré (*fig.* 213),
on reconnaît aisément que le lieu du point P est une hyperbole équilatère. Si l'on met le point décrivant M au milieu de CD, M_0 est le
milieu de AB, et la courbe du trois-barres est la podaire centrale
d'une hyperbole équilatère, c'est-à-dire une *lemniscate de Bernoulli*.

**399. Courbe à longue inflexion. Description approximative de la
ligne droite.** — James Watt a reconnu que, construite avec des
données convenables, une courbe du trois-barres peut se confondre
sensiblement avec un segment de ligne droite, sur une longue étendue,
ce qui permet de décrire un tel segment au moyen du système arti-

culé le plus simple qui soit, et cela avec une approximation très suffisante dans la pratique.

Considérons un trois-barres $AB_0 B'_0 A'$ (*fig.* 214), dont les mani-

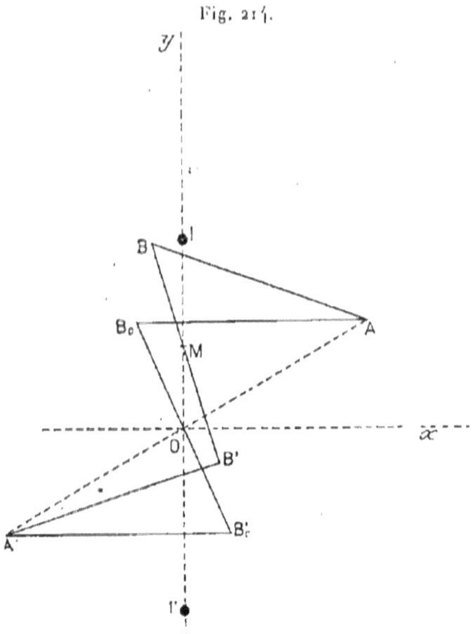

Fig. 214.

velles AB_0 et $A'B'_0$ ont la même longueur a. On les suppose horizontales à l'origine du temps. Le point décrivant, milieu de la bielle, est alors en O, au milieu de AA'.

Étudions analytiquement la courbe décrite par ce point. Pour cela, rapportons la figure aux axes Ox et Oy, le premier horizontal et le second vertical. Soient (h, k) les coordonnées du point A. Celles du point A' sont $(-h, -k)$. Posons $OB_0 = l$.

On suppose que l'on a

$$(1) \qquad\qquad a > h,$$

de sorte que le point B_0 a une abscisse négative. On supposera aussi tout à l'heure

$$(2) \qquad\qquad 2h > a.$$

Le trois-barres est figuré en $ABB'A'$ à un instant quelconque. Le point décrivant est alors en M, au milieu de BB'.

Soient (x, y) les coordonnées du point M. Posons

$$\widehat{Ox, B'B} = \varphi.$$

La valeur initiale de φ est $\pi - \alpha$, α désignant l'angle aigu $\widehat{AB_0B_0'}$. On a

$$(3) \qquad l \sin\alpha = k,$$
$$(4) \qquad l \cos\alpha = a - h.$$

Les coordonnées de B et de B' sont respectivement

$$(B) \qquad x + l\cos\varphi, \qquad y + l\sin\varphi,$$
$$(B') \qquad x - l\cos\varphi, \qquad y - l\sin\varphi.$$

Exprimons que B est sur le cercle (A, a) et B' sur le cercle (A', a). On a

$$(5) \qquad (x + l\cos\varphi - h)^2 + (y + l\sin\varphi - k)^2 = a^2,$$
$$(6) \qquad (x - l\cos\varphi + h)^2 + (y - l\sin\varphi + k)^2 = a^2.$$

En éliminant φ entre (5) et (6), on aurait l'équation de la courbe C, lieu du point M. Cette équation serait trop compliquée pour qu'on pût en tirer grand parti.

Mais nous pouvons faire immédiatement les remarques suivantes : la courbe C passe en O, qui est évidemment centre de cette courbe. Donc O est un point d'inflexion de C. Cherchons la tangente en ce point. A cet effet, remarquons que, pour le mouvement du plan entraîné avec BB', le c. i. r. est le point de rencontre des manivelles, normales aux trajectoires des points B et B'. Quand M est en O, ce c. i. r. est le point à l'infini de Ox. *Donc, la tangente en O à C est verticale.*

Cherchons si C rencontre Oy ailleurs qu'au point O. Pour cela, retranchons d'abord (6) de (5). Il vient, toutes réductions faites,

$$(6') \qquad x(l\cos\varphi - h) + y(l\sin\varphi - k) = 0.$$

Il faut faire $x = 0$, ce qui donne

$$y(l\sin\varphi - k) = 0.$$

$y = 0$ fait retrouver le point O. On a donc

$$(7) \qquad l \sin\varphi - k = 0.$$

Donc, en tenant compte de (3),

$$\sin\varphi = \sin\alpha, \qquad \varphi = \pi - \alpha \quad \text{ou} \quad \alpha.$$

La solution $\varphi = \pi - \alpha$ ferait encore retomber sur le point O. On prendra donc $\varphi = \alpha$. Alors (5) devient, en y faisant $x = 0$ et en tenant compte de (3),

$$(l \cos\alpha - h)^2 + y^2 = a^2$$

ou, en vertu de (4),

$$(a - 2h)^2 + y^2 = a^2, \qquad y^2 = 4h(a - h).$$

Puisque l'on a $a > h$, y est réel. Donc la courbe rencontre Oy en deux points I et I' symétriques par rapport au point O. Soit I le point d'ordonnée positive. On a

$$(8) \qquad OI = 2\sqrt{h(a - h)}.$$

L'arc OI présente nécessairement un point d'inflexion entre le point O et le point I et un autre entre O et I', d'où le nom de *courbe à longue inflexion* donné à la courbe C.

On voit que, pendant le parcours de l'arc II', le point M ne peut s'écarter beaucoup de Oy. Il faut préciser ce résultat. Nous ne pouvons songer à calculer exactement le maximum de $|x|$, et nous en rechercherons simplement une borne supérieure.

Quand M va de O en I, φ varie, comme on l'a vu, de $\pi - \alpha$ à α. Il est clair que cet angle décroît constamment. On a donc, pendant le trajet considéré,

$$(9) \qquad \sin\alpha \leqq \sin\varphi \leqq 1, \qquad -\cos\alpha \leqq \cos\varphi \leqq \cos\alpha.$$

On tire de (6')

$$(10) \qquad x = \frac{y(l \sin\varphi - k)}{h - l \cos\varphi}.$$

On a constamment

$$y \gtreqless 0$$

et, en tenant compte de (3) et de (4), ainsi que des inégalités (9),

$$l - k \geqq l \sin\varphi - k \geqq l \sin\alpha - k = 0,$$
$$h + l \cos\alpha > h - l \cos\varphi \geqq h - l \cos\alpha$$

ou

$$a \gtreqless h - l \cos\varphi \gtreqless 2h - a.$$

Le dernier membre de cette dernière inégalité est positif par hypothèse (2). Il résulte d'abord de tout cela qu'on a constamment

$$x \gtreqless 0.$$

Ensuite on obtient une borne supérieure de x en remplaçant y par son maximum OI dont on a la valeur donnée par (8), $l\sin\varphi - k$ par son maximum $l - k$, $h - l\cos\varphi$ par son minimum $2h - a$. On trouve ainsi

$$(11) \qquad x < \frac{2\sqrt{h(a-h)}(l-k)}{2h-a}.$$

Ainsi, l'écart considéré ne peut atteindre le second membre de (11).

Watt a proposé de faire (avec une unité de longueur quelconque)

$$a = 37, \qquad h = 36, \qquad l = 12.$$

On a alors

$$k^2 = l^2 - (a - h)^2 = 144 - 1 = 143,$$
$$k = \sqrt{143},$$

et (11) donne

$$x < \frac{2\sqrt{36}\,(12 - \sqrt{143})}{35} = 0,0144.$$

et cela pour une course du point M égale à $2\,\mathrm{OI} = 4\sqrt{36} = 24$.

Si l'on prend comme unité de longueur 50^{mm}, on a

$$a = 1^{\mathrm{m}},85, \qquad 2\,\mathrm{OI} = 1^{\mathrm{m}},20, \qquad x < 0^{\mathrm{mm}},72.$$

Ainsi, on peut décrire un segment de $1^{\mathrm{m}},20$ de longueur avec une approximation qui, pratiquement, équivaut à l'exactitude, si l'on tient compte de la flexibilité des tiges et du jeu qui se produit nécessairement dans les articulations.

400. **Parallélogramme de Watt.** — L'erreur calculée au paragraphe précédent est si faible qu'on peut la doubler sans inconvénient. C'est ce que faisait Watt qui avait adopté, pour guider la tige du piston de sa machine à vapeur, le dispositif connu sous le nom de *parallélogramme de Watt*.

Construisons (*fig.* 215) le parallélogramme B'BDD' dont le

côté BD prolonge la manivelle AB et a même longueur que cette manivelle. Il est visible que le point D′ décrit une courbe homothétique de la courbe C lieu du point M, le centre d'homothétie étant le

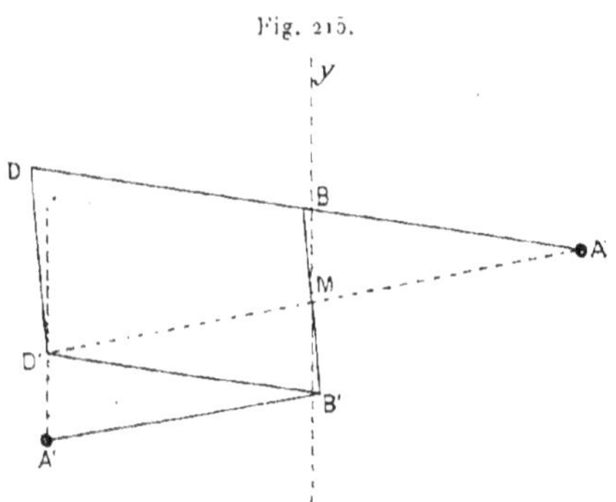

Fig. 215.

point A et le rapport d'homothétie étant 2. Le point D′ décrit donc sensiblement une portion de la verticale du point A′.

Le parallélogramme de Watt a été abandonné avec les machines à balancier. Mais le mécanisme réduit au trois-barres ABB′A′ est encore appliqué, par exemple, au guidage du style de l'*indicateur de Watt* (appareil qui sert à mesurer la puissance d'une machine à vapeur). Il sera toujours à recommander dans tous les cas où l'on ne voudra pas employer de glissière.

401. Direction à deux pivots des automobiles. — Le trois-barres intervient encore dans un mécanisme important, celui de la *direction à deux pivots* des automobiles.

Dans les voitures à chevaux, les roues avant sont montées sur un même essieu mobile par rapport au châssis de la voiture autour d'un axe, dit *cheville ouvrière*. Dans les automobiles, les *fusées* des roues avant sont au contraire mobiles séparément autour de deux axes verticaux A et A′ (*fig.* 216). La commande de la direction demande ainsi beaucoup moins d'efforts. En outre, les points de contact des roues avec le sol conservant sensiblement des positions invariables, par rapport à la voiture, le polygone de sustentation de celle-ci ne varie pas pendant les virages, ce qui augmente la stabilité.

Dans un virage correct, les axes des roues avant doivent converger

sur celui des roues arrière (n° 362). Il faut donc établir entre les
fusées des roues une liaison assurant cette convergence pour tous les
virages usuels. Cela ne peut se faire rigoureusement que d'une
manière très compliquée. Aussi se contente-t-on d'une solution
approximative en recourant à un trois-barres. Les fusées, coudées
suivant IAM, I'A'M', sont reliées par une bielle MM'.

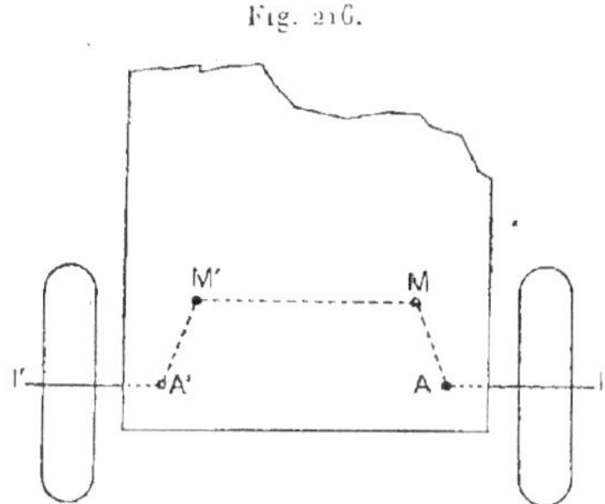

Fig. 216.

Pendant la marche en ligne droite, AI et A'I' sont parallèles à
l'axe arrière. Pour faire un virage, on agit sur l'une des manivelles,
AM par exemple, de manière à la faire tourner d'un angle convenable, dit *angle de braquage*. A'M' tourne alors d'un certain angle.
Les axes AI et A'I' sont entraînés dans les rotations des manivelles.
Si le dispositif adopté résolvait rigoureusement le problème, le point
de rencontre de AI et de A'I' décrirait l'axe arrière. En réalité, le
lieu de ce point est une courbe d'ordre élevé. On doit chercher à
réduire autant que possible l'écart de cette courbe et de l'axe arrière,
dans les limites correspondant au maximum de l'angle de braquage.

La question est analogue à celle que nous avons traitée dans l'étude
de la courbe à longue inflexion.

402. Recherche de proportions convenables pour le mécanisme.
— Prenons comme axe des x (*fig.* 217) la droite AA' et comme axe
des y sa médiatrice Oy. On suppose naturellement que dans sa
position normale $AM_0 M'_0 A'$, le trois-barres est symétrique par rapport à Oy. Soit KP l'axe commun des roues arrière.

Posons

$$OA = - OA' = a, \qquad AM_0 = A'M'_0 = R, \qquad OK = l,$$

$$\widehat{x A M'_0} = \alpha, \qquad M_0 M'_0 = L_0$$

(la distance $AA' = 2a$ est la *voie* de la voiture, $OK = l$ est son *empattement*).

Imaginons un virage correct. Les fusées, initialement dirigées suivant Ox, viendront se couper en un point P de KP ; les mani-

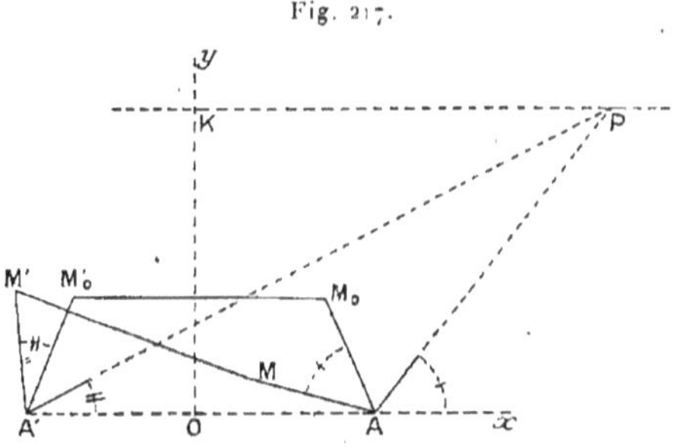

Fig. 217.

velles AM_0 et $A'M'_0$ viennent respectivement prendre les positions AM et A'M', telles que

$$\widehat{M_0 AM} = \widehat{xAP}, \qquad \widehat{M'_0 A'M'} = \widehat{xA'P}.$$

La distance $MM' = L$ n'est pas égale à L_0. Quand le point P s'éloigne à l'infini, L tend vers L_0. Posons

$$KP = x,$$

$L^2 - L_0^2$ est infiniment petit avec $\frac{1}{x}$. En outre, par raison de symétrie, $L^2 - L_0^2$ est une fonction paire de $\frac{1}{x}$. Cette quantité admet donc un développement en série de la forme

$$L^2 - L_0^2 = \frac{A}{x^2} + \frac{B}{x^4} + \ldots$$

Nous allons chercher à faire en sorte que $A = 0$. Alors, en prenant $\frac{1}{x}$ comme infiniment petit principal, $L^2 - L_0^2$ sera infiniment petit du *quatrième* ordre. De la sorte, pour un angle de braquage raisonnable, MM' restera voisin de $M_0 M'_0$, et inversement, si MM' est assujetti à être égal à $M_0 M'_0$, les fusées convergeront sensiblement sur KP.

Posons

$$\widehat{x\,AP} = \varphi, \qquad \widehat{x\,A'P} = \varphi'.$$

On a

$$\widehat{x\,AM} = \pi - \alpha + \varphi, \qquad \widehat{x\,A'M'} = \alpha + \varphi'.$$

Les coordonnées des points M et M' sont

$$(\mathrm{M}) \qquad \begin{cases} a + \mathrm{R}\cos(\pi - \alpha + \varphi) = a - \mathrm{R}\cos(\alpha - \varphi), \\ \mathrm{R}\sin(\pi - \alpha + \varphi) = \mathrm{R}\sin(\alpha - \varphi), \end{cases}$$

$$(\mathrm{M}') \qquad \begin{cases} -a + \mathrm{R}\cos(\alpha + \varphi'), \\ \mathrm{R}\sin(\alpha + \varphi'), \end{cases}$$

d'où

$$\overline{\mathrm{MM}'}^{\,2} = \mathrm{L}^2 = [2a - \mathrm{R}\cos(\alpha - \varphi) - \mathrm{R}\cos(\alpha + \varphi')]^2$$
$$+ [\mathrm{R}\sin(\alpha - \varphi) - \mathrm{R}\sin(\alpha + \varphi')]^2$$

et, après réductions,

$$(1) \qquad \mathrm{L}^2 = 4a^2 + 2\mathrm{R}^2 - 4a\mathrm{R}\cos(\alpha - \varphi)$$
$$- 4a\mathrm{R}\cos(\alpha + \varphi') + 2\mathrm{R}^2\cos(2\alpha - \varphi + \varphi').$$

On a, d'autre part,

$$\tang\varphi = \frac{l}{x - a},$$

d'où

$$\varphi = \operatorname{arc\,tang}\frac{l}{x - a} = \operatorname{arc\,tang}\frac{\left(\dfrac{l}{x}\right)}{1 - \dfrac{a}{x}} = \operatorname{arc\,tang}\left(\frac{l}{x} + \frac{al}{x^2} + \dots\right)$$

et, en bornant le développement aux termes du second ordre,

$$\varphi = \frac{l}{x} + \frac{al}{x^2} + \dots$$

On trouve de même

$$\varphi' = \frac{l}{x} - \frac{al}{x^2} + \dots, \qquad \varphi' - \varphi = -\frac{2al}{x^2} + \dots.$$

La formule de Taylor donne

$$\cos(\alpha - \varphi) = \cos\alpha + \sin\alpha \, . \, \varphi - \frac{1}{2}\cos\alpha \, . \, \varphi^2 + \ldots$$

$$= \cos\alpha + \sin\alpha\left(\frac{l}{x} + \frac{al}{x^2} + \ldots\right) - \frac{1}{2}\cos\alpha\,\frac{l^2}{x^2} + \ldots$$

$$\cos(\alpha + \varphi') = \cos\alpha - \sin\alpha \, . \, \varphi' - \frac{1}{2}\cos\alpha \, . \, \varphi'^2 + \ldots$$

$$= \cos\alpha - \sin\alpha\left(\frac{l}{x} - \frac{al}{x^2} + \ldots\right) - \frac{1}{2}\cos\alpha\,\frac{l^2}{x^2} + \ldots$$

$$\cos(2\alpha - \varphi + \varphi') = \cos 2\alpha - \sin 2\alpha(\varphi' - \varphi) + \ldots$$

$$= \cos 2\alpha + 2\sin 2\alpha\,\frac{al}{x^2} + \ldots$$

Réunissons ces trois résultats en les ordonnant :

$$\cos(\alpha - \varphi) = \cos\alpha + l\sin\alpha\,\frac{1}{x} + \left(al\sin\alpha - \frac{1}{2}l^2\cos\alpha\right)\frac{1}{x^2} + \ldots,$$

$$\cos(\alpha + \varphi') = \cos\alpha - l\sin\alpha\,\frac{1}{x} + \left(al\sin\alpha - \frac{1}{2}l^2\cos\alpha\right)\frac{1}{x^2} + \ldots,$$

$$\cos(2\alpha - \varphi + \varphi') = \cos 2\alpha + 2al\sin 2\alpha\,\frac{1}{x^2} + \ldots.$$

En portant ces valeurs dans (1), il vient

$$L^2 = 4a^2 + 2R^2 - 4aR\left[2\cos\alpha + (2al\sin\alpha - l^2\cos\alpha)\frac{1}{x^2} + \ldots\right]$$

$$+ 2R^2\left(\cos 2\alpha + 2al\sin 2\alpha\,\frac{1}{x^2} + \ldots\right).$$

Mais, pour $x = \infty$,

$$L = L_0.$$

Donc

$$L_0^2 = 4a^2 + 2R^2 - 8aR\cos\alpha + 2R^2\cos 2\alpha,$$

et, par conséquent,

$$L^2 = L_0^2 + \left[-4aR(2al\sin\alpha - l^2\cos\alpha) + 4aR^2 l\sin 2\alpha\right]\frac{1}{x^2} - \ldots$$

Tel est le développement en série de L^2. Annulons le coefficient de $\frac{1}{x^2}$. Il vient, en divisant par $4aRl$,

$$-2a\sin\alpha + l\cos\alpha + R\sin 2\alpha = 0.$$

On est donc conduit à faire en sorte que les proportions du mécanisme satisfassent à cette condition ; a et l étant des données qui dépendent du type de la voiture, on dispose de R et de α, reliés par la seule relation précédente.

Soient, par exemple, $a = 1$, $l = 3$. Faisons $\alpha = 60°$, d'où

$$\sin\alpha = \frac{\sqrt{3}}{2}, \qquad \cos\alpha = \frac{1}{2}, \qquad \sin 2\alpha = \frac{\sqrt{3}}{2}.$$

On trouve

$$R = 2 - \sqrt{3} = 0,268.$$

En faisant l'épure avec soin, on constate que l'approximation est bonne pour des angles de braquage atteignant 30°.

403. Transformation du mouvement circulaire en mouvement rectiligne. — Un cas particulier du trois-barres, très répandu dans les applications, est celui où l'une des manivelles devient de longueur infinie. Alors l'extrémité correspondante de la bielle devient une droite sur laquelle elle est guidée par une glissière. On a ainsi un moyen de transformer un mouvement circulaire en mouvement rectiligne. Le mouvement circulaire peut être de sens constant ou alternatif. Le mouvement rectiligne ne peut être qu'alternatif.

Le plus souvent, la droite décrite passe par le centre de rotation de la manivelle. On a alors le mécanisme représenté schématiquement (*fig.* 218). ON est la manivelle, NM la bielle dont l'extrémité M se meut sur la droite Ox.

Supposons que la vitesse angulaire ω de la manivelle ON soit constante. Cherchons la loi du mouvement du point M sur Ox.

Soit

$$ON = a, \qquad NM = l, \qquad OM = x.$$

Supposons en outre qu'à l'instant $t = 0$, le point N soit sur Ox, dans la région positive de cet axe.

Le triangle ONM donne

$$l^2 = x^2 + a^2 - 2\,a\,x\cos\omega t,$$

d'où l'on tire en résolvant cette équation du second degré en x et en ne conservant que la plus grande des deux racines,

$$x = a\cos\omega t + \sqrt{a^2\cos^2\omega t - a^2 + l^2} = a\cos\omega t + \sqrt{l^2 - a^2\sin^2\omega t}.$$

D'ordinaire, la bielle est au moins quatre ou cinq fois plus longue
que la manivelle. Alors le radical admet un développement en série à

Fig. 218.

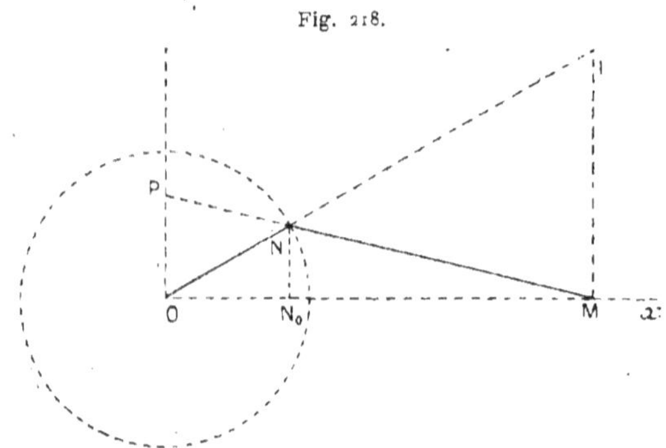

convergence rapide. On a

$$\sqrt{l^2 - a^2 \sin^2 \omega t} = l \left(1 - \frac{a^2}{l^2} \sin^2 \omega t \right)^{\frac{1}{2}}$$

$$= l \left(1 - \frac{1}{2} \frac{a^2}{l^2} \sin^2 \omega t - \frac{1}{8} \frac{a^4}{l^4} \sin^4 \omega t + \dots \right).$$

Pour $l = 5a$, par exemple, on a

$$\sqrt{l^2 - a^2 \sin^2 \omega t} = l \left(1 - \frac{1}{50} \sin^2 \omega t - \frac{1}{5000} \sin^4 \omega t + \dots \right).$$

On pourra donc, sans erreur sensible, réduire l'expression de x à

$$x = a \cos \omega t + l \left(1 - \frac{1}{2} \frac{a^2}{l^2} \sin^2 \omega t \right) \cdot$$

et même à

$$x = a \cos \omega t + l.$$

La dernière des formules écrites est généralement considérée comme
suffisamment approchée : le mouvement du point M est, à peu de
chose près, identique à celui du point N_0, projection du point N
sur Ox.

   Il peut y avoir intérêt à calculer exactement la vitesse du point N.
A cet effet, remarquons que le c. i. r. de la bielle MN est le point I
où ON rencontre la perpendiculaire élevée en M à Ox. Soit en outre

P le point où NM rencontre OP. On a

$$\frac{V(M)}{V(N)} = \frac{IM}{IN} = \frac{OP}{ON},$$

d'où

$$V(M) = \frac{OP}{ON}\, V(N).$$

Mais

$$V(N) = \omega a \quad \text{et} \quad ON = a.$$

On a donc finalement

$$V(M) = \omega\, OP.$$

Cette formule très simple permet de construire aisément la courbe représentative de $V(M)$, en prenant pour variable indépendante l'angle $\widehat{xON}$.

404. Manivelle à coulisse de Whitworth. Retour rapide. — *La manivelle à coulisse de Whitworth* est constituée de la manière suivante : deux manivelles, 2 et 4 (*fig.* 219) peuvent tourner respec-

Fig. 219.

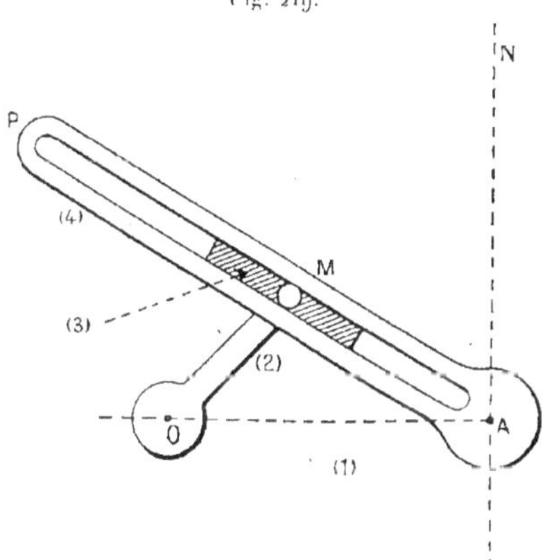

tivement autour de deux points fixes O et A. La première se termine par un bouton M qui s'engage dans une coulisse pratiquée dans la manivelle 4 et suffisamment longue. Il est clair que, si la manivelle 2 tourne dans un sens constant, la manivelle 4 est animée d'un mouvement de rotation alternatif.

Ce mécanisme rentre dans le quadrilatère articulé. Désignons en effet par 1 le plan fixe et par 3 une pièce fictive, engagée dans la coulisse de 4 et pouvant tourner autour du bouton M. Le plan 1 et les plans liés à 2, 3, 4 constituent un système articulé à quatre membres, les pivots étant :

Pour le couple (1, 2) le point O ;
Pour le couple (2, 3) le point M ;
Pour le couple (3, 4) le point rejeté à l'infini dans la direction perpendiculaire à la manivelle 4) ;
Pour le couple (4, 1) le point A.

La manivelle 4 ne peut osciller que dans l'angle compris entre les tangentes issues du point A au cercle (O, OM). Elle balaye cet angle

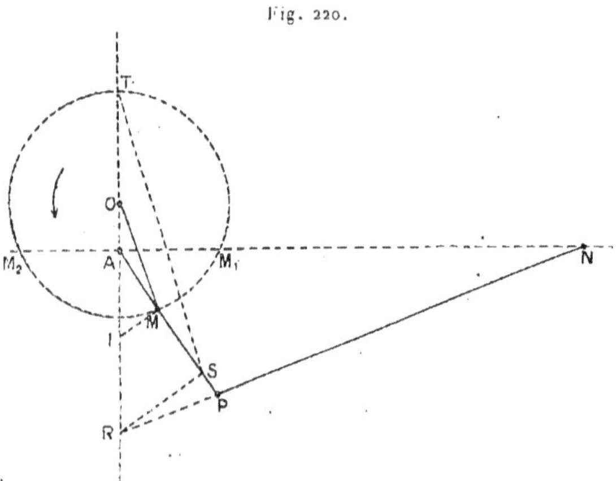

Fig. 220.

dans un sens quand le point M décrit l'un des arcs de ce cercle compris entre les points de contact de ces tangentes, puis dans l'autre sens quand le point M décrit l'arc qui complète le cercle. Ces deux arcs étant inégaux, on voit que, si la rotation de la manivelle 2 est uniforme, l'un des parcours de la manivelle 4 s'effectuera plus rapidement que l'autre. La différence est d'autant plus accentuée que le point A est plus rapproché du point O.

De là le nom de *mécanisme à retour rapide* donné à la manivelle à coulisse imaginée par son auteur pour la commande des machines à raboter et des étaux-limeurs. Supposons qu'à la manivelle 4 soit articulée une bielle PN dont l'extémité N, qui porte l'outil d'un étau-limeur, se déplace sur une droite AN. Cet outil est animé d'un mouvement alternatif, et sa course est plus rapide dans un sens que dans le sens opposé. On fait en sorte que l'outil travaille pendant la course lente, et revienne à sa position initiale pendant la course rapide, ce qui économise le temps.

Il existe une autre disposition de la manivelle à coulisse (*fig.* 220). Dans cette variante, le point A, centre de rotation de la manivelle à coulisse 4 ou AP, est à l'intérieur du cercle (O, OM). Alors, quand la manivelle OM fait un tour complet, la manivelle AP fait de même, mais avec une vitesse variable au cours du mouvement. Soit en effet $M_2 M_1$ la corde du cercle (O, OM), passant par le point A et perpendiculaire à OA. Quand, OM tournant dans le sens de la flèche, M va de M_1 en M_2, la manivelle AM fait un demi-tour. Elle fait le demi-tour complémentaire quand M va de M_2 en M_1, et le temps de ce second demi-tour est inférieur à celui du premier. On a donc un retour rapide, comme avec l'autre dispositif.

Proposons-nous de calculer la vitesse du point N, extrémité de la bielle PN, le point N décrivant la droite $M_2 M_1$. La question se traite de la même manière, quelle que soit la disposition adoptée. On suppose que la vitesse angulaire ω_2 de la manivelle OM est constante.

Soit ω_1 la vitesse angulaire de la manivelle AM. R étant le point où NP rencontre OA, on a (n° 403)

$$V(N) = \omega_1 AR.$$

Il faut calculer ω_1. En répétant un raisonnement fait au n° 375 où l'on a traité une question plus générale, on obtient

$$\omega_1 AI = \omega_2 OI,$$

I étant le point où la perpendiculaire élevée en M à AM rencontre OA. Donc

$$V(N) = \omega_2 \frac{AR.OI}{AI}.$$

Menons RS parallèle à IM, ST parallèle à MO. On a

$$\frac{AR}{AI} = \frac{AS}{AM},$$

d'où

$$V(N) = \omega_2 \frac{AS.OI}{AM}.$$

Mais les deux figures semblables OAIM, TARS donnent

$$\frac{OI}{AM} = \frac{TR}{AS}.$$

Il vient donc

$$V(N) = \omega_2 \frac{AS.TR}{AS} = \omega_2 TR.$$

Aussi $V(N)$ est proportionnelle à TR, ce qui permet de construire facilement le graphique de cette vitesse, quand le point M décrit le cercle (O, OM).

On constate que $V(N)$ est loin d'être constante pendant la course utile de l'outil, ce qui est un défaut grave. Les études modernes sur le travail des métaux, celles de Taylor en particulier, ont enseigné qu'il importe, pour donner à une machine-outil son meilleur rendement, de faire en sorte que la *vitesse de coupe* reste constamment aussi voisine que possible d'une certaine valeur, que l'expérience permet dans chaque cas de déterminer. Aussi le dispositif de Whitworth, satisfaisant en ce qui concerne la rapidité du retour, est-il considéré aujourd'hui comme défectueux, et l'on a recours à d'autres modes de commande.

On peut employer des engrenages, des courbes roulantes. Il est remarquable qu'un simple trois-barres, convenablement proportionné, donne un résultat beaucoup plus satisfaisant que le mécanisme plus compliqué de Whitworth, comme on va le voir au paragraphe suivant.

405. Retour rapide au moyen d'un trois-barres. — MM. Danel et Meylan, élèves-ingénieurs à l'École Centrale des Arts et Manufactures, ont déterminé les proportions d'un trois-barres qui donne une bonne solution du problème du retour rapide.

Soient Ix, Iy deux axes rectangulaires (*fig.* 221). Ayant choisi une unité de longueur quelconque, marquons les trois points

$$O(27, 180), \quad A(200, 165), \quad B(0, 200),$$

et les deux points C et D de la droite AB tel qu'on ait

$$AC = 28, \qquad AD = 140.$$

OMM'O' est un trois-barres. Les centres de rotation des manivelles sont le point O et un point O' qui peut être un point quelconque du

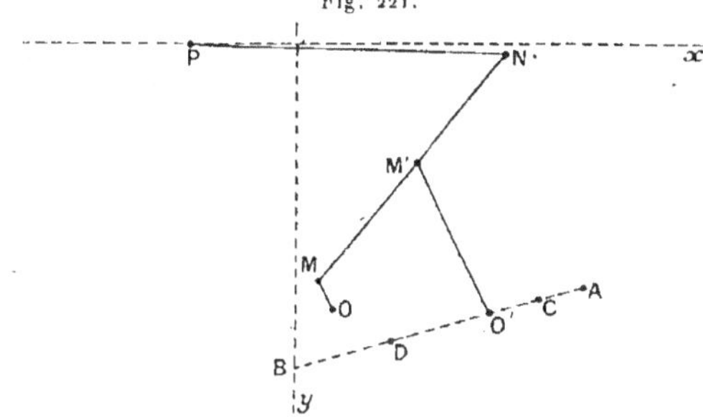

Fig. 221.

segment CD. Sur la bielle MM' est marqué un point N. Les dimensions sont

$$OM = 24, \qquad O'M' = 115, \qquad MM' = 106. \qquad M'N = 97.$$

Enfin le point N est relié par la bielle NP à un point P qui décrit Ix. On fait

$$NP = 221.$$

La manivelle OM tourne autour du point O avec une vitesse uniforme. On s'assure aisément que, dans le mouvement alternatif du point P sur Ix, l'aller et le retour se font en des temps inégaux, et que pendant une assez grande partie de la course la plus lente, la vitesse du point P ne varie pas beaucoup [pour faire l'épure, il suffit de diviser le cercle (O, OM) en un certain nombre de parties égales, 16 par exemple. Pour chaque point de division on construit la position correspondante du point P, dont on peut suivre le mouvement].

En faisant varier la position du point O', on modifie la course du point P. Elle est d'autant plus longue que le point O' est plus rapproché du point D.

406. Balancier d'Olivier Evans. Ciseaux de Nuremberg. — Soit MN une tige de longueur constante dont les extrémités se déplacent respectivement sur deux droites rectangulaires Ox et Oy ($fig.$ 222). Le point P, milieu de MN, a pour lieu le cercle $\left(O, \frac{1}{2} MN\right)$. Inversement, si l'on oblige le point P à décrire ce cercle et le point N à décrire Oy, le point M décrit Ox.

Ce dispositif constitue le *balancier d'Olivier Evans*.

Le rapport des vitesses des points M et N s'obtient immédiatement :

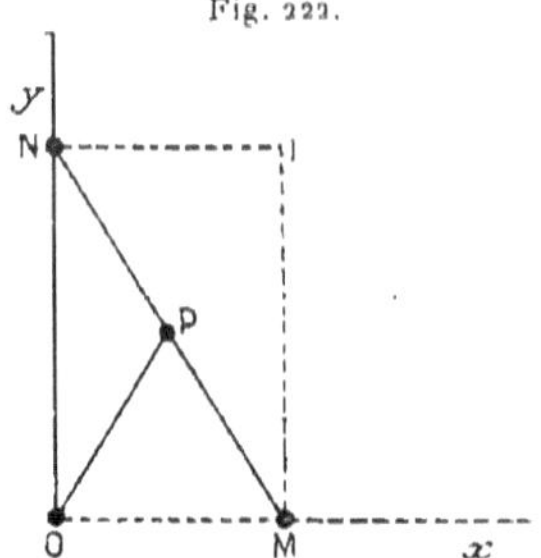

le c. i. r. de MN est le point I, tel que OMIN soit un rectangle. On a donc

$$\frac{V(M)}{V(N)} = \frac{IM}{IN} = \frac{ON}{OM}.$$

On peut compliquer le balancier d'Evans, en constituant un système articulé avec des tiges égales en nombre indéfini, ON_1, M_1N_2, N_0M_1, N_1M_2, ... articulées en leurs extrémités et en leurs milieux P_1, P_2, ... ($fig.$ 223). L'ensemble forme une suite de losanges égaux. Si le point O étant fixe, le point N_0 décrit Oy, tous les points M_1, M_2, ... décrivent Ox. On a $OM_n = n\,OM_1$. Par conséquent, plus le nombre des éléments du système est élevé, plus un déplacement donné du point N entraîne un déplacement considérable pour le point M_3.

Le point N_1 décrit le cercle (O, ON_1). Le point N_n décrit donc l'ellipse, dérivant de ce cercle par dilatation des abscisses dans le rapport de 1 à n.

On donne à ce dispositif le nom de *ciseaux de Nuremberg*. On le rencontre dans un jouet d'enfant connu de tout le monde ; on en fait des appliques extensibles. Il constitue le mécanisme qui supporte les auvents des grandes boutiques, des cafés. Mais souvent, alors, les losanges sont remplacés par des quadrilatères à côtés inégaux, ce qui

Fig. 223.

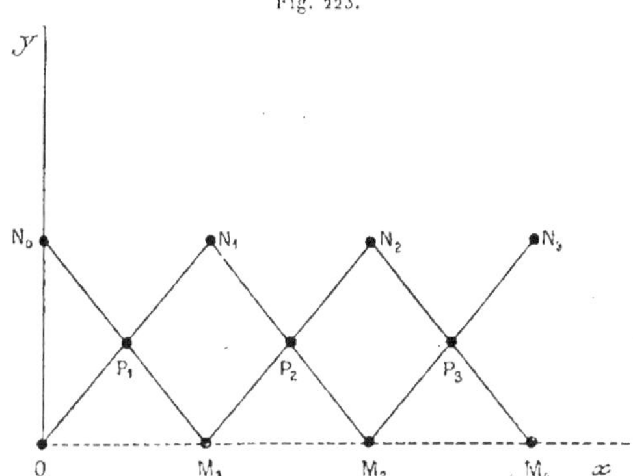

permet de modifier à volonté la trajectoire du point N_n, suivant les exigences locales. La recherche des formes à adopter, dans chaque cas particulier, ne peut évidemment être qu'empirique.

B. — SYSTÈMES ARTICULÉS DANS L'ESPACE.

407. Angle tétraèdre articulé. — Parmi les systèmes articulés de l'espace, le plus simple est celui que constitue *une chaîne fermée de quatre couples rotoïdes, avec des axes concourants.* Si Ox, Oy, Oz, Ot sont les quatre axes (*fig.* 224), les angles $\widehat{xOy}$, $\widehat{yOz}$, $\widehat{zOt}$, $\widehat{tOx}$ sont de grandeurs invariables, car les côtés de l'un quelconque de ces angles sont deux droites d'un même solide. L'ensemble forme un *angle tétraèdre articulé.*

La trace de cet angle tétraèdre sur une sphère S de centre O et de rayon fixe arbitraire est un quadrilatère sphérique ABCD, qui peut être déformé, ses quatre côtés restant de longueurs constantes. Le *quadrilatère sphérique articulé* constitue une généralisation immédiate du quadrilatère plan articulé. On peut y rechercher des pivots à révolution complète et distinguer des variétés de

Fig. 224.

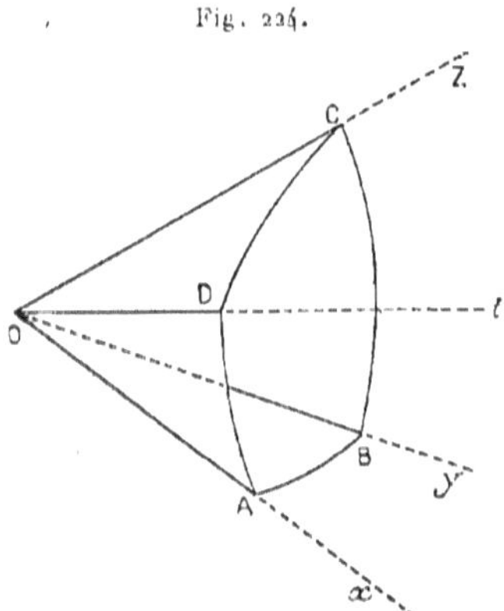

quadrilatères sphériques analogues à celles que nous avons rencontrées précédemment. Cette étude sera laissée de côté.

408. Cardan. — On rencontre l'angle tétraèdre articulé dans un mécanisme important connu sous les noms de *joint de Hooke, joint universel, joint hollandais, joint de Cardan* (cette variété de dénominations paraît indiquer qu'il serait probablement difficile de désigner le véritable inventeur du mécanisme en question). La dernière appellation est la plus commune en France. On dit même plus brièvement un *cardan.*

Le cardan schématisé (*fig.* 225) se compose de deux fourches XAA′ et YBB′, pouvant tourner autour de leurs axes fixes X et Y qui concourent en un point O. Un *croisillon* AA′BB′ est formé de deux tiges rectangulaires AA′ et BB′, se coupant au point O et terminées par des tourillons qui s'engagent dans des œils pratiqués aux extrémités des bras des fourches.

On a ainsi constitué une chaîne formée de quatre couples rotoïdes, dont les éléments sont :

le bâti qui supporte les axes X et Y ;
la fourche XAA′ ;

le croisillon;

la fourche YBB'.

Les axes des couples sont X, OA, OB, Y. Ils forment un angle
tétraèdre de sommet O, déformable. Les faces de cet angle tétraèdre
ont pour valeurs, comme l'indique la figure, 90°, 90°, 90° et ϑ,
ϑ étant l'angle des axes X et Y.

Fig. 225.

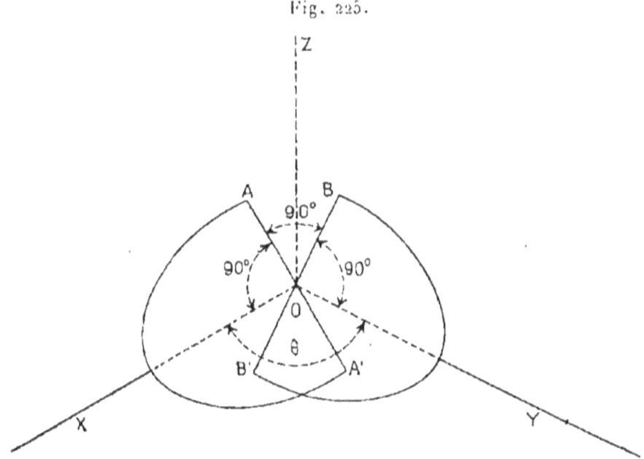

Le cardan fonctionne comme un *trois-barres sphérique*, ayant
pour bâti $\widehat{XOY}$, pour manivelles les deux fourches et pour bielle le
croisillon. Il permet de transformer une rotation autour de X en
une rotation autour de Y. Ses applications sont diverses. L'une des
plus répandues de nos jours est celle qu'on en fait aux automobiles,
pour la transmission de la rotation du moteur au différentiel. En
effet, le moteur est lié au châssis de la voiture et le différentiel à
l'axe des roues arrière, qui n'est pas solidaire du châssis, car les
ressorts de suspension s'interposent entre les deux. On ne peut
donc employer une transmission rigide. Le cardan convient au
contraire, si l'on fait en sorte que l'angle des axes X et Y puisse
varier pendant la marche de la voiture, au gré des secousses qui
déforment les ressorts.

Le cardan a un défaut : *c'est que le rapport des vitesses angu-*

laires des deux fourches n'est pas constant. Cela résulte du calcul suivant.

409. Rapport des vitesses angulaires de deux fourches. — Menons OZ pèrpendiculaire au plan OXY.

OA et OZ étant perpendiculaires à OX, l'angle $\widehat{AOZ} = x$ est celui que fait le plan de la la fourche XOA avec le plan fixe XOZ. De même $\widehat{BOZ} = y$ est l'angle du plan de la fourche YOB avec le plan fixe YOZ. La formule fondamentale de la trigonométrie sphérique, appliquée au trièdre OABZ, donne

$$\cos\widehat{AOB} = \cos\widehat{AOZ}\cos\widehat{BOZ} + \sin\widehat{AOZ}\sin\widehat{BOZ}\cos\widehat{OZ},$$

ou

$$(1) \qquad 0 = \cos x \cos y + \sin x \sin y \cos\theta,$$

ou encore

$$(2) \qquad -\cot x = \tan g\, y \cos\theta.$$

On tire de là, en différentiant,

$$(1 + \cot^2 x)\, dx = (1 + \tan g^2 y)\cos\theta\, dy,$$

d'où, en tenant compte de (1),

$$\frac{dx}{dy} = \frac{(1 + \tan g^2 y)\cos\theta}{1 + \cot^2 x} = \frac{(1 + \tan g^2 y)\cos\theta}{1 + \tan g^2 y \cos^2\theta} = \frac{\cos\theta}{\cos^2 y + \sin^2 y \cos^2\theta}$$
$$= \frac{\cos\theta}{1 - \sin^2 y \sin^2\theta}.$$

Mais les vitesses angulaires ω et ω' des deux fourches sont proportionnelles à dx et à dy. On obtient donc

$$(3) \qquad \frac{\omega}{\omega'} = \frac{\cos\theta}{1 - \sin^2 y \sin^2\theta},$$

ce qui montre bien que le rapport des vitesses angulaires varie avec y.

Les extrema de ce rapport correspondent à $y = 0$, $y = \dfrac{\pi}{2}$. Ce sont

$$\cos\theta \qquad \text{et} \qquad \frac{\cos\theta}{1 - \sin^2\theta} = \frac{1}{\cos\theta}.$$

Il était évident *a priori*, à cause de la symétrie de fonctionnement du mécanisme, que l'on devait trouver pour ces extrema des valeurs inverses, car toute valeur atteinte à un certain instant par $\frac{\omega}{\omega}$, doit l'être, à un autre, par $\frac{\omega'}{\omega}$·

410. Cas où les axes sont rectangulaires. — J'ai supposé implicitement $\theta \neq \frac{\pi}{2}$· Si $\theta = \frac{\pi}{2}$, la formule (1) du paragraphe précédent montre qu'on a :

Soit $x = \frac{\pi}{2}$, y étant quelconque.

Soit $y = \frac{\pi}{2}$, x étant quelconque.

Autrement dit, l'une des deux fourches est nécessairement dans le plan des axes.

Voici comment fonctionne le cardan, dans ce cas singulier : les axes X et Y étant rectangulaires (*fig.* 226), figurons le croisillon

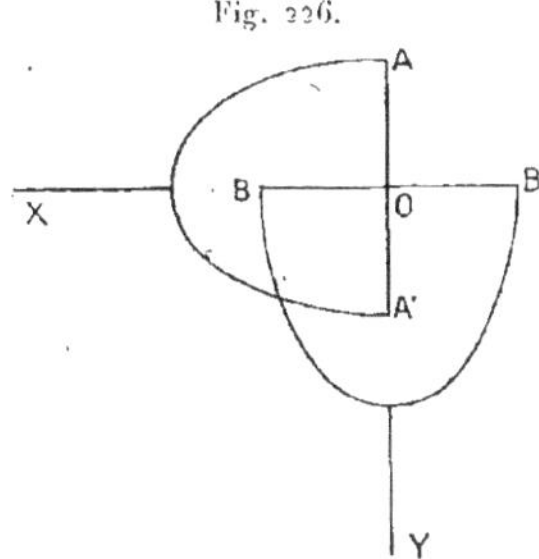

Fig. 226.

dans une position telle que AA′ prolonge Y et BB′ prolonge X. On peut alors : 1° ou bien faire tourner la fourche XAA′, YBB′ restant immobile; 2° ou bien faire le contraire. Le cardan n'est pas *bloqué*, à proprement parler, mais l'une des rotations n'entraîne pas l'autre.

Pratiquement, d'ailleurs, comme les fourches ne peuvent se traverser, chacune d'elles ne peut faire qu'un peu moins d'un demi-tour.

Dans le cas singulier que nous venons d'examiner, l'angle tétraèdre réalisé par le cardan a ses quatre faces égales. C'est l'analogue, dans l'espace, du *contre-losange* (n° 390).

411. **Double cardan.** — Pour remédier au défaut que présente le cardan de ne pas assurer la constance du rapport $\frac{\omega}{\omega'}$, on emploie le *double cardan*. Soient (*fig.* 227) trois axes X, Y, X′ dont les

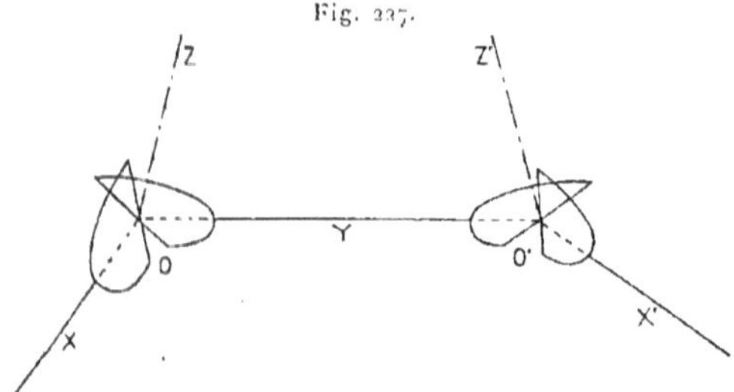

Fig. 227.

deux premiers concourent en O et les deux derniers en O′. Menons OZ perpendiculaire au plan OXY et O′Z′ perpendiculaire au plan O′X′Y. Soit α l'angle $\widehat{OZ, O'Z'}$, c'est-à-dire l'angle des deux plans OXY et O′X′Y. Supposons

$$\widehat{XOY} = \widehat{X'O'Y} = \theta.$$

En O et en O′ on met deux cardans, tels que les deux fourches d'axe Y soient solidaires, et l'on fait en sorte que les plans de ces fourches fassent entre eux l'angle α. Si l'on adopte, pour le cardan placé en O, les mêmes notations qu'au n° 409, et si, pour le cardan placé en O′, les angles analogues à x et à y sont désignés par x' et par y', on a

$$y' = y,$$

et la formule (2) du n° 407 donne

$$x' = x.$$

Par conséquent les deux fourches d'axes X et X′ tournent suivant la même loi de temps.

Les axes X, Y, X′ sont en général dans le même plan. Les axes

extrêmes sont donc ou bien symétriques par rapport au plan médiateur de OO', ou bien parallèles. C'est cette dernière disposition qui
est adoptée dans les automobiles ([1]).

412. Suspension à la Cardan. — La *suspension à la Cardan* est
un mécanisme dont le principe est voisin de celui du *joint de
Cardan*, mais elle doit en être distinguée. Elle se compose de
deux anneaux C et C' dont le premier peut tourner par rapport à un
bâti autour d'un axe X, et dont le second peut tourner par rapport
au premier autour d'un axe Y (*fig.* 228). Les deux axes sont maté-

Fig. 228.

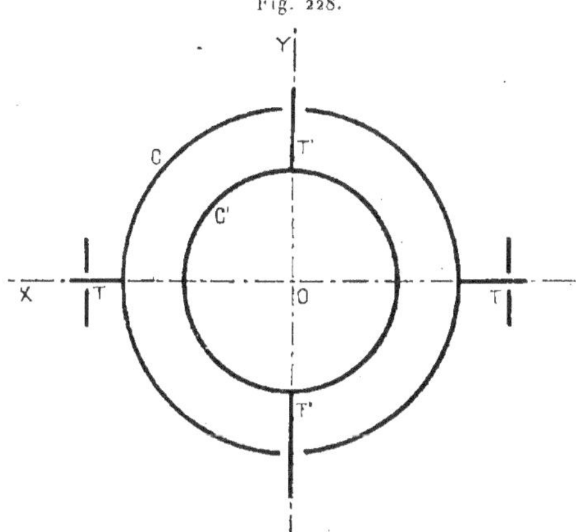

rialisés par des tourillons T et T'. Les axes X et Y sont rectangulaires
et sont des diamètres de C et de C' respectivement. Un solide S' est
solidaire de l'anneau intérieur C'.

On voit que le mécanisme est à deux degrés de liberté. Il est clair

---

([1]) En raccourcissant l'axe Y, on obtient à la limite un mécanisme dans lequel les
points O et O' sont confondus. Une erreur répandue est d'attribuer à ce mécanisme
les propriétés du double cardan. Dans la réalité, c'est un mécanisme *au deuxième
degré de liberté*, réalisation d'un angle pentaèdre, et les fourches d'axes X et X'
peuvent tourner indépendamment l'une de l'autre.

Il semble qu'une confusion se soit établie entre le *joint* de Cardan et la *suspension*
à la Cardan (n° 412), qui sont des mécanismes analogues, mais de fonctionnements
différents.

que le point O est fixe par rapport au solide S′ et par rapport au bâti. Y est fixe par rapport à S′. Donc :

Quand le mécanisme se déforme de toutes les manières possibles, le solide S′ est animé d'un mouvement à deux paramètres autour d'un point fixe. La loi géométrique de ce mouvement est qu'une droite de S′ reste perpendiculaire à une droite fixe. On peut dire aussi qu'une droite de S′, passant par le point O, reste dans un plan fixe, perpendiculaire à X.

L'addition d'un troisième anneau donnerait à S′ un mouvement à trois paramètres autour d'un point fixe, c'est-à-dire que S′ *aurait un point fixe et serait d'ailleurs complètement libre.*

La suspension à la Cardan (au deuxième degré de liberté) permet à un corps, dont le support s'incline dans des sens divers, de s'orienter sous l'action de la pesanteur. L'application typique est celle qu'on en fait aux compas de navires.

413. Chaîne fermée de n couples rotoïdes. — On a reconnu au n° 272 qu'une chaîne fermée de n couples rotoïdes est certainement déformable si $n > 6$. Un compte de paramètres et de conditions a conduit à cette conclusion que, si $n \leqq 6$, la chaîne est *vraisemblablement* indéformable, sauf dans des cas particuliers.

Il faut maintenant préciser cela. Si $n = 3$, il est évident que la chaîne sera indéformable, à moins que les axes ne soient confondus. Il reste à examiner les cas $n = 4$, $n = 5$, $n = 6$. Comme l'intérêt du problème est surtout théorique, j'en ai reporté l'étude à l'une des Notes finales (Note II). On verra là qu'il n'est pas résolu encore dans les deux derniers cas. Pour $n = 4$, la discussion peut être poussée jusqu'au bout. On trouve qu'une chaîne fermée de quatre couples rotoïdes est déformable dans les trois cas suivants, et seulement dans ceux-là :

1° Les quatre axes des couples sont concourants (*angle tétraèdre*) ou parallèles (*quadrilatère articulé plan*).

2° Soient X et Z deux droites confondues, Y et T deux autres droites également confondues (*fig.* 229). Considérons quatre solides, (1) auquel sont liées X et Y, (2) auquel sont liées Y et Z, (3) auquel sont liées Z et T, (4) auquel sont liées T et X, et articulons ces quatre solides, les axes étant X, Y, Z, T. On obtient ainsi une chaîne fermée de quatre couples rotoïdes qui peut être déformée de deux manières : ou bien les axes X et Z restant en coïncidence, Y et T se

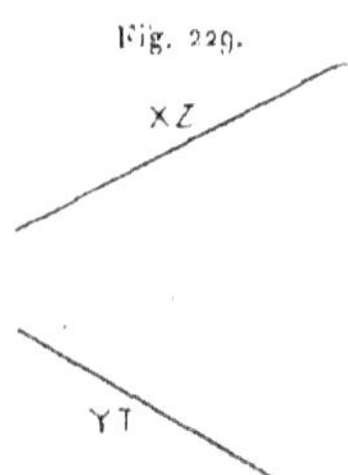

Fig. 229.

séparent ; ou bien c'est le contraire qui se produit. Ce mécanisme fournit la généralisation extrême du contre-losange (n° 390).

3° La chaîne constitue le *mécanisme de Bennett*, qui va faire l'objet du paragaphe suivant.

414. Mécanisme de G.-T. Bennett. — L'existence de ce mécanisme repose sur une propriété du quadrilatère gauche à côtés opposés égaux ou *isogramme* ([1]).

Soit ABCD un isogramme (*fig.* 230). On a

$$AB = CD, \qquad BC = DA.$$

L'isogramme a un axe de symétrie. Soient en effet I le milieu de AC, J celui de BD. Les deux triangles ABC, CDA sont égaux. Donc IB = ID. Par conséquent le point I appartient à la médiatrice de BD. Autrement dit, les deux points B et D sont symétriques par rapport à IJ. On reconnaît qu'il en est de même des points A et C. Donc, etc.

Appelons *dièdres* de l'isogramme les dièdres dont chacun a pour arête un côté de cet isogramme, ses faces passant respectivement par les sommets qui n'appartiennent pas à ce côté. Par exemple, le dièdre $\widehat{AB}$ est celui qui a pour arête AB et pour faces les plans ABC, ABD.

([1]) Ce terme a été proposé par M. Bennett même.

Posons

$$AB = CD = a, \qquad BC = DA = b.$$

On a les relations

(1)
$$\frac{\sin \widehat{AB}}{a} = \frac{\sin \widehat{BC}}{b} = \frac{\sin \widehat{CD}}{a} = \frac{\sin \widehat{DA}}{b}.$$

Fig. 230.

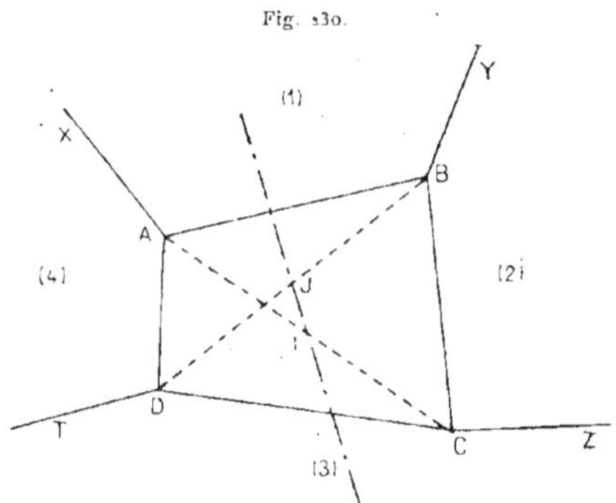

En effet, on a, dans le trièdre $B(ADC)$, en vertu d'une formule classique,

$$\frac{\sin \widehat{AB}}{\sin \widehat{BC}} = \frac{\sin \widehat{CBD}}{\sin \widehat{ABD}}.$$

Mais le triangle CBD étant égal au triangle ADB, on a

(2)
$$\frac{\sin \widehat{CBD}}{\sin \widehat{ABD}} = \frac{\sin \widehat{ADB}}{\sin \widehat{ABD}} = \frac{AB}{DA} = \frac{a}{b}.$$

Donc

$$\frac{\sin \widehat{AB}}{\sin \widehat{BC}} = \frac{a}{b},$$

ce qui est la première des égalités (1). On démontre de même les autres, qui n'en sont d'ailleurs pas distinctes, à cause de la symétrie de l'isogramme.

On a une démonstration plus concise en appliquant le théorème connu suivant : *le volume d'un tétraèdre est égal aux deux tiers du produit des aires de deux faces et du sinus de l'angle de leur plan, divisé par la longueur de l'arête commune.*

Écrivons deux expressions du volume du tétraèdre ABCD. On a

$$\frac{2}{3}\,\frac{\text{aire ABD} \times \text{aire ABC}}{\text{AB}}\,\sin\widehat{\text{AB}} = \frac{2}{3}\,\frac{\text{aire ABC} \times \text{aire BCD}}{\text{BC}}\,\sin\widehat{\text{BC}},$$

d'où, en tenant compte d'égalités de triangles,

$$\frac{\sin\widehat{\text{AB}}}{\text{AB}} = \frac{\sin\widehat{\text{BC}}}{\text{BC}}.$$

Cela posé, supposons que l'isogramme ait pour côtés des tiges rigides *sphériquement* articulées en leurs points communs. Le mécanisme obtenu est déformable et sa liberté est du second degré (il en est de même de tout quadrilatère gauche [articulé]. En effet on peut faire varier indépendamment les longueurs des deux diagonales, par exemple.

L'isogramme reste déformable, sa liberté n'étant plus que du premier degré, si l'on astreint le dièdre $\widehat{\text{AB}}$ à rester de grandeur constante. La formule (1) montre qu'alors *tous ses autres dièdres restent aussi constants.*

Soient maintenant X, Y, Z, T quatre droites passant par A, B, C, D et perpendiculaires respectivement aux plans DAB, ABC, BCD, CDA. La figure XABY est de grandeur constante : en effet AB, plus courte distance de X et de Y, est de longueur constante a, et l'angle $\widehat{\text{X, Y}}$, égal au dièdre $\widehat{\text{AB}}$, est aussi constant. On peut donc parler du *solide* XABY ou (1). On définira de même les solides YBCZ ou (2), ZCDT ou (3), TDAX ou (4).

Ces quatre solides sont les éléments d'une chaîne fermée de quatre couples rotoïdes, les axes étant X, Y, Z, T, *et cette chaîne est déformable.* Le résultat est très remarquable et même surprenant, aucun des axes ne rencontrant les autres.

Si l'on fait jouer au solide (1) le rôle de bâti, les solides (2), (3) et (4) constituent un *trois-barres gauche,* dont (2) et (4) sont les manivelles et dont (3) est la bielle.

Au cours de la déformation, il arrive un instant où l'angle $\widehat{\text{ABC}}$ devient égal à 0 ou à π. Alors il en est de même de l'angle $\widehat{\text{CDA}}$.

L'isogramme *s'aplatit* et ses quatre sommets sont quatre points en ligne droite A, B, C, D tels que l'on ait, en grandeur et en signe, AB = DC. L'axe de symétrie U de l'isogramme devient une médiatrice de AC et de BD. Les axes X, Y, Z, T sont tous perpendiculaires à la droite ABCD. X et Z d'une part, Y et T de l'autre, sont symétriques par rapport à U.

Le mécanisme de Bennett ne semble pas avoir reçu jusqu'ici d'applications industrielles. Il en est peut-être cependant susceptible, par exemple à des transformations de rotations alternatives en rotations alternatives telles qu'il s'en présente dans les *encliquetages*. Il ne conviendrait pas pour des transformations de rotations de sens constant, car il ne conserve pas le rapport des vitesses : ses propriétés sont, à cet égard, analogues à celles du cardan.

415. Construction d'un modèle du mécanisme de Bennett. — Comme il est assez malaisé de se rendre compte par l'imagination du fonctionnement d'un mécanisme de Bennett, je vais indiquer, en entrant dans tous les détails nécessaires, comment on peut en construire un modèle à peu de frais. Je recommande cet exercice au lecteur qui a le goût du travail manuel et la possibilité de s'y livrer.

Matériel. — Quatre règles d'écolier, en poirier non teinté. Ces règles, de 40^{cm} de longueur, ont pour section un carré de 10^{mm} ou 9^{mm} de côté, suivant le modèle. Une douzaine de vis à bois, de 20 ou 25^{mm} de longueur, ayant une *soie* (ou partie lisse) d'environ 3^{mm} de diamètre.

Construction. — 1° Confectionner deux pièces, qui seront dites (1) et (3), conformément à la figure 231, représentation en perspective cavalière. A est l'une des règles, coupée à 33^{cm} de longueur. B et C, prélevées dans la chute, ont 3^{cm}. Ces deux morceaux de règle sont fixés sur A au moyen de vis, dans les positions indiquées. Prendre garde à la *disposition* de l'ensemble et ne pas la confondre avec la disposition symétrique.

B et C sont percées de trous dirigés, comme l'indique la figure, suivant des médianes X et Y de ces pièces. Ces trous doivent être alésés au diamètre des soies des vis employées.

La distance des droites X et Y doit donc être de 30^{cm};

2° Chanfreiner les deux autres règles, au rabot, de manière à leur donner pour section droite un octogone régulier, comme l'indique la

Fig. 231.

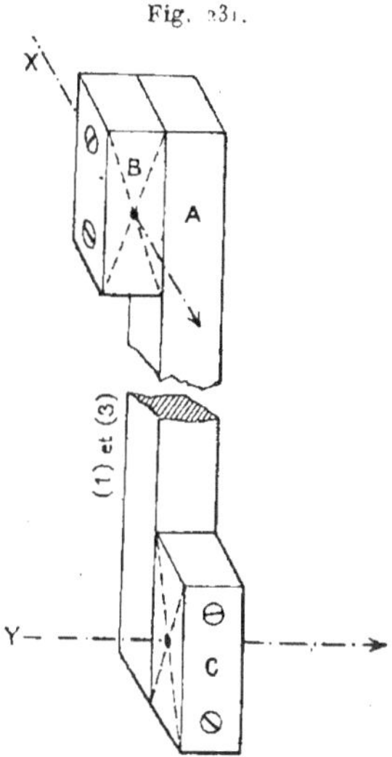

figure 232, qui donne une représentation par projections orthogonales. Les deux pièces obtenues seront dites (2) et (4). Y percer des trous ayant pour axes X et Y. Prendre encore garde à la disposition. La distance de ces axes doit être égale à

$$\frac{30^{cm}}{\sqrt{2}} = 212^{mm},1,$$

et la longueur des pièces à

$$212^{mm},1 + 30^{mm} = 242^{mm},1.$$

Les trous doivent être tels que l'on puisse y visser à force les vis à bois employées. Quelques essais préliminaires, faits sur les chutes, seront utiles pour éviter l'éclatement du bois (le poirier y est fort sujet).

Montage. — Les axes dont il vient d'être question sont au nombre total de huit. Ils sont tous désignés par X ou par Y. Pour les distinguer, j'emploierai des notations telles que X_1, X_2, …, Y_3, Y_4.

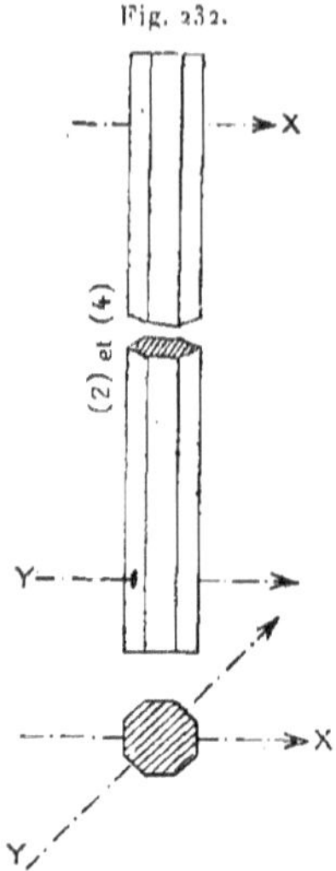

Fig. 232.

Ces axes sont orientés comme l'indiquent les figures 231 et 232. Cela posé :

1° Affronter les pièces (1) et (2) de telle manière que l'axe X_2 prolonge l'axe X_1. Les axes étant orientés, il ne peut y avoir de doute sur les faces qui doivent être contiguës. Établir la liaison des deux pièces au moyen d'une vis à bois orientée comme ces deux axes. (1) tourne donc librement autour de la soie de cette vis, fixée dans (2).

2° Articuler de même les pièces (1) et (4), affrontées de telle manière que l'axe Y_1 prolonge X_4.

3° Articuler (2) et (3) de telle manière que l'axe *opposé* à X_3 prolonge Y_2;

4° Articuler (3) et (4) de telle manière que Y_4 prolonge l'axe *opposé* à Y_3.

On obtient ainsi un modèle du mécanisme, correspondant aux

données suivantes, avec les rotations du n° **414**,

$$a = 30^{cm}, \qquad b = \frac{30^{cm}}{\sqrt{2}},$$

$$\widehat{AB} = \widehat{CD} = 90^o, \qquad \widehat{BC} = \widehat{DA} = 45^o.$$

On a bien

$$\frac{\sin \widehat{AB}}{\sin \widehat{BC}} = \frac{a}{b}.$$

416. Hyperboloïde articulé. — Je vais établir le théorème suivant :

Soit H un hyperboloïde à une nappe. *Réalisons par des tiges rigides un nombre quelconque de génératrices de l'un et de l'autre système, et articulons-les sphériquement en leurs points de rencontre. Le mécanisme ainsi constitué est déformable. Les tiges qui le composent sont, à un instant quelconque, les génératrices d'un hyperboloïde égal à un hyperboloïde homofocal à* H.

Soit en effet

$$(1) \qquad \frac{x^2}{A} + \frac{y^2}{B} + \frac{z^2}{C} = 1$$

l'équation de H. Pour que cette équation représente un hyperboloïde à une nappe, il faut, comme on sait, que deux des coefficients A, B, C soient positifs et le troisième négatif. Supposons par exemple

$$A > 0, \qquad B > 0, \qquad C < 0.$$

Supposons aussi

$$A > B.$$

Une quadrique H′, homofocale à H, a pour équation

$$(2) \qquad \frac{x^2}{A + \lambda} + \frac{y^2}{B + \lambda} + \frac{z^2}{C + \lambda} = 1.$$

H′ est un hyperboloïde à une nappe, comme H, si l'on a

$$A + \lambda > 0, \qquad B + \lambda > 0, \qquad C + \lambda < 0,$$

ce qui se réduit à

$$(3) \qquad -B < \lambda < -C.$$

Si λ prend sa valeur minimum $-B$, H$'$ se réduit à l'*hyberbole*

$$y = 0, \qquad \frac{x^2}{A-B} + \frac{z^2}{C-B} = 1.$$

Si λ prend sa valeur maximum $-C$, H$'$ se réduit à l'*ellipse*

$$z = 0, \qquad \frac{x^2}{A-C} + \frac{y'^2}{B-C} = 1.$$

Supposons que λ satisfasse à (3). $M(x, y, z)$ étant un point de H, faisons lui correspondre le point $M'(x', y', z')$ par les formules

$$(4) \qquad x' = \sqrt{\frac{A+\lambda}{A}}\, x, \qquad y' = \sqrt{\frac{B+\lambda}{B}}\, y, \qquad z' = \sqrt{\frac{C+\lambda}{C}}\, z,$$

où les radicaux ont leurs valeurs arithmétiques.

On reconnaît immédiatement que x, y, z satisfaisant à (1), x', y', z' satisfont à (2). Donc le point M' appartient à H$'$.

Observons ensuite que les formules (4) exprimant linéairement x', y', z' en x, y, z [1], si le point M décrit une droite, le point M$'$ en décrit une aussi.

Donc la transformation (4) fait correspondre aux génératrices de H celles de H$'$.

Soient enfin $M_1(x_1, y_1, z_1)$ et $M_2(x_2, y_2, z_2)$ deux points de H, appartenant à une même génératrice, $M'_1(x'_1, y'_1, z'_1)$ et $M'_2(x'_2, y'_2, z'_2)$ les points correspondants, appartenant comme on vient de le voir à une même génératrice de H$'$. *Je dis que l'on a $M'_1 M'_2 = M_1 M_2$.*

On a en effet

$$\overline{M'_1 M'_2}^2 = (x'_1 - x'_2)^2 + (y'_1 - y'_2)^2 + (z'_1 - z'_2)^2$$

$$= \frac{A+\lambda}{A}(x_1 - x_2)^2 + \frac{B+\lambda}{B}(y_1 - y_2)^2 + \frac{C+\lambda}{C}(z_1 - z_2)^2$$

$$= (x_1 - x_2)^2 + (y_1 - y_2)^2 + (z_1 - z_2)^2$$

$$+ \lambda \left[\left(\frac{x_1^2}{A} + \frac{y_1^2}{B} + \frac{z_1^2}{C} \right) \right.$$

$$\left. + \left(\frac{x_2^2}{A} + \frac{y_2^2}{B} + \frac{z_2^2}{C} \right) - 2 \left(\frac{x_1 x_2}{A} + \frac{y_1 y_2}{B} + \frac{z_1 z_2}{C} \right) \right].$$

---

[1] Ces formules, étendues à tout l'espace, définissent une *affinité*, c'est-à-dire une transformation homographique qui conserve le plan de l'infini.

Dans le coefficient de λ, la somme des termes contenus dans chacune des deux premières parenthèses est égale à 1, puisque M_1 et M_2 sont sur H. Il en est de même de la somme des termes contenus dans la troisième parenthèse. En effet, $M_1 M_2$ étant par hypothèse une génératrice de H, M_2 est dans le plan tangent en M_1 à cette surface, ce qui s'exprime par

$$\frac{x_1 x_2}{A} + \frac{y_1 y_2}{B} + \frac{z_1 z_2}{C} = 1.$$

Le coefficient de λ est donc $1 + 1 - 2 = 0$, et il reste

$$\overline{M_1' M_2'}^2 = (x_1 - x_2)^2 + (y_1 - y_2)^2 + (z_1 - z_2)^2 = \overline{M_1 M_2}^2 \quad \text{C. Q. F. D.}$$

Comme, en faisant varier λ, on peut passer par continuité de H à H', la proposition énoncée au début du paragraphe est démontrée. Pour les valeurs extrêmes $-B$ et $-C$ de λ, l'hyperboloïde s'aplatit et le système articulé forme l'ensemble des tangentes à une hyperbole ou à une ellipse.

Si $A = B$, l'hyperboloïde reste de révolution, au cours de sa déformation. L'ellipse limite est un cercle, l'hyperbole limite se réduit à une droite double, de sorte que toutes les tiges du système viennent se confondre.

L'hyperboloïde articulé paraît connu comme mécanisme depuis longtemps, mais la théorie mathématique en est assez récente. Constitué de baguettes de bois simplement assemblées par des clous, c'est un ustensile de ménage, le *cache-pot*. Comme les tiges forment alors des couples rotoïdes et non sphériques, il n'est déformable qu'à cause du jeu laissé dans les articulations, et sa déformation est d'ailleurs assez limitée. On en a fait aussi des dévidoirs extensibles, des grilles repliables telles que celles que l'on voit fréquemment à Paris, autour des regards des égouts où se font des travaux.

Si l'on fixe une génératrice G d'un hyperboloïde articulé, tous les points marqués sur une autre génératrice G' du même système restent sur des sphères ayant leurs centres sur G. On retrouve ainsi une propriété étudiée au tome I, n° **263**, p. 312 : *une ponctuelle peut se mouvoir de telle manière que tous ses points restent sur des sphères dont les centres sont alignés.* Le mouvement de la ponctuelle est d'ailleurs à deux paramètres.

En particulier, il existe un point de la ponctuelle qui décrit un plan. Darboux et M. Kœnigs ont appliqué cette propriété à la construction d'un appareil propre à la description du plan. Il se compose simplement de quatre tiges $A_1A_2A_3$, O_1A_1, O_2A_2, O_3A_3 articulées en A_1, A_2, A_3, les trois dernières ayant leurs extrémités O_1, O_2, O_3 fixes et alignées. Les articulations doivent laisser au mécanisme assez de liberté pour que la ponctuelle $A_1A_2A_3$ puisse prendre toutes les positions compatibles avec les liaisons imposées. Il existe alors un point A de A_1, A_2, A_3 qui se meut librement dans un plan perpendiculaire à la droite $O_1O_2O_3$ (ou plus exactement à l'intérieur d'une certaine région de ce plan).

417. Joint d'Oldham. — Le *joint d'Oldham*, où entrent des couples prismatiques, sert à transformer, avec conservation de la vitesse angulaire, une rotation autour d'un axe en une rotation autour d'un axe parallèle.

Soient X et Y les deux axes (*fig.* 233). Autour de chacun d'eux

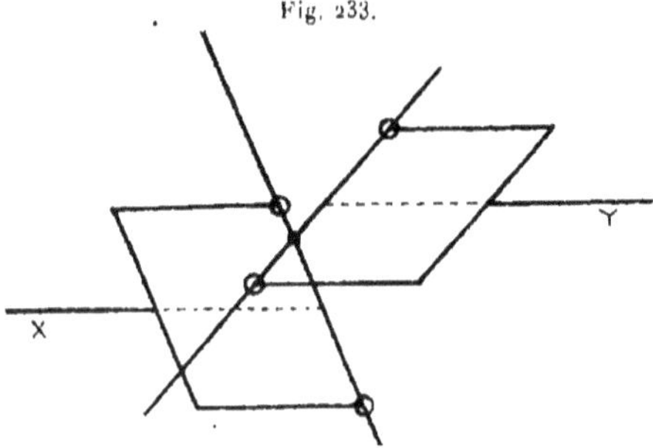

Fig. 233.

tourne une fourche dont chaque bras est percé d'un œil. Un croisillon est formé de deux bras rectangulaires qui s'engagent dans les œils des fourches.

Soit O le centre du croisillon. Le plan (OX) et le plan (OY) sont constamment rectangulaires. Il en résulte immédiatement que les vitesses angulaires des deux fourches sont toujours égales.

Cette disposition est souvent modifiée. Les fourches sont remplacées par des plateaux A et B (*fig.* 234); dans les faces en regard de ces plateaux sont pratiquées des rainures où s'engagent deux nervures rectangulaires, faisant saillie sur les faces d'un plateau intermédiaire C. Le joint d'Oldham, ainsi construit, prend le nom de *joint-tournevis*.

Le joint d'Oldham peut servir pour prolonger l'arbre d'un moteur,

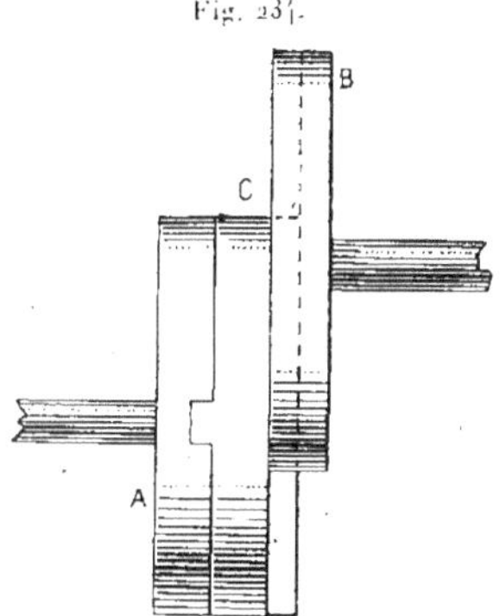

Fig. 234.

quand la conservation exacte de la vitesse angulaire est une condition essentielle. Cette prolongation, au sens géométrique du mot, pourrait être difficile à obtenir. Il n'est pas nécessaire qu'elle soit réalisée pour que le joint d'Oldham fonctionne correctement : le parallélisme des axes suffit. Par exemple, on emploie fréquemment le joint-tournevis dans le montage des magnétos d'automobiles.

448. Joint de M. Kœnigs. — Il sert, comme le cardan, à transformer une rotation autour d'un axe en une rotation autour d'un axe concourant avec le premier, mais il conserve la vitesse angulaire.

Deux plateaux A et B tournent respectivement autour de leurs axes concourants OX et OY (*fig.* 235). Une pièce en forme de V, C, a pour bras deux cylindres de révolution formant avec chacun des plateaux un couple verrou. L'ensemble du mécanisme est symétrique par rapport au plan bissecteur de l'angle XOY. Il est visible que cette symétrie persiste, si l'on fait tourner l'un des plateaux, et que l'autre plateau tourne avec la même vitesse angulaire que le premier.

Au lieu de faire C d'une seule pièce, on peut en assembler les deux bras par une charnière. Cette charnière ne joue pas, pendant le fonctionnement du mécanisme, mais son existence permet de modifier à volonté l'angle des axes. On peut multiplier le nombre des pièces C.

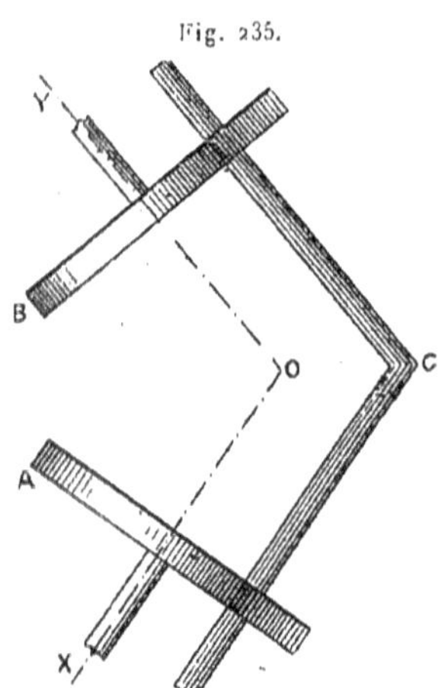

Fig. 235.

419. Joint Goubet. — Un arbre cylindrique, tournant autour de son axe X, est terminé par deux sphères S et S′ (*fig.* 236), de sorte

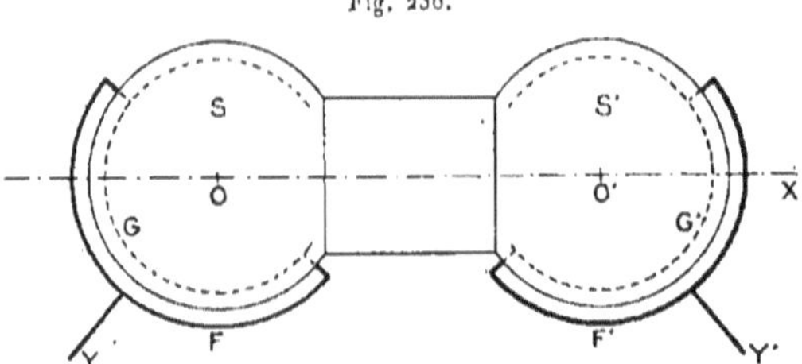

Fig. 236.

que l'ensemble a la forme d'un haltère. Deux autres arbres tournent respectivement autour des axes Y et Y′, rencontrant X aux points O et O′, centres des sphères S et S′. Les arbres se terminent par des fourches F et F′, dont les bras portent des goujons qui s'engagent dans des glissières G et G′, pratiquées suivant des arcs de grands cercles dans les deux sphères. L'ensemble de la figure est symétrique par rapport au plan médiateur de OO'.

Le fonctionnement du mécanisme est évident : Si l'on fait tourner l'arbre d'axe Y, sa rotation entraîne celle de l'haltère, qui fait tourner à son tour l'arbre Y', les goujons glissant dans les glissières. Le mouvement de l'arbre Y' est symétrique de celui de l'arbre Y, de sorte que les vitesses angulaires de ces deux arbres sont égales.

Il est facile de voir que le joint Goubet n'est qu'une variante du double joint de Cardan. Figurons en effet les axes OX, OY (*fig.* 237).

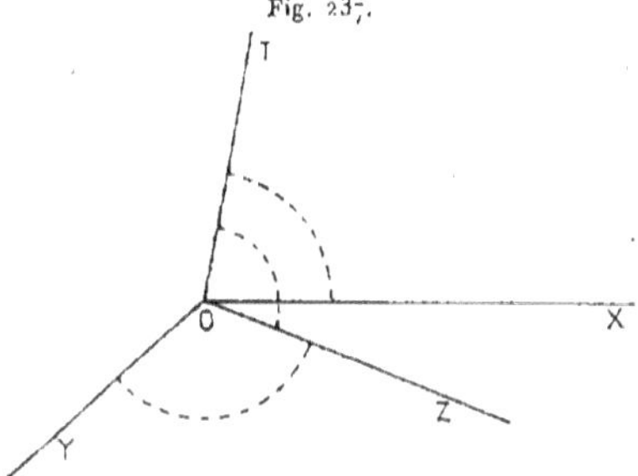

Fig. 237.

Soit OZ le diamètre de la sphère S qui contient les goujons de la fourche F. Soit enfin OT la perpendiculaire au plan XOZ.

OXYZT est un angle tétraèdre dont trois des faces, à savoir les angles YOZ, ZOT, TOX sont égaux à 90°. La quatrième face, XOY, peut avoir une valeur quelconque. On retrouve donc exactement l'angle tétraèdre articulé que le cardan réalise autrement.

420. Joint Clemens. — Ce joint est figuré schématiquement en XABCY (*fig.* 238). AX et CY sont deux tiges fixes, tournant autour de leurs axes. AB et BC sont deux autres tiges articulées avec les premières et entre elles. Mais les couples (AB, AX) et (BC, CY) sont *rotoïdes*, tandis que le couple (AB, BC) est *sphérique*. Le mécanisme comprend donc cinq éléments, en tenant compte du bâti S. Il s'y trouve quatre couples rotoïdes et un couple sphérique. Évaluons sa liberté, suivant les principes du n° **272**.

Le bâti étant pris comme solide de référence, le mécanisme, s'il n'y avait aucune liaison entre ses éléments, dépendrait de $6 \times 4 = 24$ paramètres. L'existence d'un couple rotoïde imposant 5 conditions et celle d'un couple sphérique en imposant 3, les liaisons supposées imposent en tout $4 \times 5 + 3 = 23$ conditions. Il reste donc une liberté du premier degré *en général* (c'est-à-dire qu'il ne faut pas

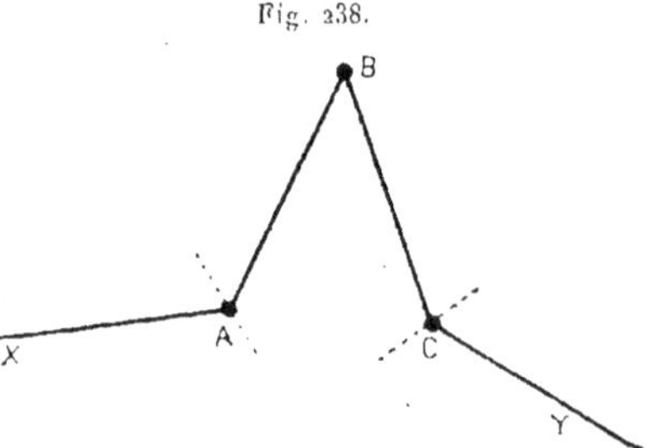

Fig. 238.

exclure *a priori* des cas paradoxaux, au sens du n° **273**, où la liberté serait d'un degré plus élevé; il en serait ainsi, si AX et CY étaient confondus, et il est aisé de voir que ce cas sans intérêt est le seul de son espèce). Par conséquent, une rotation de la tige AX entraîne celle de la tige CY.

Dans les applications (peu nombreuses), on fait en sorte que le mécanisme soit symétrique par rapport au plan bissecteur de AX et de CY, de manière à conserver la vitesse angulaire en passant de AX à CY.

421. Tour ovale. — Je terminerai ce chapitre par la description du *tour ovale*, qui permet d'obtenir des cylindres de sections elliptiques. J'en parle ici plutôt qu'ailleurs, à cause de l'analogie de ce mécanisme avec le joint d'Oldham, réalisé sous la forme de *joint-tournevis* (n° **417**).

Un disque D (*fig.* 239) tourne autour de son centre O qui est fixe. Dans ce disque est pratiquée une rainure FGHI, où glisse une pièce prismatique ABCE. Les faces terminales AB et CE de cette pièce sont en contact avec deux règles parallèles R et R', assujetties d'autre part à rester tangentes au contour d'un disque circulaire fixe D', de centre O' (on peut dire aussi que le solide constitué par R et R' est assujetti à tourner autour du point O').

Le mouvement $\left(\dfrac{D'}{ABCE} \right)$ n'est autre que le mouvement à trajectoires

elliptiques étudié au tome I, n° 247, p. 285. En effet, par rapport à la
pièce ABCE, le point O du plan lié à D′ décrit la médiatrice KX des
droites AE, BC et le point O′ du même plan décrit la médiatrice KY

Fig. 239.

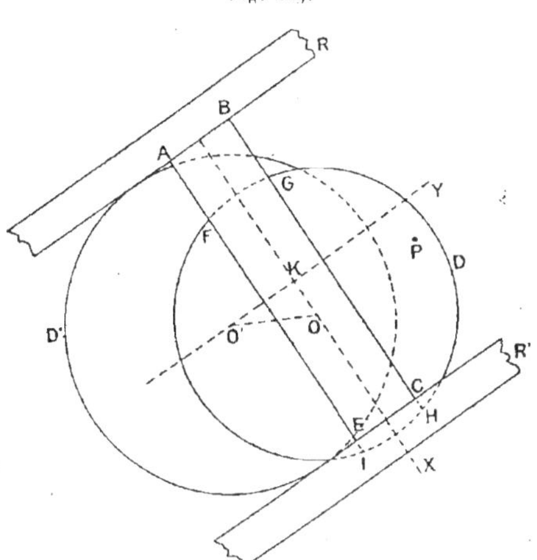

des droites AB, CE. Si donc P est un point du plan fixe, son lieu
par rapport à ABCE est une ellipse. Les axes de cette ellipse sont
dirigés suivant KX et KY, si le point P appartient à la droite OO′.

Par conséquent, si l'on imagine que la pièce à tourner soit montée
sur la coulisse ABCE, un crochet de tour maintenu en P donnera
pour section à cette pièce une ellipse.

CHAPITRE XX.

ROLE DU FROTTEMENT DE GLISSEMENT DANS LES MÉCANISMES.

422. Rappel des lois du frottement. — Bien que l'étude du frottement soit étrangère à la Cinématique, on ne peut passer sous silence un phénomène d'une importance aussi considérable, d'autant plus que le fonctionnement même de plusieurs mécanismes s'appuie sur les propriétés du frottement de glissement. Rappelons-en les lois classiques.

Soient S et S′ deux solides en présence, limités par des surfaces Σ et Σ' qui sont tangentes en un point M. Chacun d'eux exerce une action sur l'autre. Ces deux actions sont des forces opposées, dont la ligne d'action commune X passe par le point M.

En statique rationnelle, on admet d'abord que X est la normale MN commune aux deux surfaces. Cette propriété définit des solides *parfaitement polis*. Mais les solides naturels ne le sont jamais, et X est en général distincte de MN. La direction de cette droite satisfait à la condition suivante : elle est non-extérieure à un cône de révolution, dit *cône de frottement*, de sommet M et d'axe MN. Le demi-angle φ de ce cône est dit *angle de frottement* des surfaces en contact. Il dépend de leur nature matérielle. Le nombre $f = \tan\varphi$ est dit *coefficient de frottement* de ces mêmes surfaces.

Les aide-mémoire, formulaires, etc. font connaître la valeur de f pour les divers couples de surfaces en contact que l'on rencontre dans la pratique. Ce coefficient varie de 0,03 (surfaces aussi polies que possible) à 0,50 et au delà.

La droite X est non-extérieure, ai-je dit, au cône de frottement. Si les deux solides S et S′ sont en repos relatif, on ne peut rien dire de général qui en précise la direction. S'ils sont en mouvement relatif, X est une génératrice du cône de frottement. En outre, cette droite est telle que sa projection sur le plan tangent en M est parallèle au vecteur $\mathbf{v}_{s/s} = -\mathbf{v}_{s/s'}$. Enfin l'action exercée par l'un des solides sur l'autre doit s'opposer au mouvement, ce qui en détermine le sens.

Il va sans dire que toutes ces lois ne sont que des *hypothèses*, vérifiées par l'accord de leurs conséquences avec les faits.

423. Postulat du coincement. — Aux lois rappelées ci-dessus il faut ajouter un postulat qui n'en résulte nullement.

Soient S_1, S_2, S_3, ... divers solides en présence. On les suppose initialement au repos et soumis à des forces extérieures quelconques F, dont les vecteurs glissants forment un torseur nul.

Supposons que l'on puisse trouver un système d'actions mutuelles des solides S_i, telles que : 1° chacun de ces solides soit en équilibre sous l'action des forces qui le sollicitent; 2° que les actions dont il s'agit satisfassent aux lois du frottement (c'est-à-dire que, pour deux solides en contact, les actions mutuelles sont opposées, et que leur support commun est non extérieur au cône de frottement correspondant). Alors nous postulerons que *les solides* S_i *restent en équilibre sous l'action des forces* F.

On donne à ce phénomène le nom de *coincement* (ou encore *d'arc-boutement*). J'appellerai *postulat du coincement* celui qui est énoncé à la fin de l'alinéa précédent.

Quand le phénomène du coincement se présente, on ne peut en général déterminer d'une manière précise les actions mutuelles des solides S_i. C'est ce que nous montre l'exemple classique traité au paragraphe suivant.

424. Exemple de coincement. — *Une tige rigide* AB *repose par ses extrémités sur deux plans* P *et* Q *(fig. 236). Elle est pesante et supporte des charges verticales. La résultante* F *des actions exercées par la pesanteur sur la tige est dirigée suivant la verticale* X. *Trouver les conditions d'équilibre de la tige, en tenant compte de son frottement sur les plans.*

Supposons pour simplifier que les deux plans P et Q se coupent suivant une horizontale et que la tige AB soit dans un plan perpendiculaire à cette horizontale. Prenons ce plan pour plan de la figure. Tout s'y passe.

Soient AM et BN les perpendiculaires élevées en A et B aux plans P et Q. Les cônes de frottement de sommets A et B ont pour

Fig. 240.

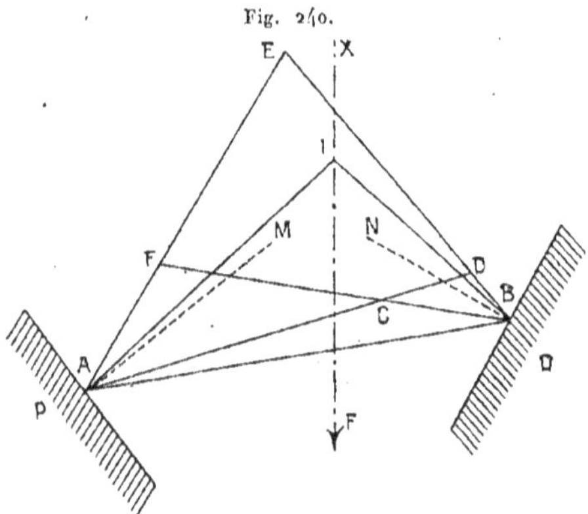

traces sur le plan de la figure deux angles dont les bissectrices sont AM et BN. Supposons les dispositions telles que l'ensemble de ces traces limite un quadrilatère CDEF.

Si la verticale X traverse, comme sur la figure, la région intérieure au quadrilatère CDEF, désignons par I un point quelconque du segment de X qui appartient à cette région. Menons les droites AI et BI. On peut, comme on sait, trouver deux forces F_1 et F_2, dirigées respectivement suivant AI et suivant BI, qui fassent équilibre à F. Cela suffit, en vertu du postulat, à établir que la tige AB, soumise à la force F et appuyée sur les plans fixes P et Q, est en équilibre, car F_1 et F_2 sont intérieures aux cônes de frottement correspondants. Le point I n'a pas une position déterminée, et les principes invoqués ne permettent pas de lever l'indétermination. Pour y parvenir, il faudrait faire intervenir la théorie de l'élasticité qui étudie les déformations des corps réels sous l'action des forces (¹).

L'équilibre subsiste, si intense que soit la force F, tant que la tige AB n'est pas trop déformée ou brisée. C'est là le fait intéressant pour les applications.

(¹) Consulter à ce sujet deux articles de M. H. Béghin, dans les *Nouvelles Annales de Mathématiques*, 1923-1924, p. 305, et 1924-1925, p. 343.

425. Coincement dans les systèmes de cames. — Soient A et A′ deux cames (*fig.* 241), limitées respectivement par les contours C et C′

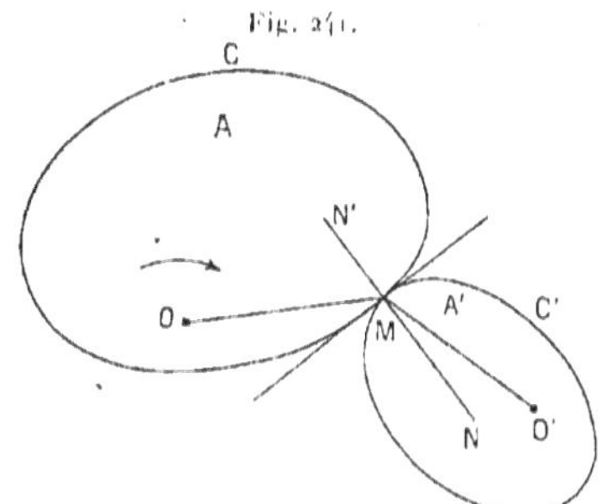

et tournant autour des points O et O′. Appelons M le point de contact des courbes C et C′ et MN leur normale commune. On suppose que M n'appartient pas à OO′.

Soit φ l'angle de frottement de C′ sur C.

Supposons que, le mécanisme étant au repos, la came A soit soumise à un couple $\mathcal{C}$ qui tend à la faire tourner autour du point O dans le sens de la flèche. Menons la droite O′M. Je dis que, *si l'angle* $\widehat{\text{O′MN}}$ *est inférieur à* φ, *un coincement se produit, et que le mécanisme reste en repos, si considérable que soit le moment* $\mathfrak{M}$ *du couple* $\mathcal{C}$.

En effet, on peut trouver une force F dirigée suivant O′M, telle que son moment par rapport au point O soit égal à — $\mathfrak{M}$. Alors, d'une part A est en équilibre sous l'action du couple $\mathcal{C}$ et de la force F; d'autre part A′, mobile autour du point O′, est en équilibre sous l'action de la force — F, qui passe par ce point. Toutes les conditions supposées au n° 423 sont satisfaites, et le coincement se produit bien.

Il ne se produira pas, au contraire, si $\widehat{\text{O′MN}} > \varphi$. Ainsi, l'angle $\widehat{\text{OMN′}}$ étant supposé $> \varphi$, il n'y aura pas de coincement si A′ joue le rôle de came menante, et sa rotation provoquera celle de A.

Il est essentiel, dans tous les projets de cames, de vérifier que l'on est franchement en dehors des conditions de coincement. De même pour les projets d'engrenages, les engrenages n'étant que des cames particulières.

426. Coincement dans les engrenages hélicoïdaux, dans les engrenages gauches. — On peut généraliser la question examinée au paragraphe précédent, en considérant un couple de contact dont les éléments sont deux solides A et A′ tournant respectivement autour des axes X, X′, qui ne sont plus nécessairement parallèles (*fig.* 242).

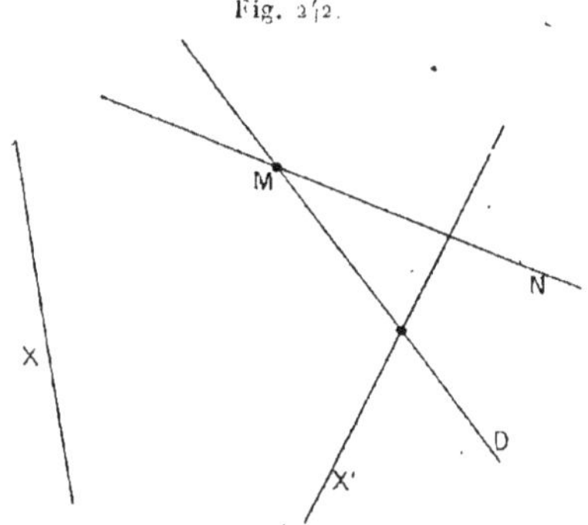

Fig. 242.

Soient S et S′ leurs surfaces terminales qui se touchent en M, MN la normale commune en M à ces surfaces.

Supposons que le cône de frottement de sommet M et d'axe MN soit coupé par l'axe X′. Alors on peut trouver, d'une infinité de manières, une droite D passant par M, rencontrant X′ et contenue à l'intérieur de ce cône. Si le solide A, supposé menant, est soumis à un couple moteur C, on peut trouver une force F dirigée suivant D, dont le moment par rapport à X soit opposé au moment du couple C, et l'on voit, en raisonnant comme ci-dessus, que toutes les conditions du coincement sont remplies.

Il revient au même de dire que le coincement se produit si l'angle aigu que fait X′ avec la droite MN, dirigée vers l'intérieur de la surface S′, est inférieur à l'angle de frottement φ.

Comme application, considérons un engrenage gauche hélicoïdal (n°s 337 et suiv.) dont les axes sont X_1 et X_2 (*fig.* 243). Soit M le point de contact des deux noyaux. Les deux hélices directrices H_1 et H_2, tangentes en M, font respectivement avec X_1 et X_2 les angles φ_1 et φ_2.

Comme les surfaces suivant lesquelles sont taillées les dents s'éloignent peu de surfaces de vis à filet carré, on peut, sans grosse erreur, dire que leur normale commune en M fait avec les axes X_1 et X_2 des

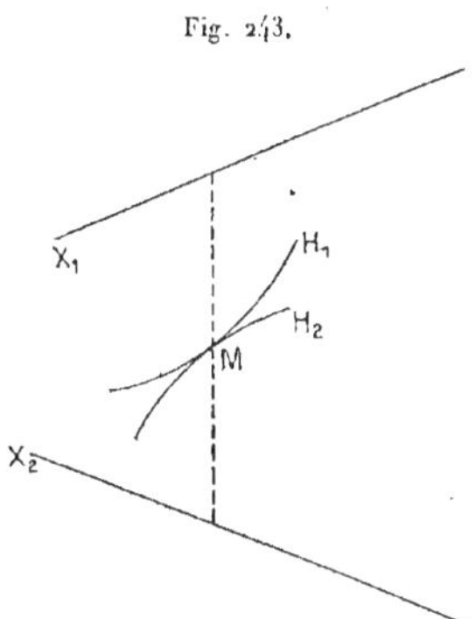

Fig. 243.

angles égaux respectivement à $\frac{\pi}{2} - \varphi_1$ et à $\frac{\pi}{2} - \varphi_2$. Donc, pour que la roue d'axe X_1 puisse fonctionner comme menante, il faut qu'on ait

$$\operatorname{tang}\left(\frac{\pi}{2} - \varphi_2\right) > \operatorname{tang}\varphi \qquad \text{ou} \qquad \varphi_2 < \frac{\pi}{2} - \varphi.$$

De même pour que la roue d'axe X_1 puisse fonctionner comme menante, il faut qu'on ait

$$\varphi_1 < \frac{\pi}{2} - \varphi.$$

Si ces deux conditions sont remplies, les deux roues peuvent être menantes et l'engrenage est réversible. Mais si l'on a par exemple

$$\varphi_2 < \frac{\pi}{2} - \varphi_1 \qquad \varphi_1 > \frac{\pi}{2} - \varphi,$$

la roue d'axe X_1 seule peut être menante et l'engrenage est irréversible. Il se peut enfin que le fonctionnement en soit impossible dans les deux sens.

Les conclusions ne sont pas modifiées si les axes sont parallèles.

Elles s'appliquent encore dans le cas de la vis tangente (avec plus d'incertitude, car le contact est non plus ponctuel, mais linéaire). Supposons que X_1 soit l'axe de la vis et X_2 celui du pignon, les axes étant rectangulaires. On a ici

$$\varphi_1 = \frac{\pi}{2} - \varphi'_1.$$

Si l'on veut que la vis soit menante, il faut qu'on ait

$$\frac{\pi}{2} - \varphi_1 < \frac{\pi}{2} - \varphi \qquad \text{ou} \qquad \varphi_1 > \varphi,$$

Pour que la vis soit menée, il faut qu'on ait

$$\varphi_1 < \frac{\pi}{2} - \varphi.$$

Donc : 1° une vis à faible pas ne peut fonctionner que comme *menante;* 2° une vis à pas élevé ne peut fonctionner que comme *menée;* 3° enfin, dans le cas où l'angle φ_1 que font les filets avec l'axe est compris entre φ et $\frac{\pi}{2} - \varphi$, la vis peut être menante ou menée, et l'engrenage est réversible.

N'oublions pas que toutes les conclusions ne sont qu'approchées, surtout dans le cas de la vis tangente. Pour être sûr d'éviter le coincement, il sera prudent de satisfaire très franchement aux inégalités données par la théorie.

427. Applications diverses du coincement. — Dans les exemples traités aux paragraphes précédents, le coincement est nuisible et l'on cherche à l'éviter. En revanche, il existe un assez grand nombre d'appareils dont le fonctionnement même repose sur l'existence de ce phénomène. Je vais en passer en revue quelques-uns.

1° *Laminoir.* — Deux cylindres de révolution A et B peuvent tourner autour de leurs axes X et Y. (*fig.* 244). Entre les deux est engagé un solide C, touchant A en M et B en N. On suppose, pour simplifier, toute la figure symétrique par rapport au plan médiateur de X et de Y. Les deux cylindres sont soumis à des couples égaux, de même moment en valeur absolue, tendant à les faire tourner dans les sens indiqués par les flèches.

Il se produit un coincement si les angles égaux $\widehat{IMN}$ et $\widehat{INM}$ de la figure sont inférieurs au plus petit des angles de frottement des couples (C, A) *et* (C, B). En effet on peut trouver deux forces

opposées F et F′, de ligne d'action commune MN, équilibrant respectivement les deux couples moteurs. Les deux cylindres sont alors en
équilibre; le solide C, supposé soumis aux forces — F et — F′, l'est

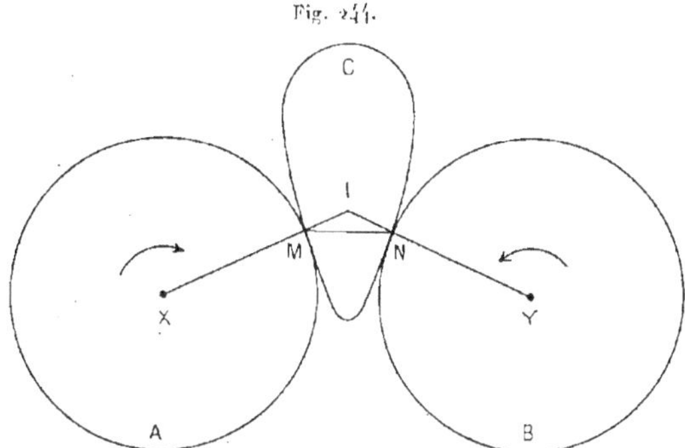

Fig. 244.

également, et toutes les conditions requises pour le coincement sont
remplies.

Par conséquent, si l'on suppose indéfinie la résistance des cylindres
et du solide C, les couples moteurs seront impuissants à troubler le
repos du système, si intenses qu'ils soient. Si, au contraire, A et B
étant toujours supposés rigides, C est plastique, ce corps se déformera
de manière à passer progressivement entre les deux cylindres.

C'est là le principe du *laminoir*.

2° *Écrevisse*. — On désigne ainsi une pince articulée, employée
dans les tréfileries, et destinée à entraîner longitudinalement une
tige saisie par une extrémité.

L'écrevisse est constituée par un quadrilatère articulé ayant pour
éléments A, B, B′, A′ (*fig.* 245). Les côtés A et B sont prolongés au
delà du point I et leur ensemble forme le mors qui enserre l'extrémité
de la tige T. Le tout est symétrique par rapport à l'axe de celle-ci.

Au point P on exerce une traction F. Elle peut être décomposée
en deux forces, ayant pour lignes d'action respectives A′ et B′. Considérons alors l'équilibre du solide A. Il est soumis à trois forces :
1° la première des deux forces dont je viens de parler; 2° l'action de
la branche B, qui s'exerce en I et est évidemment perpendiculaire

à l'axe de symétrie de la figure; 3° la réaction exercée en M par la tige T. La ligne d'action de celle-ci, qui équilibre les deux premières, passe par leur point de concours K, qui est connu. Par le raison-

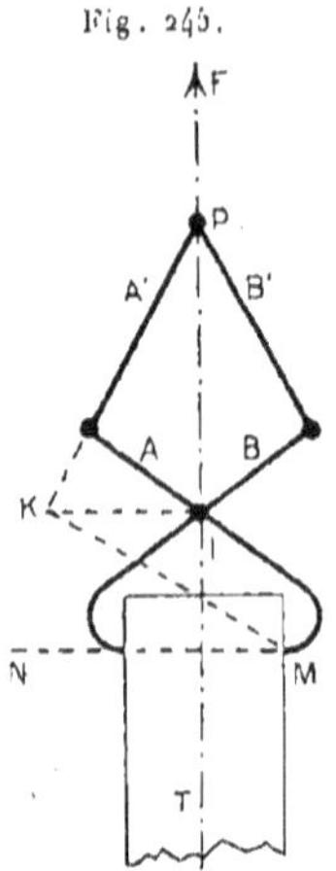

Fig. 245.

nement déjà fait deux fois, on parvient à la conclusion suivante : *si l'angle* $\widehat{KMN} = \widehat{IKM}$ *est* $< \varphi$, *il se produit un coincement.* En langage ordinaire : si énergique que soit la traction exercée, le serrage de l'écrevisse l'emporte toujours et la tige ne glisse pas.

Ce dispositif est connu depuis très longtemps.

3° *Encliquetage Dobo.* — C'est un mécanisme qui résout le problème suivant : *deux solides* A *et* B *étant mobiles autour d'un même axe* X, *établir entre eux une liaison telle qu'une rotation de* A, *dans un sens déterminé, provoque celle de* B, *alors qu'une rotation de sens opposé n'entraîne pas* B.

L'encliquetage Dobo se rencontre sous diverses formes. La plus répandue de nos jours est celle de la *roue libre* des bicyclettes.

A a la forme d'un disque denté (*fig.* 246), B est une couronne extérieure et concentrique à A. Des billes C sont logées dans les espaces triangulaires compris entre A et B, et des ressorts les poussent vers les angles les plus aigus de ces triangles. Représentons à part et à une échelle plus grande l'un de ceux-ci (*fig.* 247). Soient M et N les points de contact de la bille avec A et avec B. Par le raisonnement ordinaire, on reconnaîtra que si la droite MN fait avec les normales

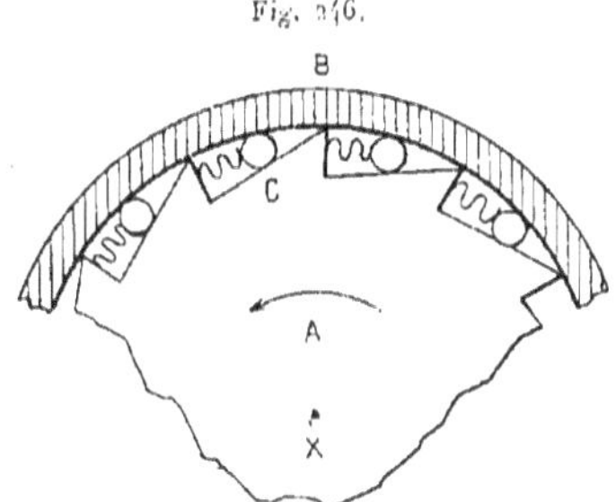

Fig. 246.

en M et en N des angles $< \varphi$, un coincement se produit si, A étant immobile, on cherche à faire tourner B dans le sens de la flèche. Cela revient à dire que A tournant dans le sens opposé entraîne B.

Le même principe s'applique encore, quand le centre de A et de B s'éloigne à l'infini, et l'on obtient un dispositif permettant à une tige

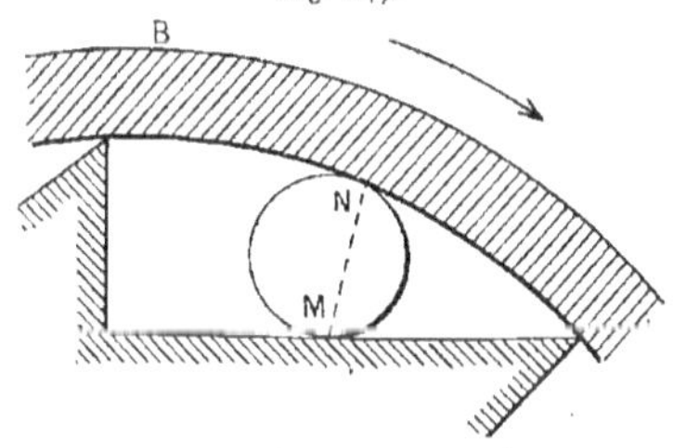

Fig. 247.

cylindrique B, qui passe à l'intérieur d'un manchon A fixe, de se mouvoir librement quand on la tire dans un sens, alors qu'elle est bloquée quand on agit sur elle dans le sens opposé (*fig.* 248). La figure ne paraît pas demander de commentaires (disons pourtant que, si l'on veut libérer la tige B, des griffes, non indiquées sur la figure, repousseront les billes vers la partie la plus large de leur logement). Ce dispositif se rencontre par exemple dans les agrafes de sûreté des épingles de cravate. On l'a appliqué aussi au montage des fils, dans

Fig. 248.

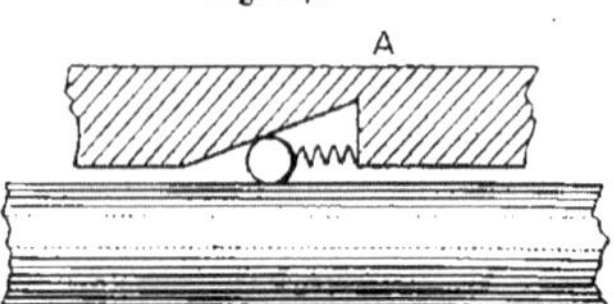
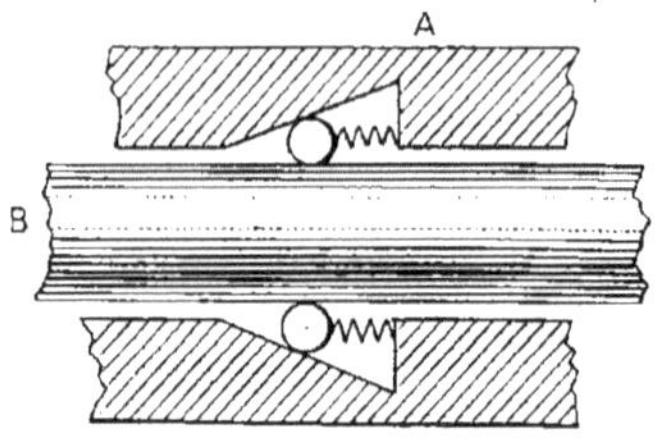

le petit appareillage électrique (douilles de lampes, prises de courant, etc.).

428. Rendement d'un engrenage, en tenant compte du frottement. — Le *rendement* d'un engrenage est le rapport de la puissance reçue sur la roue menée à la puissance transmise par la roue menante.

Fig. 249.

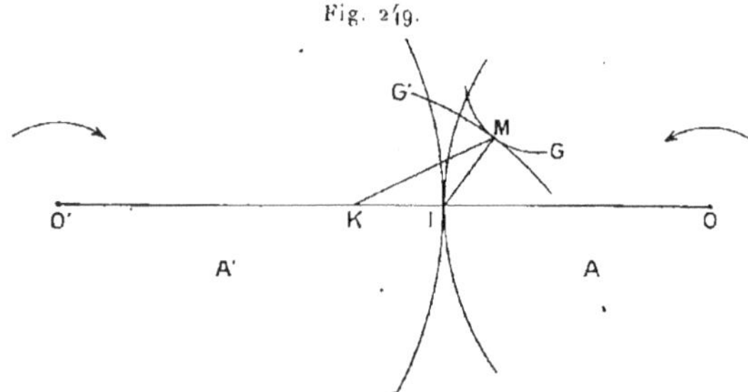

Comme un engrenage cylindrique ne peut fonctionner sans glissement, le frottement absorbe du travail et le rendement est nécessairement inférieur à l'unité.

Proposons-nous d'évaluer approximativement ce rendement, dans le cas d'un engrenage à développantes.

Soient A et A′ les deux roues d'un tel engrenage (*fig.* 249), la première étant supposée menante ; O et O′ les centres de rotation ; M le point de contact à un instant quelconque des deux profils conjugués G et G′. Adoptons les notations des n°ˢ 297 et suivants. Le point M appartient toujours à l'une des tangentes intérieures communes aux cercles $(O, R\cos\theta)$ et $(O', R'\cos\theta)$, θ étant l'angle de conduite.

Supposons aussi, pour commencer, qu'il n'y ait jamais que deux profils en contact, de telle sorte que l'action de A sur A' s'exerce uniquement en M.

Le mouvement $\left(\dfrac{A}{A'}\right)$ est tangent à une rotation de centre I et de vitesse angulaire

$$\omega - \omega' = \omega\left(1 + \frac{R}{R'}\right).$$

Par conséquent, ω étant supposé positif, la vitesse du point M, dans le mouvement $\left(\dfrac{A}{A'}\right)$, est dirigée de droite à gauche, avec les dispositions de la figure. Donc la pression de A sur A' a pour ligne d'action MK, le point K étant à gauche du point I et l'angle $\widehat{IMK}$ étant égal à l'angle de frottement φ. La pression de A' sur A est opposée. Soit F la valeur absolue commune des deux pressions mutuelles.

Supposons le régime normal établi. Soient $\mathfrak{M}$ et $\mathfrak{M}'$ les valeurs respectives du couple moteur et du couple résistant. On a

$$\mathfrak{M} = F\,d, \qquad \mathfrak{M}' = F\,d',$$

d et d' étant les distances respectives de MK aux points O et O'. Donc

$$\frac{\mathfrak{M}'}{\mathfrak{M}} = \frac{d'}{d} = \frac{O'K}{KO} = \frac{R' - KI}{R - KI}.$$

On a d'autre part

$$\frac{KI}{IM} = \frac{\sin\widehat{IMK}}{\sin\widehat{IKM}} = \frac{\sin\varphi}{\sin\left(\dfrac{\pi}{2} - \theta - \varphi\right)} = \frac{\sin\varphi}{\cos(\theta + \varphi)}$$

$$= \frac{\tan\varphi}{\cos\theta - \sin\theta\tan\varphi} = \frac{f}{\cos\theta - f\sin\theta}.$$

Or f peut être pris égal à $0,2$. Si l'on suppose $\theta = 15°$, on a

$$\cos\theta = 0,97, \qquad \sin\theta = 0,25,$$

d'où

$$\cos\theta - f\sin\theta = 0,92.$$

On peut donc, au degré d'approximation que nous recherchons, remplacer le dénominateur du dernier membre des égalités précédentes par l'unité, et écrire

$$\mathrm{KI} \sim f.\mathrm{IM},$$

d'où

$$(1) \qquad \frac{\partial \mathcal{R}'}{\partial \mathcal{R}} \sim \frac{\mathrm{R}' - f.\mathrm{IM}}{\mathrm{R} + f.\mathrm{IM}}.$$

En refaisant la figure dans le cas où le point de contact M de G et de G' passe de l'autre côté du point I, on reconnaît que la formule précédente reste valable, en donnant à IM sa valeur absolue.

Tant que G reste en contact avec G', le point I parcourt sur le cercle primitif de A un arc égal au pas circonférentiel P de l'engrenage, et IM a pour maximum approximatif la moitié de ce pas. En remplaçant dans (1) IM par cette valeur, on commet une erreur défavorable, en ce sens que l'on diminue le rapport $\frac{\partial \mathcal{R}'}{\partial \mathcal{R}}$. Posons donc

$$\frac{\partial \mathcal{R}'}{\partial \mathcal{R}} \sim \frac{\mathrm{R}' - \frac{1}{2} f \mathrm{P}}{\mathrm{R} + \frac{1}{2} f \mathrm{P}}.$$

La puissance motrice $\mathcal{T}$ est $|\omega \mathcal{R}|$, la puissance transmise $\mathcal{T}'$ est $|\omega' \mathcal{R}'|$. On a donc

$$\frac{\mathcal{T}'}{\mathcal{T}} \sim \left|\frac{\omega'}{\omega}\right| \frac{\mathrm{R}' - \frac{1}{2} f \mathrm{P}}{\mathrm{R} + \frac{1}{2} f \mathrm{P}}.$$

Soient maintenant M le module, n et n' les nombres de dents de l'engrenage. On a

$$\left|\frac{\omega'}{\omega}\right| = \frac{n}{n'}, \qquad \mathrm{R} = \frac{n\mathrm{M}}{2}, \qquad \mathrm{R}' = \frac{n'\mathrm{M}}{2}, \qquad \mathrm{P} = \pi\mathrm{M}.$$

Donc

$$\frac{\mathcal{T}'}{\mathcal{T}} \sim \frac{n}{n'} \frac{n' - \pi f}{n + \pi f} = \frac{1 - \frac{\pi f}{n'}}{1 + \frac{\pi f}{n}} \sim 1 - \pi f \left(\frac{1}{n} + \frac{1}{n'}\right)$$

ou

$$\frac{\mathcal{T}'}{\mathcal{T}} \sim 1 - 0,6 \left(\frac{1}{n} + \frac{1}{n'}\right).$$

On voit que ce rendement est d'autant meilleur que les nombres n et n' sont plus élevés.

Dans le cas le plus défavorable, où $n = n' = 12$, on a

$$\frac{\mathcal{T}'}{\mathcal{T}} = 0,90.$$

Dans le cas d'un engrenage intérieur, on trouverait

$$\frac{\mathcal{T}'}{\mathcal{T}} \sim 1 - 0,6\left(\frac{1}{n} - \frac{1}{n'}\right),$$

n étant le nombre des dents de la roue dentée extérieurement, et dans le cas d'une crémaillère $(n' = \infty)$,

$$\frac{\mathcal{T}'}{\mathcal{T}} = 1 - 0,6\,\frac{1}{n}.$$

Toutes ces formules sont établies en supposant qu'il n'y a jamais que deux profils en contact. Dans le cas usuel où il y en a plus de deux au moins pendant certaines périodes, on peut admettre que les pressions se répartissent entre les contacts, de telle manière que les formules restent vraies. La valeur de cette hypothèse est douteuse.

CHAPITRE XXI.

INTÉGRATEURS MÉCANIQUES.

---

129. Objet de ce Chapitre. — Divers problèmes posés par la pratique, en particulier dans les applications de la Résistance des matériaux, conduisent à l'évaluation numérique d'intégrales définies ou plus généralement à l'intégration numérique d'équations différentielles. Les fonctions qui interviennent dans les données ne sont le plus souvent définies que graphiquement.

Les calculs peuvent se faire par des méthodes d'approximation exposées dans les traités d'Analyse. On peut aussi employer des procédés purement graphiques. Il existe enfin une classe intéressante d'appareils, les *intégrateurs mécaniques*, dont l'emploi judicieux peut épargner un temps considérable. Ils sont nombreux aujourd'hui. Je me bornerai dans ce Chapitre à l'étude des plus courants, renvoyant pour les autres aux Ouvrages cités dans la Note finale.

430. Trois classes d'intégrateurs mécaniques. — Presque tous les intégrateurs mécaniques imaginés jusqu'à ce jour ont pour organe essentiel l'un ou l'autre des trois suivants :

1° Une *lame coupante* (ou une *roulette non dérapante*);
2° Une *roulette dérapante*;
3° Une *bille* sphérique.

D'où trois sections de ce Chapitre.

A. — INTÉGRATEURS A LAME COUPANTE.

431. Principe. — Considérons une lame coupante L (*fig.* 250), à profil courbe (analogue à un grattoir d'écrivain) reposant sur une

feuille de papier de manière à la toucher en un point M, son plan étant
à peu près perpendiculaire à celui de la feuille.

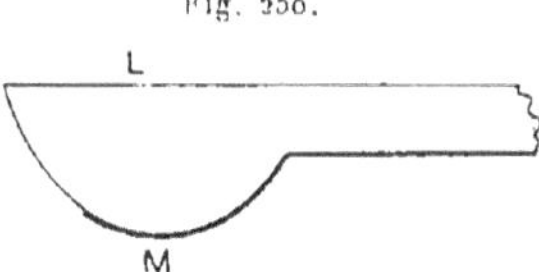

Fig. 250.

Si la lame est suffisamment pressée contre le papier, elle résiste à
des efforts assez considérables tendant à la faire *déraper*, et dans
tous les mouvements qu'elle peut prendre, le point M décrit une
courbe tangente à la trace du plan de la lame sur celui de la feuille
de papier.

Imaginons alors que la lame L fasse partie d'un mécanisme tel que
le point M puisse être amené en un point quelconque du plan de la
feuille, et que pour chaque position du point M, la trace de la lame
ait une orientation déterminée. Désignons par (x, y) les coordonnées du point M, rapporté à des axes rectangulaires quelconques, et
par $f(x, y)$ la pente de la trace de la lame.

Quand on oblige celle-ci à se mouvoir, le point M décrit une trajectoire satisfaisant à l'équation différentielle

$$(1) \qquad \frac{dy}{dx} = f(x, y).$$

Par conséquent cette trajectoire, qui pourra être effectivement tracée,
si l'on adjoint au mécanisme un crayon dont la pointe ait le même
mouvement que le point de contact de la lame, sera une courbe intégrale de l'équation (1).

Le principe de la lame coupante peut être considéré comme dû à
Coriolis (1836), mais ce sont C.-V. Boys et Abdank-Abakanowicz
qui en ont fait les premières applications pratiques, environ 1878.
On l'a, de nos jours, appliqué à l'intégration mécanique d'équations
de plus en plus compliquées (*voir* la Note finale).

On remplace en général la lame coupante par une roulette montée
folle sur son axe qui reste parallèle au plan de la feuille de papier. La
chape qui supporte cette roulette est mobile autour de la verticale du
point de contact, et le mécanisme de commande en assure l'orienta-

tion. Cette modification ne change en rien la théorie de l'appareil, mais il est clair que le *roulement* de la roulette risque moins d'entamer le papier que le *glissement* de la lame.

Il est à remarquer que, *cinématiquement*, la bicyclette utilise le principe de la roulette non dérapante, car le cycliste détermine sa trajectoire uniquement en agissant sur l'orientation de la roue avant.

432. Intégraphe d'Abdank-Abakanowicz. — Cet appareil, dit aussi *intégraphe des quadratures*, permet d'intégrer la plus simple des équations différentielles, à savoir

$$\frac{dy}{dx} = f(x),$$

f étant une fonction donnée, et par conséquent d'évaluer mécaniquement l'intégrale définie

$$y = \int_a^x f(x)\, dx,$$

a étant une constante quelconque.

L'inventeur a proposé plusieurs formes de son intégraphe. Je décrirai l'appareil actuellement construit par la Maison Coradi, de Zurich. En vue de la clarté, je le schématiserai quelque peu, et je laisserai de côté certains détails de construction, malgré leur véritable intérêt pratique.

Un cadre rectangulaire rigide ABB'A' (*fig.* 251) repose sur deux rouleaux égaux 1 et 2, montés fous sur leurs axes parallèles aux grands côtés du cadre. Un troisième point d'appui du cadre est le traçoir M dont il sera question plus loin.

Sur les côtés AA' et BB', qui jouent le rôle de rails, se déplacent deux chariots Ch et Ch_1 portant deux tiges ChM et Ch_1M_1 perpendiculaires à ces côtés. Les points M et M_1 sont sur une même parallèle à AA'. Au point M est un traçoir, au point M_1 un crayon ou un tire-ligne.

On voit que le seul mouvement possible du cadre est une translation perpendiculaire à AA'. Le point M peut être assujetti à décrire une courbe quelconque C, cette translation s'effectuant en même temps que Ch roule sur AA'.

Autour d'un point μ fixe par rapport à la tige ChM peut tourner une règle D. Cette règle coulisse dans un manchon qui l'oblige à passer constamment par le point I centre du cadre. D'autre part une roulette coupante R est montée dans une chape pouvant tourner autour du point μ_1, fixe par rapport à la tige $Ch_1 M_1$ et tel que $\mu\mu_1$

Fig. 251.

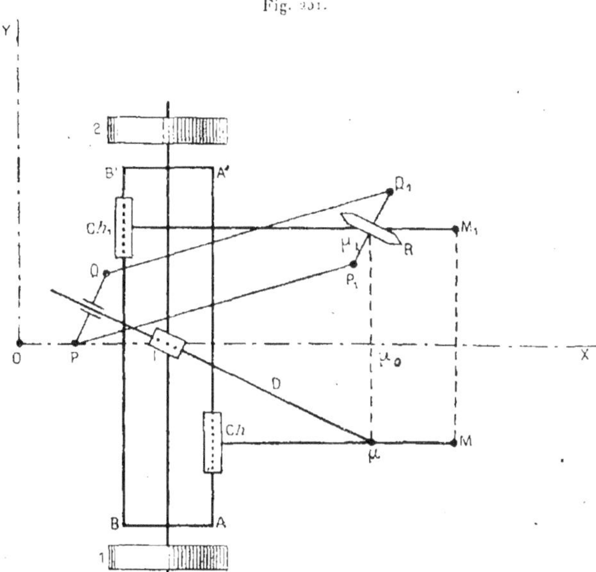

est parallèle à AA'. Le plan de cette roulette est astreint à rester constamment parallèle à la règle D. Pour cela on emploie un parallélogramme articulé PQQ_1P_1 dont un côté P_1Q_1 est l'axe de la roulette, la règle D coulissant dans un manchon porté par le côté opposé PQ de manière à rester constamment perpendiculaire à ce côté.

Cette liaison laisse au mécanisme assez de liberté pour que, le chariot Ch étant supposé fixé sur AA', le chariot Ch_1 puisse être amené en un point quelconque de BB', le plan de la roulette R restant toujours parallèle à D. De la sorte, quand M décrit la courbe C, le chariot Ch_1 se déplace de manière que le mouvement de la roulette R satisfasse à la condition énoncée au n° 431, et le point M_1 décrit une courbe C_1 dont nous allons chercher l'équation différentielle.

Prenons comme axe des abscisses OX la droite perpendiculaire à AA' décrite par le point I, l'origine étant quelconque. Soient (X, Y) les coordonnées du point M, (X, Y_1) celles du point M_1. Désignons par δ la distance constante $I\mu_0$.

La courbe C_1 est identique à la courbe lieu du point μ_1 à une translation près. La tangente à C_1 en M_1 est donc parallèle à D, et l'on a immédiatement

$$\frac{dY_1}{dX} = \frac{\mu_0\,\mu}{I\mu_0} = \frac{Y}{\delta}.$$

La courbe C étant supposée donnée, on a

$$Y = F(X),$$

F étant une fonction donnée. Ainsi

$$(2) \qquad \frac{dY_1}{dX} = \frac{Y}{\delta}.$$

Telle est l'équation différentielle cherchée.

Si l'on fait varier X de A à X, Y_1 partant d'une valeur initiale donnée B, atteindra la valeur finale

$$(3) \qquad Y_1 = B + \frac{1}{\delta} \int_A^X Y\,dX.$$

La courbe C_1, qui a pour équation (3), est dite *courbe intégrale* de la courbe C.

L'intégraphe d'Abdank permet donc de tracer les courbes intégrales d'une courbe donnée. Ces courbes jouent un rôle important en statique graphique (recherche des moments statiques, des moments d'inertie; tracé des courbes d'efforts tranchants, de moments de flexion, des courbes élastiques).

Voyons comment on l'utilisera pour l'évaluation numérique d'une intégrale définie.

Soit $y = f(x)$ une fonction donnée. Cherchons à calculer l'intégrale

$$(4) \qquad y_1 = \int_a^x y\,dx,$$

a étant une constante donnée; x, y, y_1 et a sont des *nombres abs-traits*.

Introduisons deux longueurs fixes quelconques μ_x et μ_y et posons

$$X = \mu_x x, \qquad Y = \mu_y y; \qquad A = \mu_x a.$$

Ces longueurs μ_x et μ_y seront dites respectivement *modules* des x et des y.

Si l'on fait dans (4) les substitutions définies par les formules pré-cédentes, il vient (en se rappelant qu'une substitution de variable effectuée dans une intégrale définie doit être faite aussi sur les limites)

$$(5) \qquad y_1 = \frac{1}{\mu_x \mu_y} \int_A^X Y \, dX.$$

Cela posé, construisons la courbe C lieu du point (X, Y). Elle a pour équation

$$Y = \mu_y f\left(\frac{X}{\mu_x}\right).$$

Puis, au moyen de l'intégraphe, traçons une courbe intégrale C_1 d'ordonnée initiale B quelconque, X variant de A à X. On a la for-mule (3) d'où l'on tire

$$\int_A^X Y \, dX = \delta(Y_1 - B),$$

et, en portant dans (5) cette valeur de l'intégrale, on obtient finale-ment

$$(6) \qquad y_1 = \frac{\delta}{\mu_x \mu_y}(Y_1 - B).$$

Telle est la valeur cherchée.

On peut éprouver, dans les applications du *calcul graphique* et du *calcul grapho-mécanique*, quelque embarras à interpréter nu-mériquement les épures. L'emploi systématique des *modules*, dont je viens de donner un exemple, lève toutes les difficultés ([1]).

Pour appliquer la formule (6), on dispose des deux modules μ_x et μ_y ainsi que de la longueur δ, qu'un dispositif permet de régler à

([1]) L'heureuse idée des modules est due à M. M. d'Ocagne, qui s'en sert dans tous ses Ouvrages sur le Calcul graphique, le Calcul mécanique et la Nomographie.

volonté. Il faudra faire en sorte que les ordonnées Y et Y_1 ne dépassent pas les limites évidemment imposées par la longueur AA'.

B. — INTÉGRATEURS A ROULETTE DÉRAPANTE.

433. Principe. — Considérons une roulette R (*fig.* 252) reposant

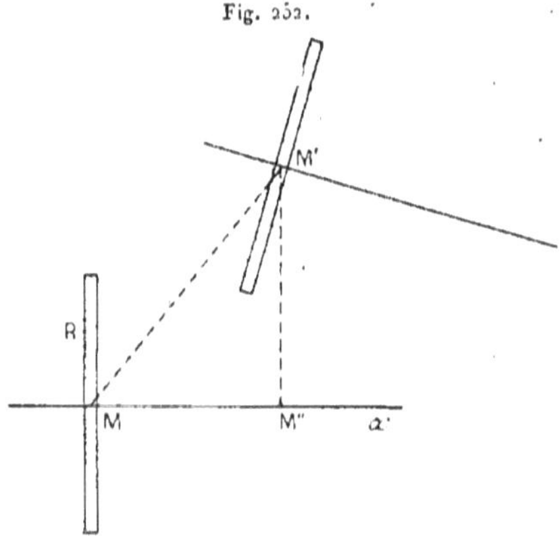
Fig. 252.

sur un plan P auquel son propre plan moyen est perpendiculaire. Cette roulette peut tourner librement autour de son axe X. Elle n'est pas tranchante, et l'on peut la mouvoir en donnant à son point de contact M une trajectoire quelconque.

Amenons la roulette en une position infiniment voisine. Soient M' la nouvelle position du point de contact, M″ la projection du point M' sur MX. Posons $MM' = ds$, $\widehat{M''MM'} = \theta$. La roulette a tourné d'un angle infiniment petit $d\varphi$. Cherchons à l'évaluer.

Voici comment on raisonne d'habitude : remarquons d'abord que le déplacement considéré de la roulette peut être considéré comme étant le produit des trois déplacements suivants : 1° la translation perpendiculaire au plan de la roulette, qui amène M en M″; 2° le déplacement résultant d'un roulement pur de la roulette, qui amène le point M″ en M'; 3° un pivotement autour de la droite de bout du point M', pivotement qui amène le plan de la roulette dans sa nouvelle orientation.

Le premier de ces déplacements est un *dérapement parfait*, qui ne fait évidemment tourner la roulette autour de son axe ni dans un sens ni dans l'autre; le second, résultant d'un roulement pur, la fait tourner d'un angle $d\varphi$ tel qu'on ait

$$(1) \qquad\qquad R\,d\varphi = M''M' = \sin\theta\,ds,$$

R étant le rayon de la roulette. Enfin le pivotement n'entraîne aucune rotation de la roulette dans son plan. Tout compte fait, l'angle $d\varphi$ cherché est donné par la formule (1).

Au lieu de l'angle $d\varphi$, on peut introduire la longueur $du = R\,d\varphi$, que l'on appelle le *déroulement* élémentaire de la roulette. La formule (1) s'écrit alors

$$du = \sin\theta\,ds.$$

Ce raisonnement est défectueux, parce qu'au trajet réel MM' du point de contact on substitue le trajet MM''M', *qui en diffère d'un infiniment petit du même ordre*. On n'est donc pas certain que cette substitution n'altère pas la partie principale du déroulement élémentaire de la roulette.

Il faut, pour établir correctement la formule (1), un raisonnement d'ordre *dynamique*. Voir à ce sujet la note K.

Si le point M décrit un arc de courbe fini AB, le déroulement total ρ de la roulette est donné par la formule

$$(2) \qquad\qquad u = \int_{AB} \sin\theta\,ds,$$

l'intégrale du second membre étant une intégrale curviligne prise le long de l'arc AB.

Ce déroulement u peut être connu par une lecture, si l'appareil est muni d'un dispositif convenable. Par conséquent, l'emploi d'une roulette dérapante permet d'évaluer numériquement certaines intégrales curvilignes, et l'on conçoit que le principe soit susceptible d'applications diverses.

La plus simple, celle que nous étudierons en premier, est donnée par le *planimètre*, instrument qui permet d'évaluer l'aire limitée par un contour fermé quelconque. Nous passerons ensuite aux *intégrateurs* ou *intégromètres* qui font connaître des intégrales importantes attachées à une courbe : moment statique et moment d'inertie.

. Tous ces appareils sont dus à Jacob Amsler (1854). Les inventeurs qui l'ont suivi n'y ont apporté que des perfectionnements de détail.

434. Théorèmes préliminaires sur les aires planes. — Avant d'exposer la théorie du planimètre polaire, il faut entrer dans quelques considérations sur les aires planes.

1° *Définition générale de l'aire limitée par un contour fermé.* — Soit C une courbe fermée quelconque. *A priori*, l'aire limitée par C n'a de signification que si C n'a pas de points multiples. Si C a des points multiples, prenons un axe polaire quelconque Ox dans le plan de cette courbe (*fig.* 253). Soient (ρ, θ) les coordonnées d'un

Fig. 253.

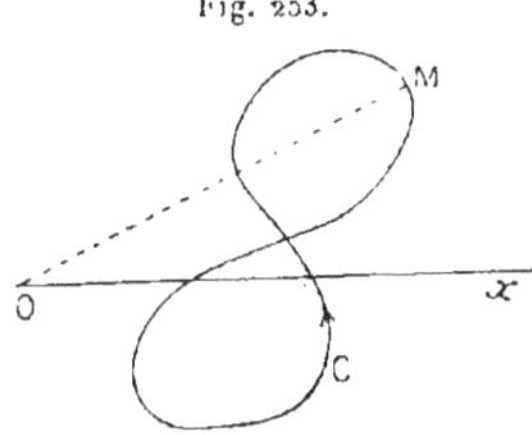

point M de C. Enfin, orientons cette courbe, c'est-à-dire fixons sur elle un sens de circulation. *Par définition, l'aire limitée par la courbe orientée* C *est le nombre* (C) *donné par la formule*

$$(1) \qquad (C) = \frac{1}{2} \int_C \rho^2 \, d\omega,$$

l'intégrale du second membre étant une intégrale curviligne prise le long de C *parcourue dans le sens fixé.*

Cette définition ne peut avoir d'intérêt que si (C) est un *invariant intégral* de C, c'est-à-dire si, la courbe C étant donnée, le nombre (C) est indépendant de l'axe polaire choisi. Il faut donc d'abord vérifier qu'il en est ainsi. Or un changement de coordonnées quelconques peut s'obtenir en combinant les deux opérations suivantes : (*a*) changer l'orientation de Ox, en conservant l'origine; (*b*) donner à Ox une translation.

(*a*). Un changement d'orientation de Ox se traduit par les formules

$$\rho = \rho_1, \qquad \omega = \omega_1 + \alpha,$$

ρ_1 et ω_1 étant les coordonnées polaires du point M dans le nouveau système et z étant une constante. On a $d\omega = d\omega_1$, d'où

$$\int_C \rho^2 \, d\omega = \int_C \rho_1^2 \, d\omega_1,$$

ce qui établit l'invariance de (C) dans l'opération (a).

(b). Transformons d'abord l'expression de (C) en introduisant les coordonnées cartésiennes (x, y) du point M, Ox étant pris pour axe des x. On a

$$x = \rho \cos \omega, \qquad y = \rho \sin \omega,$$

d'où

$$dx = \cos \omega \, d\rho - \rho \sin \omega \, d\omega, \qquad dy = \sin \omega \, d\rho + \rho \cos \omega \, d\omega,$$

et, par une combinaison simple,

$$x \, dy - y \, dx = \rho^2 \, d\omega.$$

On a donc

$$(\mathrm{C}) = \frac{1}{2} \int_C x \, dy - y \, dx,$$

formule d'ailleurs bien connue.

Cela posé, l'opération (b) se traduit par les formules

$$x = x_1 + l, \qquad y = y_1 + m,$$

l et m étant des constantes. On tire de là

$$\int_C x \, dy - y \, dx = \int_C (x_1 + l) \, dy_1 - (y_1 + m) \, dx_1$$

$$= \int_C x_1 \, dy_1 - y_1 \, dx_1 + l \int_C dy_1 - m \int_C dx_1.$$

Les deux dernières intégrales du dernier membre sont nulles, le point M revenant à sa position initiale. Donc

$$\int_C x \, dy - y \, dx = \int_C x_1 \, dy_1 - y_1 \, dx_1,$$

ce qui établit l'invariance de (C) dans l'opération (b).

Il est donc acquis que la valeur de (C) ne dépend pas du choix de l'axe polaire auquel la courbe C est rapportée.

Si la courbe C n'a pas de points multiples et si S est son aire au sens courant du mot, on reconnaît, en mettant l'origine O à l'intérieur de C, que (C) a pour valeur $\pm\,S$, selon l'orientation de la courbe. La notion d'aire d'une courbe fermée, étendue comme on vient de le voir, comprend donc la notion ordinaire..

2° *Aire balayée par un arc de courbe variable.* — Soient MN un arc de courbe variant suivant une loi continue quelconque (l'arc peut se déformer ou non); M_0N_0 et M_1N_1 les arcs avec lesquels il coïncide au début et à la fin de sa variation; M_0M_1 et N_0N_1 les arcs décrits par ses extrémités. Par définition, *l'aire balayée par l'arc* MN est l'aire limitée par le contour fermé $M_0\,N_0N_1\,M_1\,M_0$ décrit dans le sens indiqué par la notation même. Cette aire sera désignée par la notation $[MN]_0^1$. On a donc

$$[MN]_0^1 = (M_0\,N_0\,N_1\,M_1\,M_0).$$

Si l'arc MN *passe de* M_0N_0 *à* $M_1\,N_1$ *puis de* M_1N_1 *à* M_2N_2, *on a la formule*

$$(2) \qquad [MN]_0^2 = [MN]_0^1 + [MN]_1^2.$$

En effet, par définition,

$$[MN]_0^1 = (M_0\,N_0\,N_1\,M_1\,M_0) = \int_{M_0N_0} + \int_{N_0N_1} + \int_{N_1M_1} + \int_{M_1M_0},$$

l'élément différentiel des intégrales curvilignes, non écrit, étant $\frac{1}{2}\,\rho^2\,d\omega$. De même

$$[MN]_1^2 = \int_{M_1N_1} + \int_{N_1N_2} + \int_{N_2M_2} + \int_{M_2M_1}.$$

En ajoutant les deux égalités précédentes, et en tenant compte que l'on a

$$\int_{N_1M_1} + \int_{M_1N_1} = 0,$$

on vérifie immédiatement la formule (2).

En particulier, *si l'arc* MN *reprend sa forme et sa position initiale, l'aire qu'il balaie, qui sera désignée alors simplement par* [MN], *est donnée par la formule*

$$(3) \qquad [MN] = (N) - (M),$$

en appelant (M) et (N) les aires limitées par les courbes fermées que décrivent les points M et N.

C'est la formule (3) qui nous sera utile.

435. Planimètre d'Amsler. — Soit MN une tige de longueur constante animée d'un mouvement qui la fait revenir à sa position initiale, les points M et N ayant décrit deux courbes fermées (*fig*. 254).

Fig. 254.

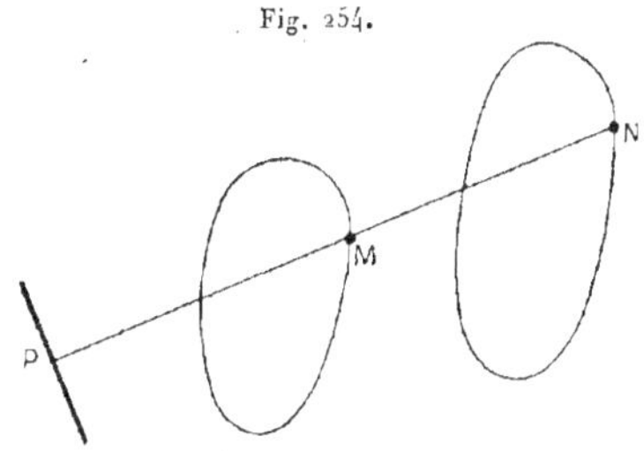

En un point P de cette tige est montée une roulette, ayant pour axe une parallèle à MN projetée sur le plan de la figure suivant MN même. La roulette peut tourner librement autour de son axe. Je vais montrer qu'il existe une relation simple entre le déroulement total de cette roulette et la différence des aires limitées par les trajectoires des points M et N, aires que je désignerai par (M) et par (N).

En effet, d'après la formule (3) du n° **434**, on a d'abord, en désignant par (P) l'aire que limite la courbe fermée décrite par le point P,

$$[PM] = (M) - (P).$$

Cherchons une expression du premier membre. A cet effet, figu-

Fig. 255.

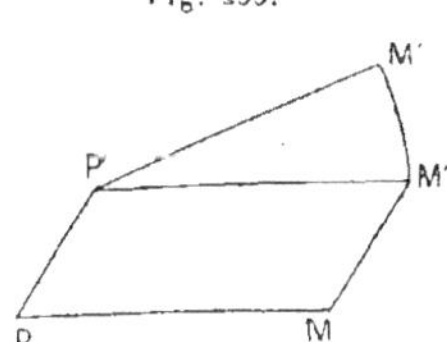

rons une position P′M′ du segment PM, infiniment voisine de la première (*fig*. 255). Par définition, l'aire élémentaire balayée par PM, en passant de la première portion à la seconde, est

$$d[\mathrm{PM}] = (\mathrm{PMM'P'}).$$

Construisons le parallélogramme PMM″P′. On a, en négligeant l'aire, évidemment du second ordre, du triangle MM″M′.

$$(\mathrm{PMM'P'}) = (\mathrm{PMM''P'}) + (\mathrm{P'M''M'}).$$

Posons

$$\mathrm{PP'} = ds, \qquad \widehat{\mathrm{MPP'}} = 0, \qquad \widehat{\mathrm{M''P'M'}} = d\varphi.$$

On a

$$(\mathrm{PMM''P'}) = \mathrm{PM}\sin\theta\,ds, \qquad (\mathrm{P'M''M'}) = \frac{1}{2}\overline{\mathrm{PM}}^2\,d\varphi.$$

Donc

$$d[\mathrm{PM}] = \mathrm{PM}\sin\theta\,ds + \frac{1}{2}\overline{\mathrm{PM}}^2\,d\varphi,$$

et

$$[\mathrm{PM}] = \mathrm{PM}\int\sin\theta\,ds + \frac{1}{2}\mathrm{PM}^2\int d\varphi,$$

les deux intégrales étant des intégrales curvilignes prises le long de la courbe décrite par le point P.

L'intégrale $\int\sin\theta\,ds$ n'est autre, d'après la formule (2) du n° **433**, que le déroulement total u de la roulette.

Quant à l'intégrale $\int d\varphi$, il faut distinguer deux cas : 1° il peut arriver que la tige PMN ait repris sa position initiale sans avoir fait un tour complet autour de son extrémité (on peut dire aussi, par allusion à un tour d'acrobatie bien connu, sans avoir fait de *looping*): alors $\int d\varphi = 0$; 2° il se peut que la tige ait fait un ou plusieurs loopings : alors $\int d\varphi = 2n\pi$, n étant un entier positif ou négatif. On a donc la formule générale

$$[\mathrm{PM}] = (\mathrm{M}) - (\mathrm{P}) = \mathrm{PM}\,u + n\pi\,\overline{\mathrm{PM}}^2,$$

n étant un entier positif, négatif ou nul. On a de même

$$(\mathrm{N}) - (\mathrm{P}) = \mathrm{PN}\,u + n\pi\,\overline{\mathrm{PN}}^2,$$

n ayant la même valeur que dans la formule précédente, et enfin, par soustraction,

$$(1) \qquad (N) - (M) = MN\,u + n\pi\left(\overline{PN}^2 - \overline{PM}^2\right).$$

C'est la relation cherchée.

Pour en tirer le moyen pratique d'évaluer l'aire (N), par exemple, on peut d'abord obliger le point M à se déplacer sur une règle. Si la longueur MN est comprise entre les extrema de la distance à cette règle du point N, au cours de son mouvement, il est clair que la tige MN ne fait pas de looping. On fera donc dans la formule (1) $n = 0$. On a aussi évidemment $(M) = 0$. Donc la formule se réduit à

$$(2) \qquad (N) = MN\,u.$$

Ainsi *l'aire limitée par la courbe fermée décrite par le point N est proportionnelle au déroulement de la roulette.*

L'appareil fondé sur ce principe est dit *planimètre à base rectiligne.*

En second lieu, on peut obliger le point M à décrire un cercle de centre O : il suffit pour cela d'articuler la tige MN à une seconde

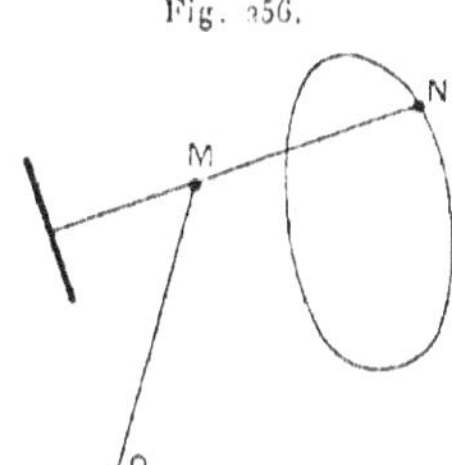

Fig. 256.

tige OM tournant autour du point O (*fig.* 256). Deux cas peuvent se présenter :

1° La disposition étant celle de la figure 256, le point M ne fait qu'osciller sur un arc du cercle (O, OM) et la tige MN ne fait pas de looping. On a encore $n = 0$, $(M) = 0$, et l'aire (N) est donnée par la même formule (2) que précédemment.

2° La disposition étant celle de la figure 257, le point M fait le tour complet du cercle (O, OM) et d'autre part la tige MN fait un looping (un seul tour complet et un seul looping, quand la courbe décrite par le point N ne tourne qu'une seule fois autour du point O, ce qui est le cas de la pratique). On reconnaît qu'on a simultanément

$$(\mathrm{M}) = \pm \pi \overline{\mathrm{OM}}^{2}, \qquad n = \pm 1,$$

avec correspondance des signes. Le sens de circulation peut être

Fig. 257.

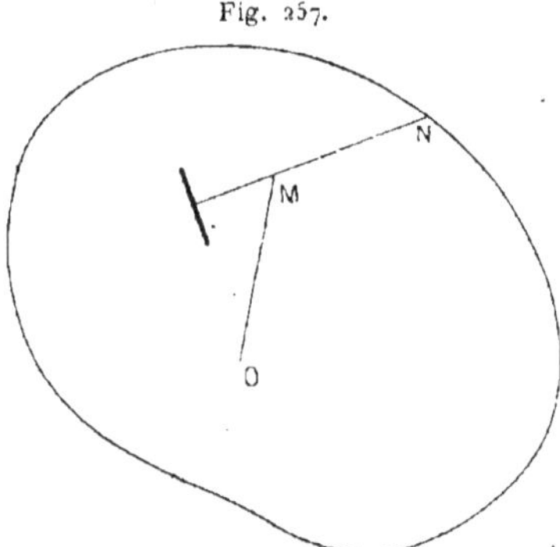

choisi de telle manière qu'il faille prendre les signes supérieurs. Alors la formule (1) donne

$$(\mathrm{N}) - \pi \overline{\mathrm{OM}}^{2} = \mathrm{MN}\,u + \pi\left(\overline{\mathrm{PN}}^{2} - \overline{\mathrm{PM}}^{2}\right)$$

ou

$$(3) \qquad (\mathrm{N}) = \mathrm{MN}\,u + \pi\left(\overline{\mathrm{OM}}^{2} + \overline{\mathrm{PN}}^{2} - \overline{\mathrm{PM}}^{2}\right).$$

L'appareil fondé sur ce second principe est le *planimètre polaire*. O est le *pôle*, OM le *bras polaire*, MN le *bras mobile*.

436. Détails de construction. Manœuvre du planimètre. — La roulette R a pour section méridienne le contour tracé (*fig.* 258). Sa surface utile est une bande de cylindre de révolution de faible hauteur ($0^{\mathrm{mm}},5$ environ). Cette surface est très finement striée suivant ses génératrices.

Le déroulement se lit comme il suit : La roulette est solidaire d'un tambour T, en métal ou en celluloïd, qui se déplace devant un vernier V, solidaire du bras mobile. Le tambour porte 100 divisions et le vernier est au dixième. On peut donc apprécier le millième de tour. L'arbre de la roulette commande par vis sans fin un disque horizontal T' qui fait un dixième de tour par tour complet de la roulette.

La longueur de la tige MN et le rayon de la roulette étant des constantes par construction, un angle de rotation donné de la roulette

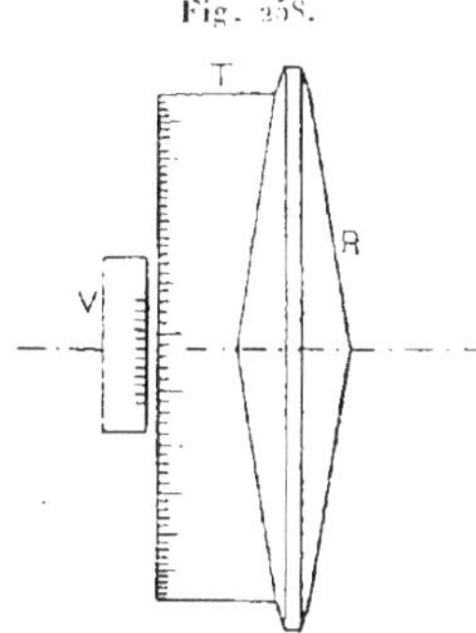

Fig. 258.

correspond, en vertu des formules (2) ou (3) du n° 435, à une aire déterminée. Dans les modèles ordinaires, l'unité du vernier correspond à 10^{mm^2}.

Le bras polaire et le bras mobile peuvent être articulés à demeure, ou séparés l'un de l'autre, à l'état normal : une articulation à genou permet alors de les assembler au moment de l'usage. Le bras polaire OM porte en O une petite pointe que l'on enfonce en un point quelconque du plan de l'épure, de manière à faire décrire au point M le cercle (O, OM). Le bras mobile MN se termine par un traçoir.

Pour mesurer l'aire limitée par une courbe fermée C, on fixe le point O et l'on s'assure, par une manœuvre rapide, que le point N peut décrire complètement la courbe. Si les dimensions de celle-ci ne sont pas trop grandes, on prend le pôle O à l'extérieur, et la lecture du déroulement total de la roulette fait connaître l'aire cherchée. Sinon, il faut placer le pôle O à l'intérieur de la courbe, et ajouter au nombre lu la constante de construction $\pi(\overline{OM}^2 + \overline{PN}^2 - \overline{PM}^2)$ qui figure dans la formule (3) du paragraphe précédent. Cette constante est gravée sur l'appareil ou inscrite dans son écrin.

On place le traçoir en un point quelconque de C, et l'on contourne le plus exactement possible cette courbe jusqu'à ce qu'on ait regagné le point de départ. Deux lectures sont faites, l'une au commencement, l'autre à la fin de l'opération. Chacune de ces lectures fait connaître un nombre de quatre chiffres : le premier est lu sur le disque horizontal T', les deux suivants sur le tambour solidaire de la roulette, le quatrième sur le vernier. Supposons par exemple que les nombres lus aient été 3729 et 4905. La différence est 1176 *unités du vernier*. Puisque chacune de ces unités vaut 10^{mm^2}, c'est que l'aire mesurée a pour valeur 11760^{mm^2}.

Il existe également des planimètres dans lesquels la longueur du bras mobile peut être réglée à volonté, selon l'échelle à laquelle est tracée la courbe C, de manière à supprimer le calcul numérique qui devrait compléter l'opération, s'il n'en était pas ainsi.

437. Décalage de la roulette. — J'ai supposé, dans la théorie précédente, que l'axe de la roulette coïncidait avec celui du bras mobile MN, au moins en projection sur la feuille du dessin. Il est aisé de voir que, sans modifier la théorie de l'appareil, on peut décaler la

Fig. 259.

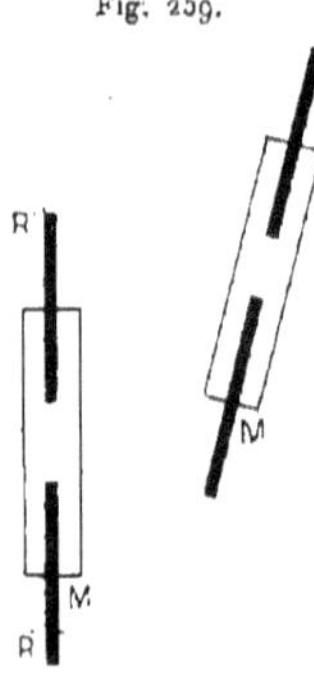

roulette, de manière que son axe satisfasse seulement à la condition d'être parallèle à MN.

Cela résulte du théorème suivant, qu'on peut appeler *théorème de la bicyclette : Soient* R *et* R' *deux roulettes égales dont les plans sont confondus. Leurs axes sont solidaires* (*fig.* 259). *Si l'on déplace le système de ces deux roulettes de telle manière qu'elles restent constamment en contact toutes les deux avec un plan, et cela suivant une loi quelconque, leurs déroulements sont constamment égaux.*

En effet, donnons au système un déplacement infiniment petit quelconque. On peut le décomposer en deux : 1° une translation qui amène le point de contact M de R dans sa nouvelle position M_1; 2° une rotation autour de la perpendiculaire au plan, élevée du point M_1. Les déroulements des roulettes sont égaux, dans la translation, et ils sont nuls tous les deux dans la rotation. Donc, etc.

On voit donc que si la roulette R d'un planimètre a son axe simplement parallèle au bras mobile, son déroulement est le même que celui d'une roulette fictive dont le centre serait la projection de celui de R sur ce bras mobile.

438. Précision du planimètre. — Il faut distinguer entre la précision *intrinsèque* du planimètre et celle qu'il est possible pratiquement d'atteindre dans le maniement d'un appareil supposé parfait.

Pour étudier la première, on contourne exactement un cercle de rayon connu, en guidant le traçoir de l'instrument au moyen d'un petit appareil dit *règle de contrôle*. Un bon planimètre doit donner un résultat exact à un millième près.

Quant à la précision obtenue dans le maniement de l'appareil, elle dépend naturellement de la sûreté de main de l'opérateur. Il semble difficile de réduire l'*erreur de contournement* à moins d'un trois-centième.

439. Planimètre à compensation. — Le modèle le plus perfectionné de planimètre paraît être celui de Coradi, dit *planimètre à compensation*. Le bras polaire et le bras mobile sont séparés à l'état normal et ne sont assemblés que pour l'usage, ce qui rend l'appareil moins délicat, un planimètre dont les deux bras sont articulés à demeure risquant d'être facilement faussé. Le planimètre à compensation permet en outre d'atténuer l'erreur provenant du non-parallélisme de l'axe de la roulette et du bras mobile (il est fort difficile d'assurer exactement leur parallélisme).

Reprenons en effet la formule (2) du n° 435. On peut l'écrire

$$u = \frac{(N)}{MN}.$$

Supposons qu'il existe un léger défaut de parallélisme de l'axe de la roulette au bras mobile. Soit ε l'angle très petit que font entre elles ces deux droites. Alors le déroulement de la roulette est donné par une relation de la forme

$$u = \frac{(N)}{MN} + f(\varepsilon);$$

f étant une certaine fonction qui s'annule avec ε et admet un développement en série

$$f(\varepsilon) = A\varepsilon + B\varepsilon^2 + \ldots,$$

d'où

$$(1) \qquad u = \frac{(N)}{MN} + A\varepsilon + B\varepsilon^2 + \ldots.$$

Imaginons qu'après avoir contourné la courbe (N) en partant de la position initiale OMN du planimètre, on recommence l'opération en partant de la position initiale OM'N ($fig.$ 260), symétrique de la

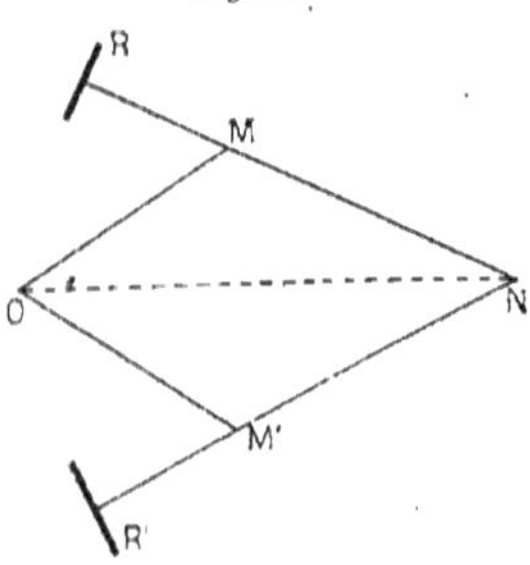

Fig. 260.

première par rapport à ON. Il est facile de le faire en séparant, puis en assemblant à nouveau le bras mobile et le bras polaire. Le nouveau déroulement u' de la roulette sera donné par la formule (1), où ε est remplacé par $-\varepsilon$, ce qui donne

$$(2) \qquad u' = \frac{(N)}{MN} - A\varepsilon + B\varepsilon^2 + \ldots.$$

La moyenne des déroulements u et u' est

$$\frac{1}{2}(u + u') = \frac{(N)}{MN} + B\varepsilon^2 + \ldots.$$

L'erreur commise en prenant comme expression de l'aire

$$(N) = \frac{1}{2}(u + u')MN$$

n'est donc que du second ordre par rapport à ε.

Peut-être l'avantage est-il pratiquement un peu illusoire, puisque, nous l'avons vu, ce sont surtout les erreurs de contournement qui limitent la précision du planimètre.

440. Planimètre de précision à disque. — Le *planimètre de précision à disque* est un planimètre polaire modifié comme il suit : 1° au lieu d'être en contact avec le plan plus ou moins uni de la

Fig. 261.

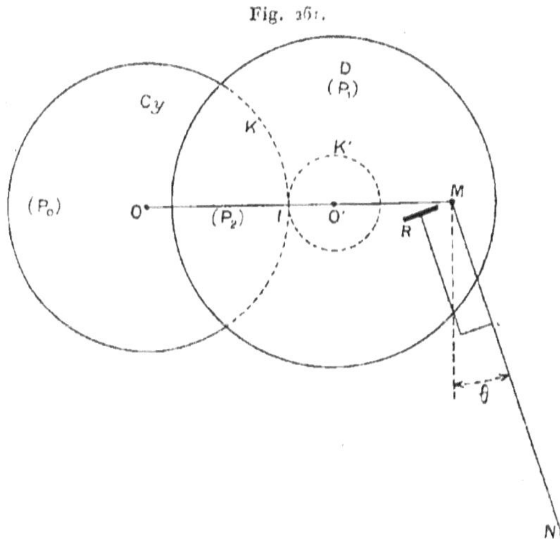

feuille de papier sur laquelle est tracée la courbe dont on veut mesurer l'aire, la roulette glisse sur un disque, soigneusement dressé, faisant partie de l'appareil ; 2° pour un contournement donné, le déroulement est augmenté, ce qui diminue l'erreur relative.

L'appareil, représenté schématiquement en plan (*fig.* 261), comprend un support cylindrique fixe Cy, portant à sa partie supérieure une couronne dentée K. Un disque D, de centre O′, est solidaire du pignon K' engrenant avec K. Son axe est astreint à tourner autour de celui de Cy, par l'intermédiaire du bras polaire OO'M. En M est articulé le bras mobile MN dont l'extrémité N porte le traçoir. Ce bras porte aussi l'axe d'une roulette R dont le plan passe par M et qui reste en contact avec le disque D.

Faisons décrire au point N une courbe C, limitant l'aire (N). Pour abréger l'exposition, je me contenterai d'examiner le cas du *pôle à l'extérieur*, où M ne fait qu'osciller sur un arc du cercle (O, OM). On a, d'après le n° 435,

$$(1) \qquad (N) = MN \int_C \sin\theta \, ds,$$

en désignant par θ l'angle que fait MN avec la tangente en M au cercle (O, OM).

Évaluons maintenant le déroulement de la roulette. Tout d'abord, en vertu du théorème de la bicyclette, nous pouvons supposer que son axe est la droite MN même, son centre étant en M.

Considérons trois plans P_0, P_1, P_2 glissant les uns sur les autres, et liés :

Le plan P_0 au cylindre fixe Cy, c'est-à-dire au plan de la feuille ;
Le plan P_1 au disque D ;
Le plan P_2 au bras polaire OM.

Relativement au disque D, la vitesse $V_{2/1}$ du point M est perpendiculaire à OM, et pendant le temps dt le déplacement de ce point a pour valeur $V_{2/1} \, dt$. Le déroulement $d\rho$ de la roulette, provenant du mouvement du point M par rapport au disque, a donc pour expression

$$d\rho = V_{2/1} \sin\theta \, dt.$$

On a d'autre part, ds étant le déplacement du point M par rapport au plan P_0,

$$ds = V_{2/0} \, dt.$$

Donc

$$\frac{d\rho}{ds} = \frac{V_{2/1}}{V_{2/0}} \sin\theta.$$

Mais, en introduisant les vitesses angulaires,

$$V_{2/1} = O'M \, \omega_{2/1}, \qquad V_{2/0} = OM \, \omega_{2/0},$$

d'où

$$\frac{V_{2/1}}{V_{2/0}} = \frac{O'M}{OM} \frac{\omega_{2/1}}{\omega_{2/0}}.$$

Or, les deux cercles K et K' roulant l'un sur l'autre, le point I a la même vitesse dans les mouvements $\left(\dfrac{P_0}{P_2}\right)$ et $\left(\dfrac{P_1}{P_2}\right)$. Donc

$$OI\,\omega_{0/2} = O'I\,\omega_{1/2}.$$

Par conséquent

$$\frac{\omega_{2/1}}{\omega_{2/0}} = \frac{\omega_{1/2}}{\omega_{0/2}} = \frac{OI}{O'I}.$$

Donc

$$\frac{V_{2/1}}{V_{2/0}} = \frac{O'M}{OM} \frac{OI}{O'I},$$

et enfin

$$\frac{d\rho}{ds} = \frac{O'M}{OM} \frac{OI}{O'I} \sin\theta.$$

Le déroulement total de la roulette sera donc donné par la formule

$$\rho = \frac{O'M}{OM} \frac{OI}{O'I} \int_C \sin\theta\, ds,$$

et, en tenant compte de (1),

$$\rho = \frac{O'M}{OM} \frac{OI}{O'I} \frac{(N)}{MN}.$$

Pour un planimètre polaire ordinaire, le déroulement serait $\dfrac{(N)}{MN}$. Le dispositif indiqué le multiplie par le facteur

$$\alpha = \frac{O'M}{OM} \frac{OI}{O'I}.$$

Ce facteur peut atteindre une valeur assez élevée, si l'on éloigne suffisamment le point M et si le pignon K' est petit par rapport à K.

441. Intégrateur d'Amsler. — Cet appareil permet d'évaluer, outre l'aire limitée par une courbe fermée, le *moment statique* et le *moment d'inertie* de cette aire par rapport à un axe donné O.x.

1° *Formules préliminaires.* — Soit C une courbe fermée (*fig.* 262), rapportée à deux axes rectangulaires O.x et O.y. Désignons par S l'aire limitée par C, par M le moment statique et par I le moment d'inertie de cette aire par rapport à Ox. Les expressions de ces trois quantités, sous forme d'intégrales doubles, sont

$$S = \int\!\int dx\,dy, \qquad M = \int\!\int y\,dx\,dy, \qquad I = \int\!\int y^2\,dx\,dy,$$

les intégrales doubles étant étendues à l'aire S. Une transformation bien connue permet de remplacer ces intégrales doubles par des inté-

Fig. 262.

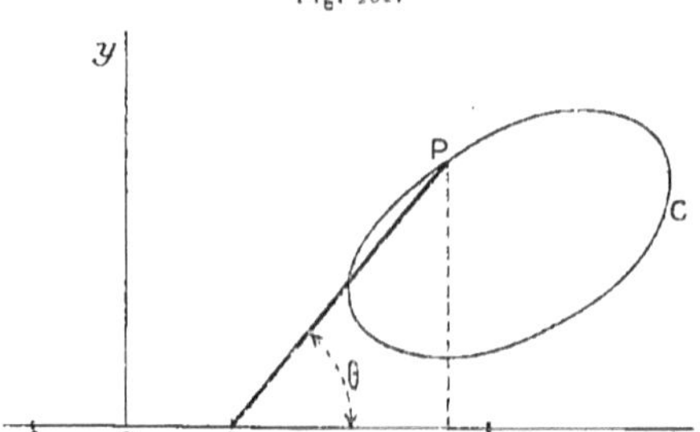

grales curvilignes : désignons par y_0 et y_1 ($y_0 < y_1$) les valeurs extrêmes de y correspondant à une valeur de x (je suppose, pour simplifier, qu'une parallèle à Oy ne rencontre C qu'en deux points). Soient encore a et b les valeurs extrêmes de x. On peut écrire pour S, par exemple,

$$S = \int\!\int dx\,dy = \int_a^b dx \int_{y_0}^{y_1} dy = \int_a^b (y_1 - y_0)\,dx,$$

et l'intégrale définie écrite en dernier lieu peut se mettre sous la forme

$$(1) \qquad\qquad S = - \int_C y\,dx,$$

le second membre étant une intégrale curviligne prise le long de la courbe C, parcourue de manière à laisser à gauche l'aire intérieure. On a de même

$$(2) \qquad\qquad M = - \frac{1}{2} \int_C y^2\,dx,$$

$$(3) \qquad\qquad I = - \frac{1}{3} \int_C y^3\,dx.$$

Supposons maintenant que le point P qui décrit la courbe C soit relié par une tige de longueur l à un point Q qui décrit Ox. Il faut que l surpasse le maximum de y sur C. Désignons par ξ l'abscisse du point Q et posons $\widehat{xQP} = \theta$. On a

$$x = \xi + l\cos\theta, \qquad y = l\sin\theta.$$

Remplaçons x et y par ces valeurs dans (1). On aura des intégrales curvilignes prises le long de la courbe fermée Γ décrite par le point de coordonnées (ξ, θ) :

$$S = -\int_\Gamma l\sin\theta\,(d\xi - l\sin\theta\,d\theta) = -l\int_\Gamma \sin\theta\,d\xi + l^2\int_\Gamma \sin^2\theta\,d\theta.$$

Sans qu'il soit nécessaire de faire le calcul, on voit que la seconde de ces dernières intégrales est nulle, puisque θ ne fait qu'osciller entre deux valeurs extrêmes. Il reste

$$S = -l\int_\Gamma \sin\theta\,d\xi.$$

Puisque, dans cette intégrale curviligne, ne figure plus que la différentielle $d\xi$, on peut la considérer comme prise le long du contour ABA, A et B étant les positions extrêmes du point Q. Donc

$$(4) \qquad S = -l\int_{ABA} \sin\theta\,d\xi.$$

On a de même

$$(5) \qquad M = -\frac{l^2}{2}\int_{ABA} \sin^2\theta\,d\xi,$$

$$(6) \qquad I = -\frac{l^3}{3}\int_{ABA} \sin^3\theta\,d\xi.$$

Introduisons les arcs 2θ et 3θ, par les formules

$$\sin^2\theta = \frac{1-\cos 2\theta}{2} = \frac{1-\sin\left(2\theta + \dfrac{\pi}{2}\right)}{2},$$

$$\sin^3\theta = \frac{3}{4}\sin\theta - \frac{1}{4}\sin 3\theta.$$

Il vient ainsi

$$M = -\frac{l^2}{4}\int_{ABA}\left[1 - \sin\left(2\theta + \frac{\pi}{2}\right)\right]d\xi,$$

et en tenant compte que $\int_{ABA} d\xi = 0$,

$$(7) \qquad M = \frac{l^2}{4} \int_{ABA} \sin\left(2\theta + \frac{\pi}{2}\right) d\xi.$$

De même

$$(8) \qquad I = -\frac{l^3}{4} \int_{ABA} \sin\theta \, d\xi + \frac{l^3}{12} \int_{ABA} \sin 3\theta \, d\xi.$$

Les formules (4), (7) et (8) sont celles qui vont se prêter à l'intégration mécanique.

2° *Évaluation mécanique des intégrales précédentes.* — Les intégrales qui figurent dans les formules (4), (7) et (8) sont toutes de la forme

$$J_\alpha = \int_{ABA} \sin(\alpha\theta + \beta) \, d\xi.$$

α et β étant des constantes.

Imaginons que l'on adjoigne à la tige QP une roulette ayant son

Fig. 263.

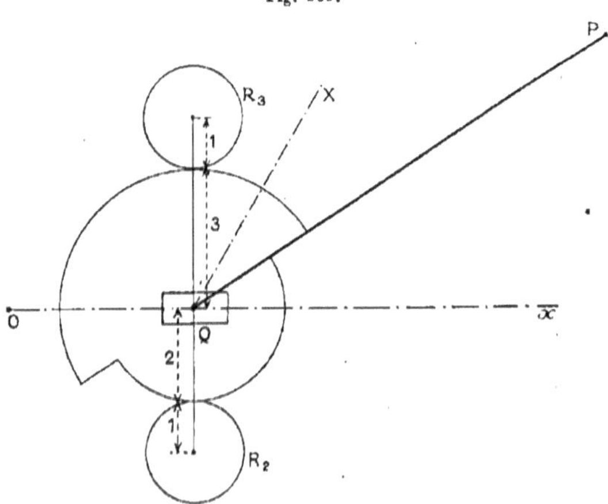

point de contact en Q (*fig.* 263), l'axe X de cette roulette faisant avec Ox l'angle

$$(9) \qquad \widehat{xQX} = \alpha\theta + \beta.$$

Si l'on désigne par ρ le déroulement de cette roulette, quand le point Q effectue le parcours ABA, on a, d'après la formule (2) du n° 433,

$$J_\alpha = \rho.$$

Dans les formules considérées, α prend les valeurs 1, 2 et 3.

Il reste à voir comment on réalise mécaniquement la relation (9).

Pour la formule (4), où $\alpha = 1$, $\beta = 0$, l'axe de la roulette se confond avec QP, et l'on retrouve le planimètre à base rectiligne (la théorie précédente conduirait à mettre le centre de la roulette au point Q, mais on sait par la théorie directe du planimètre que ce centre peut être un point quelconque de la tige QP, et que l'on peut en outre décaler l'axe de la roulette, par application du théorème de la bicyclette).

Pour $\alpha = 2$ et $\alpha = 3$, voici le dispositif d'Amsler : la tige QP est solidaire de deux secteurs dentés de centre Q (*fig.* 263) engrenant avec des roues R_2 et R_3, dont les centres sont astreints à rester sur la perpendiculaire menée à Ox par le point Q. Les rayons des cercles primitifs sont, comme l'indique la figure, proportionnels aux nombres 1, 2 et 3.

Quand l'inclinaison θ de QP varie de l'angle $\Delta\theta$, la roue R_2 tourne de $-2\Delta\theta$ et la roue R_3 de $-3\Delta\theta$. Par conséquent un axe parallèle au plan de la figure et lié à la roue R_α fait à un instant quelconque, avec Ox, un angle égal à $-(\alpha\theta + \beta)$, β étant la valeur de cet angle pour $\theta = 0$. Si donc cet axe est celui d'une roulette, ayant son centre projeté au même point que celui de R_α, cette roulette enregistre l'intégrale

$$J_\alpha = \int_{ABA} \sin(\alpha\theta + \beta)\, d\xi.$$

Pour $\alpha = 2$, on fera $\beta = \dfrac{\pi}{2}$; pour $\alpha = 3$, $\beta = 0$.

En se reportant aux formules (7) et (8), on obtient

$$M = \frac{l^2}{4} J_2, \qquad I = -\frac{l^3}{4} J_1 + \frac{l^3}{12} J_3,$$

J_2 et J_3 s'obtiennent par la lecture des déroulements des roulettes liées à R_2 et à R_3; J_4 par celle du déroulement de la roulette dont l'axe est parallèle à QP.

C. — INTÉGRATEURS A SPHÈRE.

442. Principe. — Soit (*fig.* 264) une sphère S tangente à un

Fig. 264.

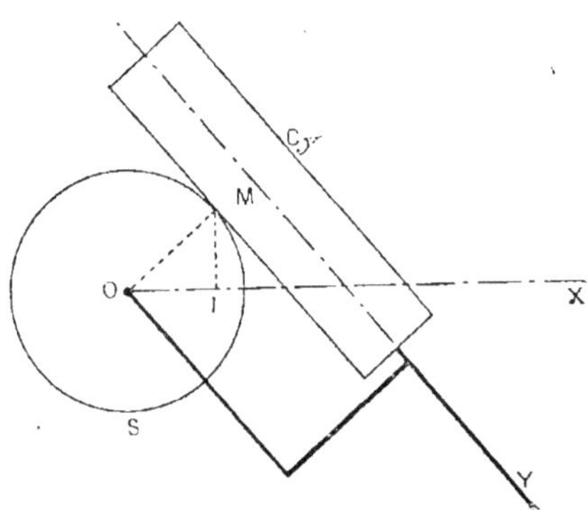

cylindre de révolution Cy. Désignons par R le rayon de la sphère, par r celui du cylindre. S tourne autour d'un axe X. L'angle $\frac{\pi}{2} - \theta$ que fait avec X l'axe Y de Cy peut varier, mais un dispositif, schématisé sur la figure, oblige la sphère et le cylindre à se toucher constamment en un point M.

Quand S tourne d'un angle $d\varphi$ autour de X, Cy tourne autour de Y d'un angle $d\psi$ qui s'évalue comme il suit, pour une valeur donnée de θ. Soient O le centre de la sphère, I la projection du point M sur X. Si l'adhérence de S et de Cy est suffisante, ces deux surfaces *roulent* l'une sur l'autre. En écrivant que le point M, lié à S ou à Cy, a la même vitesse dans les deux cas, on a

$$\text{IM}\,\frac{d\varphi}{dt} = r\,\frac{d\psi}{dt},$$

d'où

$$r\,d\psi = R\sin\theta\,d\varphi.$$

Si, comme on l'a fait pour la roulette, on fait intervenir le *dérou-*

lement élémentaire du cylindre $dp = r\,d\psi$, on obtient

$$d\rho = R \sin\theta\,d\varphi.$$

Supposons maintenant que l'angle θ soit une fonction donnée de la rotation totale φ de la sphère S à partir d'une position initiale. Le déroulement total du cylindre est donné par la formule

$$(1) \qquad\qquad \rho = R \int_0^\varphi \sin\theta\,d\varphi.$$

L'analogie de cette formule avec celle du n° 433 fait prévoir que le nouveau dispositif se prête aux mêmes intégrations que la roulette dérapante. Il est plus compliqué et d'une exécution plus délicate, car il faut d'une part tailler la sphère S avec un soin extrême, et d'autre part être assuré que le contact entre cette sphère et le cylindre subsiste toujours, quel que soit l'angle θ. Mais ce sont là des difficultés qui n'arrêtent pas les constructeurs modernes.

L'emploi de la sphère intégratrice a, sur celui de la roulette dérapante, l'avantage de ne pas introduire de glissement : il ne subsiste qu'un pivotement.

Coradi construit un planimètre et des intégrateurs à sphère. Je décrirai seulement le premier de ces appareils.

443. Planimètre à sphère. — Cet appareil, représenté schématiquement (*fig.* 265), se compose de deux rouleaux égaux A et A', ayant le même axe et solidaires l'un de l'autre, en sorte qu'un chariot, supporté par ces rouleaux, est animé d'une translation rectiligne. Une calotte sphérique S tourne autour d'un axe solidaire du chariot. La rotation de cette calotte est commandée par un pignon p, engrenant avec une roue P concentrique au rouleau A et solidaire de ce rouleau. Du point O est issu un bras mobile OM dont l'extrémité M contourne la courbe dont on veut évaluer l'aire (M). Ce bras entraîne un cylindre Cy qui reste en contact avec S.

Si l'on désigne par l la longueur OM, on a, comme on sait,

$$(M) = l \int \sin\theta\,dx,$$

l'intégrale du second membre devant être considérée comme une intégrale curviligne prise le long de la courbe fermée aplatie que constitue le trajet rectiligne, aller et retour, du point O sur la droite Ox.

Désignons d'autre part par A, P et p les rayons respectifs du rou-

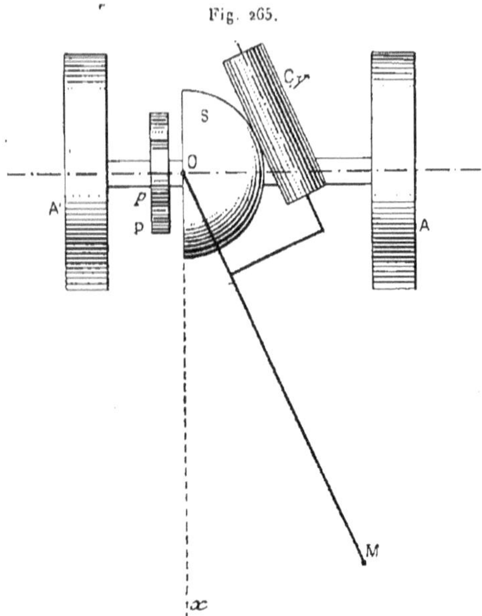

Fig. 265.

leau A, de la roue P et du pignon p. Pour un déplacement infiniment petit dx du point O, le rouleau tourne de l'angle $\dfrac{dx}{A}$; la roue P, solidaire de A, tourne du même angle, et la calotte sphérique S, solidaire du pignon p, de l'angle

$$d\varphi = \frac{P}{p}\,\frac{dx}{A}.$$

On a donc, comme expression du déroulement élémentaire de Cy,

$$d\varphi = R \sin \theta \, d\varphi = \frac{RP}{p\,A} \sin \theta \, dx,$$

d'où le déroulement total

$$(1) \qquad \varsigma = \frac{RP}{p\,A} \int \sin \theta \, dx = \frac{RP}{p\,A} \frac{(M)}{l}.$$

Un planimètre polaire ordinaire, ayant un bras mobile de longueur l, aurait donné un déroulement égal à $\frac{(M)}{l}$. Le facteur $\frac{RP}{p\,A}$, qui intervient dans la formule (1), peut être rendu très notablement supérieur à l'unité, comme on le voit aisément. On retrouve donc dans le planimètre à sphère le même avantage que dans le planimètre à disque.

Dans le fait, le constructeur de ces deux appareils leur attribue, à peu près, la même précision intrinsèque, un peu plus grande pour le planimètre à sphère que pour le planimètre à disque.

LIVRE V.

444. Objet de ce Livre. — On trouvera ici de nouvelles propriétés des mécanismes étudiés dans les pages précédentes; l'exposition de théories telle que celle des fractions continuelles, que les programmes d'enseignement ne me permettaient pas de supposer connues du lecteur; enfin l'étude de questions qui peuvent ne présenter pour le praticien qu'un intérêt secondaire, mais qui m'ont paru attrayantes pour les géomètres. Plusieurs des problèmes abordés sont loin, comme on le verra, d'être entièrement résolus.

A. — SUR L'ENGRENAGE A DÉVELOPPANTES DE CERCLE.

445. Une propriété caractéristique de cet engrenage. — On a vu (n° 299) que l'engrenage à développantes jouit de la propriété suivante : *un tel engrenage étant supposé construit, il fonctionne correctement, quelle que soit la distance des centres, c'est-à-dire que le rapport des vitesses angulaires des deux roues qui le composent est constant, quelle que soit la distance des centres.*

Je vais établir que *cette propriété est caractéristique de l'engrenage à développantes.*

Soient en effet O et O_1 les centres de rotation (*fig.* 266), G et G_1 deux profils conjugués se touchant en M, MN la normale commune à ces deux profils.

G et G_1 tournant respectivement autour des points O et O_1, soient ω et ω_1 leurs vitesses angulaires à l'instant où la figure est faite. Appelons P et P_1 les projections des points O et O_1 sur MN.

Comme on l'a vu au n° 375, on a

$$\frac{\omega}{\omega_1} = \frac{u_1}{u},$$

en posant

$$OP = u, \qquad O_1 P_1 = u_1.$$

Si l'engrenage fonctionne correctement, le rapport $\frac{u_1}{u}$ est constant, quand OO_1 a une valeur donnée.

Supposons que l'engrenage jouisse de la propriété rappelée ci-des-

Fig. 266.

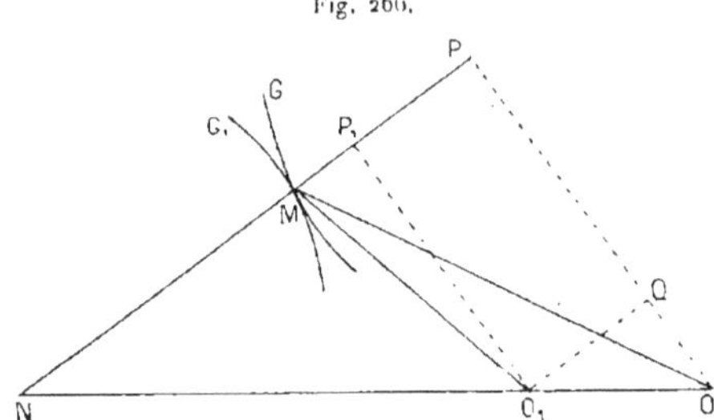

sus. Alors, quand on donne à OO_1 une nouvelle valeur, le rapport considéré reste encore constant pendant le fonctionnement de l'engrenage. Sa valeur (qui, *a priori*, n'est pas nécessairement la même que la précédente) est donc fonction de la distance OO_1.

Posons $PM = z$, $P_1 M = z_1$. On a

$$\overline{OO_1}^2 = \overline{OQ}^2 + \overline{O_1 Q}^2 = (z - z_1)^2 + (u - u_1)^2.$$

Cela posé, remarquons que la courbe G peut être définie par une relation entre z et u; z n'a certainement pas une valeur constante, car la courbe G, ayant toutes ses tangentes à la même distance du point O, serait un cercle de centre O, ce qui n'est pas admissible. Donc z peut être pris comme variable indépendante, et G est définie par une relation $u = f(z)$, f étant une fonction à déterminer. De même G_1 est définie par une relation $u_1 = f_1(z_1)$.

D'autre part, quand on fait varier la distance OO_1, on peut, pour chaque valeur de OO_1 (au moins dans certaines limites), trouver une position des courbes G et G_1 telle que le point M reste fixe sur G. Il varie alors nécessairement sur G_1. Autrement dit, z et z_1 peuvent prendre des couples de valeurs arbitraires et jouent, dans la question, le rôle de variables indépendantes.

D'après tout cela, le problème se pose de la manière suivante :

Trouver une fonction $u = f(z)$ et une fonction $u_1 = f_1(z_1)$, z et z_1 étant deux variables indépendantes, telles que la quantité

$$V = \frac{u_1}{u}$$

soit fonction de la quantité

$$U = (z - z_1)^2 + (u - u_1)^2.$$

La condition nécessaire pour qu'il en soit ainsi est, comme on sait, que le déterminant fonctionnel de V et de X soit nul. On doit donc avoir

$$\frac{\partial U}{\partial z}\frac{\partial V}{\partial z_1} - \frac{\partial U}{\partial z_1}\frac{\partial V}{\partial z} = 0.$$

En posant

$$\frac{du}{dz} = u', \qquad \frac{du_1}{dz_1} = u'_1,$$

un calcul simple conduit à l'équation

$$(1) \qquad (z - z_1)(uu'_1 - u_1 u') + (u - u_1)^2 u' u'_1 = 0.$$

Deux cas sont à distinguer :

1° *On a $u' = 0$.* Alors (1) se réduit à $u'_1(z - z_1) = 0$, d'où $u'_1 = 0$, car $z - z_1$ n'est pas constamment nul. On a donc $u = \text{const.}$, $u_1 = \text{const.}$ Autrement dit, toutes les normales à G sont à la même distance du point O. Donc G est la développante d'un cercle de centre O. De même, G_1 est la développante d'un cercle de centre O_1.

Même conclusion en partant de l'hypothèse $u'_1 = 0$.

2° *On a $u' u'_1 \neq 0$.* Alors (1) peut s'écrire

$$(2) \qquad (z - z_1)\left(\frac{u}{u'} - \frac{u_1}{u'_1}\right) + (u - u_1)^2 = 0.$$

Dérivons (2) par rapport à z, puis par rapport à z_1. Il vient

$$(3) \qquad -\left(\frac{u}{u'}\right)' - \left(\frac{u_1}{u'_1}\right)' - 2u'u'_1 = 0.$$

On peut intégrer rapidement cette équation en en cherchant une interprétation géométrique. Elle exige l'introduction des imaginaires. Posons

$$z = X + Yi, \qquad \frac{u}{u'} = X - Yi, \qquad u = Z,$$

$$z_1 = X_1 + Y_1 i, \qquad \frac{u_1}{u'_1} = X_1 - Y_1 i, \qquad u_1 = Z_1.$$

L'équation (2) s'écrit alors

$$(4) \qquad (X - X_1)^2 + (Y - Y_1)^2 + (Z - Z_1)^2 = 0.$$

Soient Q et Q_1 les points imaginaires (X, Y, Z) et (X_1, Y_1, Z_1). Ils sont tous les deux variables et l'équation (4) exprime que chacun d'eux appartient au cône isotrope qui a l'autre pour sommet. Chacun des points Q et Q_1 doit donc appartenir à une infinité de cônes isotropes. On en conclut qu'ils varient tous les deux sur la *même* droite isotrope. Donc en particulier $\frac{u}{u'}$ est linéaire en z, $\frac{u_1}{u'_1}$ est linéaire en z_1. De plus, $\frac{u}{u'}$ s'exprime en fonction de z comme $\frac{u_1}{u'_1}$ en fonction de z_1. On a donc

$$\frac{u}{u'} = A z + B, \qquad \frac{u_1}{u'_1} = A z_1 + B,$$

A et B étant des constantes. Si l'on porte ces valeurs dans (3), on obtient

$$- 2A - 2u'u'_1 = 0.$$

Ainsi le produit $u'u'_1$ est constant, ce qui exige que u' et u'_1 soient tous les deux constants.

Soient donc

$$u = Cz + D, \qquad u_1 = C_1 z_1 + D_1,$$

C, D, C_1, D_1 étant des constantes. (2) devient alors

$$(z - z_1)\left(z - z_1 + \frac{D}{C} - \frac{D_1}{C_1}\right) + (Cz - C_1 z_1 + D - D_1)^2 = 0.$$

Cette équation doit être satisfaite, quels que soient z et z_1. On en conclut en particulier

$$C^2 + 1 = C_1^2 + 1 = 0.$$

Par conséquent la seconde hypothèse ne conduit à aucune solution réelle, et l'on reconnaît, en définitive, que la propriété considérée n'appartient qu'à l'engrenage à développantes. Pour un tel engrenage, le rapport des vitesses angulaires est une constante absolue, ne dépendant pas de la distance des centres.

B. — THÉORIE DES FRACTIONS CONTINUELLES.

446. Définitions. — Soient a_0, a_1, a_2, ..., a_{n-1} des nombres assujettis, jusqu'à nouvel ordre, à la seule condition d'être positifs, sauf le premier a_0 qui peut être positif ou nul. Formons successivement les nombres

$$\alpha_1 = a_0, \qquad \alpha_2 = a_0 + \frac{1}{a_1}, \qquad \alpha_3 = a_0 + \cfrac{1}{a_1 + \cfrac{1}{a_2}}, \qquad ,$$

$$\alpha_n = a_0 + \cfrac{1}{a_1 + \cfrac{\ }{\ \cdots\ + \cfrac{1}{a_{n-1}}}}.$$

On dit que α_i $(i = 0, 1, ..., n-1)$ est une *fraction continuelle* [1] dont les *quotients incomplets* sont les nombres a_0, a_1, ..., a_{i-1}.

Si l'on a $i \leqq j$, on dit que α_i est la *réduite de rang i* du nombre α_j.

447. Notation pratique d'une fraction continuelle. Premières propriétés. — La notation qui résulte de la définition est gênante, surtout pour l'impression. Je la remplacerai par celle-ci :

$$\alpha_n = (a_0, a_1, \ldots, a_{n-1}).$$

Certains quotients incomplets d'une fraction continuelle peuvent eux-mêmes être donnés comme valeurs de fractions continuelles. Alors, pour éviter les inclusions de parenthèses entre parenthèses, on remplacera, comme d'habitude, les parenthèses extérieures par des crochets.

---

[1] L'expression la plus courante est celle de *fraction continue*. Celle du texte, proposée par M. E. Cahen, paraît préférable, parce qu'on n'y voit pas le mot *continu* détourné du sens que tout le monde lui donne dans la théorie des fonctions.

Les hypothèses faites sur les signes des quotients incomplets n'interviennent qu'au n° 449.

Ainsi, il est clair que l'on a

$$(1) \quad \alpha_n = \left(a_0, a_1, \ldots, a_{n-3}, a_{n-2} + \frac{1}{a_{n-1}} \right) = [a_0, a_1, \ldots, a_{n-3}, (a_{n-2}, a_{n-1})],$$

et, plus généralement,

$$(2) \qquad \alpha_n = [a_0, a_1, \ldots, a_{i-1}, (a_i, a_{i+1}, \ldots, a_{n-1})].$$

448. Formation des réduites successives. — On a directement

$$\alpha_1 = a_0, \qquad \alpha_2 = \frac{a_0 a_1 + 1}{a_1}, \qquad \alpha_3 = a_0 + \frac{a_2}{a_1 a_2 + 1} = \frac{a_0 a_1 a_2 + a_0 + a_2}{a_1 a_2 + 1}.$$

La loi de formation des seconds membres devient rapidement compliquée. Il y a donc à chercher une règle pratique permettant de calculer, par un procédé de récurrence, les réduites successives.

A cet effet, désignons par P_n et Q_n les polynomes en $a_0, a_1, \ldots, a_{n-1}$, qui sont le numérateur et le dénominateur de la réduite α_n, ces *polynomes étant calculés sans introduction ni suppression de facteurs* (à supposer qu'on leur ait trouvé des facteurs communs). On a

$$\begin{aligned}
P_1 &= a_0, & Q_1 &= 1, \\
P_2 &= a_0 a_1 + 1, & Q_2 &= a_1, \\
P_3 &= a_0 a_1 a_2 + a_0 + a_2, & Q_3 &= a_1 a_2 + 1.
\end{aligned}$$

Observons les égalités

$$P_3 = a_2 P_2 + P_1, \qquad Q_3 = a_2 Q_2 + Q_1.$$

Je dis qu'on a, d'une manière générale,

$$(3) \qquad P_n = a_{n-1} P_{n-1} + P_{n-2}, \qquad Q_n = a_{n-1} Q_{n-1} + Q_{n-2}.$$

Ces égalités sont vraies pour $n = 3$. Il suffit donc, pour établir leur généralité, de montrer que si elles sont supposées vraies pour une valeur de n, elles sont encore vraies pour la valeur immédiatement supérieure.

Supposons acquises les égalités

$$(4) \qquad P_{n-1} = a_{n-2} P_{n-2} + P_{n-3}, \qquad Q_{n-1} = a_{n-2} Q_{n-2} + Q_{n-3}.$$

On a donc

$$\alpha_{n-1} = \frac{P_{n-1}}{Q_{n-1}} = \frac{a_{n-2} P_{n-2} + P_{n-3}}{a_{n-2} Q_{n-2} + Q_{n-3}}.$$

Or la relation (1) montre que l'on passe de α_{n-1} à α_n en changeant a_{n-2} en $a_{n-2} + \dfrac{1}{a_{n-1}}$. Ce changement ne modifie aucun des nombres P_{n-2}, Q_{n-2}, P_{n-3}, Q_{n-3}, dans lesquels n'interviennent au plus que les quotients incomplets $a_0, a_1, \ldots, a_{n-3}$. Par conséquent

$$\alpha_n = \frac{P_n}{Q_n} = \frac{\left(a_{n-2} + \dfrac{1}{a_{n-1}}\right) P_{n-2} + P_{n-3}}{\left(a_{n-2} + \dfrac{1}{a_{n-1}}\right) Q_{n-2} + Q_{n-3}} = \frac{a_{n-1}(a_{n-2} P_{n-2} + P_{n-3}) + P_{n-2}}{a_{n-1}(a_{n-2} Q_{n-2} + Q_{n-3}) + Q_{n-2}},$$

et, en tenant compte des (4),

$$\frac{P_n}{Q_n} = \frac{a_{n-1} P_{n-1} + P_{n-2}}{a_{n-1} Q_{n-1} + Q_{n-2}},$$

d'où les égalités (3), puisque les polynomes P_n et Q_n sont formés sans introduction ni suppression de facteurs.

Si l'on pose conventionnellement

$$P_0 = 1, \qquad Q_0 = 0,$$

on reconnaît que les égalités (3) sont vérifiées pour $n = 2$, et l'on aboutit à la règle pratique suivante : on écrit sur trois lignes 1° les quotients incomplets $a_0, a_1, \ldots$; 2° les numérateurs des réduites P_n ; 3° les dénominateurs Q_n, en alignant verticalement les termes comme l'indique le tableau ci-dessous. Les deux premiers termes de la première ligne sont 1 et a_0 ; les deux premiers de la seconde sont 0 et 1.

Les termes successifs se forment par application de la relation (3) :

$$
\begin{array}{ccccccc}
 & & a_0 & a_1 & a_2 & a_3 & \ldots \\
 & 1 & a_0 & P_2 & P_3 & P_4 & \ldots \\
 & 0 & 1 & Q_2 & Q_3 & Q_4 & \ldots
\end{array}
$$

Exemple numérique. — Soit à calculer

$$\alpha_6 = (2, 7, 1, 2, 4, 2).$$

On écrira

$$
\begin{array}{ccccccc}
 & 2 & 7 & 1 & 2 & 4 & 2 \\
1 & 2 & 15 & 17 & 49 & 213 & 475 \\
0 & 1 & 7 & 8 & 23 & 100 & 223
\end{array}
$$

d'où

$$\alpha_6 = \frac{475}{223}.$$

449. Propriétés des réduites. — 1° *On a la relation*

$$(5) \qquad P_n Q_{n-1} - P_{n-1} Q_n = (-1)^n.$$

Comme on a

$$P_1 = a_0, \qquad Q_1 = 1,$$
$$P_0 = 1, \qquad Q_0 = 0,$$

on voit que (5) est vérifiée pour $n = 1$. Il suffit donc d'établir, en appliquant le principe de la démonstration par *induction complète* (ou par *récurrence*), que l'égalité, supposée vraie,

$$(6) \qquad P_{n-1} Q_{n-2} - P_{n-2} Q_{n-1} = (-1)^{n-1}$$

entraîne (5).

Or on a, en vertu de (3),

$$P_n Q_{n-1} - P_{n-1} Q_n = (a_{n-1} P_{n-1} + P_{n-2}) Q_{n-1} - P_{n-1}(a_{n-1} Q_{n-1} + Q_{n-2})$$
$$= P_{n-2} Q_{n-1} - P_{n-1} Q_{n-2};$$

d'où, en tenant compte de (6), la relation (5).

2° *Les réduites* $\alpha_1,\ \alpha_2,\ \dots$ *forment une suite à croissance alternée. D'une manière précise, on a*

$$\alpha_1 < \alpha_2 > \alpha_3 < \dots.$$

On a en effet

$$\alpha_n - \alpha_{n-1} = \frac{P_n}{Q_n} - \frac{P_{n-1}}{Q_{n-1}} = \frac{P_n Q_{n-1} - P_{n-1} Q_n}{Q_n Q_{n-1}},$$

d'où, en tenant compte de (5),

$$(7) \qquad \alpha_n - \alpha_{n-1} = \frac{(-1)^n}{Q_n Q_{n-1}};$$

$\alpha_n - \alpha_{n-1}$ a donc le signe de $(-1)^n$, ce qui établit la proposition.

3° *Les réduites de rang impair* $\alpha_1,\ \alpha_3,\ \dots$ *forment une suite croissante et les réduites de rang pair* $\alpha_2,\ \alpha_4,\ \dots$ *une suite décroissante.*

A l'égalité (7) ajoutons celle qu'on en déduit par le changement de n en $n-1$,

$$\alpha_{n-1} - \alpha_{n-2} = \frac{(-1)^{n-1}}{Q_{n-1} Q_{n-2}}.$$

Il vient

$$\alpha_n - \alpha_{n-2} = \frac{(-1)^{n-1}}{Q_{n-1}}\left(\frac{1}{Q_{n-2}} - \frac{1}{Q_n}\right).$$

Or de la seconde des égalités (3) résulte $Q_n > Q_{n-2}$. Le facteur entre parenthèses de l'égalité précédente est donc positif, et $\alpha_n - \alpha_{n-2}$ a le signe de $(-1)^{n-1}$, ce qui établit la proposition.

En résumé, si l'on forme les deux suites

$$\alpha_1, \quad \alpha_3, \quad \alpha_5, \quad \ldots,$$
$$\alpha_2, \quad \alpha_4, \quad \alpha_6, \quad \ldots,$$

les termes de chacune d'elles convergent vers α_n, ceux de la première ligne en croissant, ceux de la seconde en décroissant. Suivant la parité de n, α_n est le dernier terme de l'une ou de l'autre de ces suites.

450. Fractions continuelles infinies. — Supposons que le nombre des quotients incomplets augmente indéfiniment. L'expression

$$(a_0, a_1, a_2, a_3, \ldots)$$

n'a pas de sens *a priori*, mais on peut énoncer la proposition suivante :

La suite des réduites de rang impair, formées d'après la règle indiquée, converge vers une certaine limite, et de même la suite des réduites de rang pair.

En effet, la première suite est croissante. On a en outre, quel que soit n,

$$\alpha_{2n+1} < \alpha_{2n+2} < \alpha_2$$

Par conséquent cette suite est bornée supérieurement. Elle a donc une limite.

De même pour la seconde suite.

Les deux limites dont on vient d'établir l'existence peuvent être distinctes. Je vais *démontrer qu'elles sont égales*, si l'on introduit l'hypothèse supplémentaire, inutile jusqu'ici : *à partir d'une certaine valeur* N *de l'indice n*, on a

(8) $$a_n \geq 1.$$

En effet, récrivons la seconde des (3), et l'égalité qui s'en déduit par le changement de n en $n-1$

$$Q_n = a_{n-1}Q_{n-1} + Q_{n-2},$$
$$Q_{n-1} = a_{n-2}Q_{n-2} + Q_{n-3}.$$

On a, en supposant $n-2 > N$,

$$Q_n \geqq Q_{n-1} + Q_{n-2}, \qquad Q_{n-1} \geqq Q_{n-2} + Q_{n-3},$$

d'où, par addition,

$$Q_n \geqq 2 Q_{n-2} + Q_{n-3} > 2 Q_{n-2}.$$

Il en résulte que Q_n tend vers l'infini en même temps que n. L'égalité (7) montre alors que $\alpha_n - \alpha_{n-1}$ tend vers zéro, et l'on a

$$\lim \alpha_n = \lim \alpha_{n-1}. \qquad\qquad \text{C. Q. F. D.}$$

Si l'on appelle α la valeur commune des deux membres, on peut écrire

$$\alpha = (a_0, a_1, a_2, a_3, \ldots).$$

La valeur de α est supérieure à celle de toute réduite de rang impair, inférieure à celle de toute réduite de rang pair.

Il va sans dire que la condition (8), démontrée *suffisante*, n'est nullement *nécessaire*.

On a sans doute remarqué l'analogie que présentent les résultats précédents avec ceux que l'on obtient dans l'étude des *séries alternées*. Cette analogie va même à l'identité, comme on le voit en partant de l'égalité

$$\alpha_n = \alpha_1 + (\alpha_2 - \alpha_1) + (\alpha_3 - \alpha_2) + \ldots + (\alpha_n - \alpha_{n-1}),$$

ou, en tenant compte de (7),

$$\alpha_n = \alpha_1 + \frac{1}{Q_1 Q_2} - \frac{1}{Q_2 Q_3} + \ldots + \frac{(-1)^n}{Q_{n-1} Q_n}.$$

451. Fractions continuelles ordinaires. — Une *fraction continuelle ordinaire* est une fraction continuelle dont tous les quotients incomplets sont des nombres entiers, le premier pouvant être nul. Je vais établir la proposition suivante :

Tout nombre positif α admet un développement en fraction

continuelle ordinaire. Si α est incommensurable, le développe-
ment est illimité et il est unique. Si α est commensurable, le
développement est limité. De plus, il est unique, si on l'astreint
à cette condition supplémentaire que le dernier quotient incom-
plet soit supérieur à l'unité.

1° Le nombre $\alpha > 0$ étant donné, il existe un nombre entier $a_0 \geqq 0$
tel que l'on ait

$$a_0 \leqq \alpha < a_0 + 1.$$

Si $a_0 = \alpha$, on écrit $\alpha = (a_0)$ et le développement est achevé. Sinon,
on peut poser

$$\alpha = a_0 + \frac{1}{\alpha'_1}$$

avec

$$\frac{1}{\alpha'_1} < 1 \qquad \text{ou} \qquad \alpha'_1 > 1.$$

Si α'_1 est un nombre entier a_1, on a

$$\alpha = (a_0,\ a_1)$$

et le développement est achevé. Sinon, il existe un entier $a_1 \geqq 1$ tel
que l'on ait

$$\alpha'_1 = a_1 + \frac{1}{\alpha_2}$$

avec

$$\frac{1}{\alpha'_2} < 1 \qquad \text{ou} \qquad \alpha'_2 > 1.$$

Si α'_2 est un nombre entier a_2, on a

$$\alpha = (a_0,\ a_1,\ a_2)$$

et le développement est achevé. Sinon, on posera

$$\alpha'_2 = a_2 + \frac{1}{\alpha'_3} \qquad \text{avec} \qquad \alpha'_3 > 1,$$

et ainsi de suite. On a finalement un développement

$$\alpha = (a_0,\ a_1,\ a_2,\ \ldots)$$

limité ou non.

Si le développement est limité, il résulte de la règle de calcul des
réduites (n° 448) que α est un nombre commensurable. Par consé-

quent, *le développement en fraction continuelle d'un nombre incommensurable est illimité.*

Ce développement est bien unique. Supposons en effet qu'on ait l'égalité entre développements illimités

$$(9) \qquad (a_0, a_1, a_2, \ldots) = (b_0, b_1, b_2, \ldots),$$

les a et les b étant des entiers. La valeur du premier nombre est comprise (n° 449) entre les deux premières réduites, qui sont a_0 et

$$a_0 + \frac{1}{a_1} \leqq a_0 + 1,$$

donc entre a_0 et $a_0 + 1$. De même la valeur du second membre est comprise entre b_0 et $b_0 + 1$. Donc

$$a_0 = b_0.$$

L'égalité (9) se réduit donc à

$$(a_1, a_2 \ldots) = (b_1, b_2, \ldots).$$

En répétant le raisonnement, on voit que $a_1 = b_1$, et ainsi de suite.

2° Supposons que α soit commensurable. On peut poser

$$\alpha = \frac{A}{B},$$

A et B étant entiers. Appliquons à ces deux nombres la méthode classique de recherche du plus grand commun diviseur. Elle consiste à effectuer une suite de divisions qui se traduisent par les égalités et inégalités suivantes :

$$
\begin{aligned}
A &= a_0 B + R_1; & a_0 &\geqq 0, & R_1 &< B, \\
B &= a_1 R_1 + R_2, & a_1 &> 0, & R_2 &< R_1, \\
R_1 &= a_2 R_2 + R_3, & a_2 &> 0, & R_3 &< R_2, \\
&\ldots\ldots\ldots\ldots\ldots, & &\ldots\ldots, & &\ldots\ldots,
\end{aligned}
$$

les a et les R étant des entiers. Comme les R forment une suite décroissante de nombres entiers positifs ou nuls, ils aboutissent nécessairement à la valeur zéro, et l'on arrive à une égalité

$$R_{n-2} = a_{n-1} R_{n-1},$$

a_{n-1} étant supérieur à l'unité. En effet, si l'on avait $a_{n-1} = 1$, on aurait $R_{n-1} = R_{n-2}$ et non pas $R_{n-1} < R_{n-2}$. On tire des égalités écrites

$$\frac{A}{B} = a_0 + \frac{R_1}{B}, \qquad \frac{B}{R_1} = a_1 + \frac{R_2}{R_1},$$

d'où

$$\frac{A}{B} = a_0 + \cfrac{1}{a_1 + \cfrac{R_2}{R_1}},$$

et ainsi de suite. Finalement

$$\frac{A}{B} = (a_0, a_1, \ldots, a_{n-1})$$

avec

$$a_0 \geqq 0, \qquad a_1 > 0, \qquad \ldots, \qquad a_{n-2} > 0, \qquad a_{n-1} > 1,$$

et la démonstration même établit que le développement satisfaisant à ces conditions est unique. Il ne le serait pas, si le dernier quotient incomplet n'était pas expressément assujetti à être supérieur à l'unité. On a en effet

$$a_{n-1} = (a_{n-1} - 1) + \frac{1}{1},$$

ce qui permet d'écrire, si $a_{n-1} > 1$,

$$(a_0, a_1, \ldots, a_{n-1}) = (a_0, a_1, \ldots, a_{n-1} - 1, 1) \quad (^1).$$

Pour obtenir pratiquement ce développement, on effectue les divisions successives en inscrivant pour chacune d'elles le quotient au-dessus du diviseur et le reste à la droite de celui-ci. On voit ainsi apparaître sur la ligne supérieure du tableau formé la suite des quotients incomplets.

Exemple. — Soit $x = \frac{475}{223}$. On écrira

$$
\begin{array}{ccccccc}
 & 2 & 7 & 1 & 2 & 4 & 2 \\
\hline
475 & 223 & 29 & 20 & 9 & 2 & 1 \\
\hline
\end{array}
$$

d'où

$$\frac{475}{223} = (2, 7, 1, 2, 4, 2).$$

(¹) On voit par là qu'il est toujours possible d'écrire le développement en fraction continuelle d'un nombre commensurable de telle manière que le nombre des quotients incomplets soit pair ou impair, à volonté. Cette faculté est mise à profit dans certaines applications à la théorie des nombres.

452. Développement en fraction continuelle d'un nombre incommensurable donné. — Pour obtenir ce développement qui est illimité, comme on vient de le voir, on partira d'une valeur approchée rationnelle du nombre donné. Cette valeur, développée en fraction continuelle, fait connaître les premiers quotients incomplets du développement cherché. Mais on voit se poser la question suivante : Combien de ces quotients incomplets sont certainement exacts, et ne devront pas être modifiés, si l'on remplace la valeur approchée choisie par une autre qui le soit davantage?

La réponse est donnée par le théorème suivant : *Soient α et β deux nombres dont les développements en fraction continuelle ordinaire ont les n premiers quotients incomplets communs :*

$$\alpha = (a_0, a_1, \ldots, a_{n-1}, a_n, \ldots).$$
$$\beta = (a_0, a_1, \ldots, a_{n-1}, b_n, \ldots).$$

Ces quotients incomplets sont aussi ceux par lesquels débute le développement de tout nombre x compris entre α et β.

En effet, α et β sont tous les deux compris entre a_0 et $a_0 + 1$. Il en est donc de même de x, et le premier quotient incomplet du développement de x est a_0.

Posons

$$\alpha = a_0 + \frac{1}{\alpha'_1}, \qquad \beta = a_0 + \frac{1}{\beta'_1}, \qquad x = a_0 + \frac{1}{x'_1}.$$

Le nombre x étant compris entre α et β, x'_1 est compris entre α'_1 et β'_1. Mais α'_1 et β'_1 sont tous les deux compris entre a_1 et $a_1 + 1$. Il en est donc de même de x'_1 et l'on a

$$x = (a_0, a_1, \ldots),$$

et ainsi de suite.

On développera donc deux valeurs approchées du nombre x, l'une par défaut et l'autre par excès, et l'on conservera les quotients incomplets communs aux deux développements.

Exemple. — Soit à développer le nombre π. Il est compris entre

$$\alpha = \frac{3141}{1000} \qquad \text{et} \qquad \beta = \frac{3142}{1000}.$$

On trouve

$$\alpha = (3, 7, 10, \ldots), \qquad \beta = (3, 7, 23, \ldots).$$

Donc

$$\pi = (3, 7, \ldots) \quad (^1).$$

453. Propriété des réduites d'une fraction continuelle ordinaire. — *Ces réduites, formées suivant la règle du n° 448, sont toutes des fractions irréductibles.* Récrivons en effet la formule (5) :

$$P_n Q_{n-1} - P_{n-1} Q_n = (-1)^n.$$

On voit que tout diviseur des nombres, évidemment entiers, P_n et Q_n, doit diviser l'unité. P_n et Q_n sont donc bien premiers entre eux.

454. Valeurs approchées d'un nombre fournies par son développement en fraction continuelle. — Soit le nombre α ayant pour développement en fraction continuelle ordinaire

$$\alpha = (a_0, a_1, a_2, \ldots).$$

1° Calculons les réduites successives de ce développement. On sait (n°ˢ 449 et 450) que α est inférieur à toutes les réduites de rang pair, supérieur à toutes celles de rang impair, et que deux réduites consécutives se rapprochent l'une de l'autre à mesure que leur rang augmente. Ces réduites fournissent donc une suite de valeurs de plus en plus approchées de α, alternativement par défaut et par excès.

Il est aisé de se rendre compte du degré d'approximation fourni par la réduite $\dfrac{P_n}{Q_n}$. En effet, α est compris entre cette réduite et $\dfrac{P_{n+1}}{Q_{n+1}}$. On a donc

$$(10) \qquad \left| \frac{P_n}{Q_n} - \alpha \right| \leqq \left| \frac{P_n}{Q_n} - \frac{P_{n+1}}{Q_{n+1}} \right| = \frac{\left| P_n Q_{n+1} - P_{n+1} Q_n \right|}{Q_n Q_{n+1}} = \frac{1}{Q_n Q_{n+1}}.$$

Ainsi *l'erreur commise en remplaçant* α *par* $\dfrac{P_n}{Q_n}$ *est au plus égale à* $\dfrac{1}{Q_n Q_{n+1}}$.

L'égalité ne peut d'ailleurs avoir lieu que si, α étant commensu-

---

(^{1}) Wallis a poussé très loin le développement en fraction continuelle du nombre π. Voici, à titre de curiosité, le résultat qu'il a obtenu et que j'emprunte au *Formulario mathematico* de M. G. Peano :

$$\pi = (3, 7, 15, 1, 292, 1, 1, 1, 2, 1, 3, 1, 14, 2, 1, 1, 2, 2, 2, 2, 1, 84, 2, 1, 1, 15,$$
$$3, 13, 1, 4, 2, 6, 6, 1, \ldots).$$

rable, le développement, alors limité, a pour dernière réduite $\frac{P_{n+1}}{Q_{n+1}}$.

L'inégalité (10) entraîne *a fortiori*

$$\left| \frac{P_n}{Q_n} - \alpha \right| < \frac{1}{Q_n^2}.$$

Par conséquent, *le développement d'un nombre en fraction continuelle ordinaire permet d'en obtenir des valeurs rationnelles approchées à moins de l'inverse du carré de leur dénominateur.*

2° Le nombre α est compris entre deux réduites consécutives quelconques $\frac{P_{n-1}}{Q_{n-1}}$ et $\frac{P_n}{Q_n}$. *Je dis qu'il est plus rapproché de la seconde que de la première*, autrement dit que la différence de α et de la première est plus grande, en valeur absolue, que la moitié de la différence des deux réduites.

Il faut démontrer l'inégalité

$$(11) \qquad \left| \frac{P_{n-1}}{Q_{n-1}} - \alpha \right| > \frac{1}{2} \left| \frac{P_{n-1}}{Q_{n-1}} - \frac{P_n}{Q_n} \right| = \frac{1}{2\,Q_{n-1}\,Q_n}.$$

Pour cela, rappelons que l'on a, d'après la formule (2),

$$\alpha = (a_0,\ a_1,\ \ldots,\ a_{n-2},\ x),$$

en posant

$$x = (a_{n-1},\ a_n,\ \ldots).$$

On a d'autre part

$$\alpha_n = (a_0,\ a_1,\ \ldots,\ a_{n-2},\ a_{n-1}) = \frac{P_n}{Q_n} = \frac{a_{n-1} P_{n-1} + P_{n-2}}{a_{n-1} Q_{n-1} + Q_{n-2}}.$$

On passe donc de α_n à α en remplaçant a_{n-1} par x. Comme P_{n-2}, Q_{n-2}, P_{n-1}, Q_{n-1} ne dépendent pas des nombres a_{n-1}, a_n, $\ldots$, on en conclut

$$(12) \qquad \alpha = \frac{x P_{n-1} + P_{n-2}}{x Q_{n-1} + Q_{n-2}}.$$

Le raisonnement qui conduit à (12) généralise, on le voit, celui du n° 448.

On tire de (12)

$$\frac{P_{n-1}}{Q_{n-1}} - \alpha = \frac{P_{n-1}}{Q_{n-1}} - \frac{x P_{n-1} + P_{n-2}}{x Q_{n-1} + Q_{n-2}} = \frac{P_{n-1} Q_{n-2} - P_{n-2} Q_{n-1}}{Q_{n-1}(x Q_{n-1} + Q_{n-2})},$$

d'où

$$\left| \frac{P_{n-1}}{Q_{n-1}} - \alpha \right| = \frac{1}{Q_{n-1}(x\,Q_{n-1} + Q_{n-2})}.$$

L'inégalité à démontrer (11) revient donc à

$$\frac{1}{Q_{n-1}(x\,Q_{n-1} + Q_{n-2})} > \frac{1}{2\,Q_{n-1}\,Q_n}$$

ou

$$2\,Q_n > x\,Q_{n-1} + Q_{n-2}.$$

Mais on a

$$x < a_{n-1} + 1.$$

L'inégalité précédente est donc vraie si l'on a

$$2\,Q_n > (a_{n-1} + 1)\,Q_{n-1} + Q_{n-2} = Q_n + Q_{n-1}$$

ou

$$Q_n > Q_{n-1},$$

ce qui est exact. La proposition énoncée est donc établie.

3° Enfin on a la remarquable propriété suivante : *toute fraction, qui est plus voisine du nombre α qu'une des réduites du développement de ce nombre en fraction continuelle ordinaire, a ses termes supérieurs à ceux de cette réduite.*

Il faut montrer que si l'on a

$$\left| \frac{P}{Q} - \alpha \right| < \left| \frac{P_n}{Q_n} - \alpha \right|,$$

on a

$$P > P_n, \qquad Q > Q_n.$$

En effet $\frac{P_n}{Q_n}$ étant plus voisin de α que $\frac{P_{n-1}}{Q_{n-1}}$, $\frac{P}{Q}$ qui, par hypothèse, en est plus voisin encore est compris entre $\frac{P_{n-1}}{Q_{n-1}}$ et $\frac{P_n}{Q_n}$. Donc

$$\left| \frac{P_{n-1}}{Q_{n-1}} - \frac{P}{Q} \right| < \left| \frac{P_{n-1}}{Q_{n-1}} - \frac{P_n}{Q_n} \right| = \frac{1}{Q_{n-1}\,Q_n}$$

ou

$$| P_{n-1}\,Q - Q_{n-1}\,P | < \frac{Q}{Q_n}.$$

Le premier membre est un entier qui n'est pas nul : en effet, s'il l'était, on aurait

$$\frac{P}{Q} = \frac{P_{n-1}}{Q_{n-1}},$$

et $\dfrac{P}{Q}$ serait plus éloigné de α que $\dfrac{P_n}{Q_n}$, contrairement à l'hypothèse. Donc cet entier est au moins égal à l'unité, et l'on a

$$1 < \frac{Q}{Q_n}$$

ou

$$Q > Q_n.$$

De même $\dfrac{Q}{P}$ est compris entre $\dfrac{Q_{n-1}}{P_{n-1}}$ et $\dfrac{Q_n}{P_n}$. On a donc

$$\left| \frac{Q_{n-1}}{P_{n-1}} - \frac{Q}{P} \right| < \left| \frac{Q_{n-1}}{P_{n-1}} - \frac{Q_n}{P_n} \right| = \frac{1}{P_{n-1} P_n},$$

et, en continuant de la même manière que précédemment, on trouve

$$P > P_n,$$

ce qui achève de démontrer la proposition.

On voit donc que la suite des réduites

$$\frac{P_1}{Q_1}, \quad \frac{P_2}{Q_2}, \quad \ldots$$

fournit pour le nombre α *la meilleure suite possible d'approximation par des nombres rationnels*, en ce sens que toute fraction plus voisine de α qu'un terme de cette suite a pour numérateur et pour dénominateur des nombres plus grands.

455. Conclusion. — Les fractions continuelles ont une grande importance en théorie des nombres. Comme on l'a vu au n° 355, elles interviennent utilement dans la solution d'un problème pratique : *réaliser le mieux possible par un train d'engrenages un rapport de vitesses compliqué.*

Si α est un tel rapport, il peut arriver que, parmi les réduites donnant une approximation satisfaisante, on n'en trouve pas dont les deux termes n'aient que des facteurs premiers ne dépassant pas le nombre de dents admissible pour une roue. Alors on cherche à tirer parti de la remarque suivante : *x et y étant des entiers positifs quelconques, la fraction*

$$\frac{P}{Q} = \frac{x \, P_{n-1} + y \, P_n}{x \, Q_{n-1} + y \, Q_n}$$

est comprise entre $\dfrac{P_{n-1}}{Q_{n-1}}$ *et* $\dfrac{P_n}{Q_n}$.

La démonstration est immédiate.

En procédant empiriquement, on parviendra souvent à former ainsi une fraction $\frac{P}{Q}$ pratiquement réalisable.

Cet artifice est connu sous le nom de *médiation*.

C. — SUR LE QUADRILATÈRE CIRCONSCRIPTIBLE.

456. Droite et cercle orientés. — Au n° 392, je n'ai considéré que le quadrilatère circonscriptible *convexe*. Pour étudier le quadrilatère circonscriptible le plus général, il faut se placer au point de vue de la *Géométrie de direction* de Laguerre, et raisonner sur des droites et des cercles *orientés*, c'est-à-dire sur lesquels on a fixé un sens positif de parcours.

Une droite orientée a comme *support* une droite au sens ordinaire du mot, c'est-à-dire non orientée. De même pour un cercle orienté.

Deux droites orientées ne sont parallèles que si, leurs deux supports l'étant, elles ont en outre même orientation.

Deux cercles orientés ne sont tangents que si, leurs supports l'étant, les éléments en contact des deux cercles orientés sont parcourus dans le même sens. De même pour un cercle et une droite orientés tangents.

On reconnaît immédiatement que :

1° Un cercle orienté donné a une tangente et une seule parallèle à une droite orientée donnée ;

2° Étant données trois droites orientées dont deux quelconques ne sont pas parallèles, il existe un cercle orienté et un seul qui les touche toutes les trois.

457. Condition générale, nécessaire et suffisante, pour qu'un quadrilatère soit circonscriptible à un cercle. — Soit ABCD un quadrilatère circonscrit à un cercle Γ (*fig.* 267).

Orientons arbitrairement le cercle Γ. Cela conduit à orienter les côtés du quadrilatère comme l'indiquent les flèches tracées en traits pleins, et chacun des segments AB, BC, CD, DA peut dès lors être considéré en grandeur et en signe.

Soient M, N, P, Q les points de contact des côtés. Posons

$$AM = x, \qquad BN = y, \qquad CP = z, \qquad DQ = t.$$

On voit qu'on a aussi (en grandeur et en signe)

$$QA = x, \qquad MB = y, \qquad NC = z, \qquad PD = t.$$

Fig. 267.

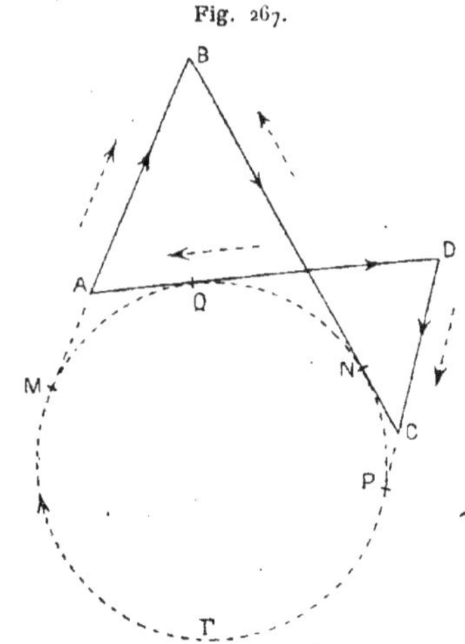

La formule de Chasles donne

$$AB = AM + MB = x + y, \qquad BC = y + z,$$
$$CD = z + t, \qquad\qquad DA = t + x,$$

d'où l'on tire

$$(1) \qquad\qquad AB + CD = BC + DA.$$

Si l'on pose

$$|AB| = a, \qquad |BC| = b, \qquad |CD| = c, \qquad |DA| = d,$$

(1) s'écrit

$$(2) \qquad\qquad a \pm b \pm c \pm d = 0.$$

Ainsi, *pour qu'un quadrilatère soit circonscriptible, il faut que les longueurs de ses côtés satisfassent à une relation de la forme* (2). Il est clair que les quatre termes du premier membre ne peuvent avoir le même signe.

Réciproquement, si la relation (2) *est satisfaite, le quadrilatère est circonscriptible, à moins que ce ne soit un parallélogramme.*

En effet, on peut orienter les côtés du quadrilatère ABCD de telle manière que la relation (2) ait la forme précise

$$AB + BC + CD + DA = 0$$

(sur la figure 267, les flèches ponctuées indiquent les orientations qui conviendraient pour les côtés du quadrilatère représenté). On peut alors trouver, d'une infinité de manières, quatre longueurs x, y, z, t telles que l'on ait

$$AB = x - y, \quad BC = y - z, \quad CD = z - t, \quad DA = t - x.$$

Marquons sur les côtés du quadrilatère les points M, N, P, Q tels que
$$AM = x, \quad BN = y, \quad CP = z, \quad DQ = t.$$
On a
$$AQ = AD + DQ = x - t + t = x,$$
et de même
$$BM = y, \quad CN = z, \quad DP = t.$$

Cela posé, les côtés AB et DA, orientés comme on l'a supposé, sont symétriques par rapport à l'une α des bissectrices de l'angle $\hat{A}$. Puisque $AM = AQ$, les points M et Q se correspondent dans la symétrie ainsi définie $S(\alpha)$ (¹). Considérons aussi les symétries analogues $S(\beta)$, $S(\gamma)$, $S(\delta)$. Le produit

$$S(\alpha) S(\beta) S(\gamma) S(\delta)$$

change le point Q en lui-même. Comme ce point est un point quelconque de DA, il s'ensuit que le produit considéré est égal à l'unité, car ce produit est un déplacement, et un déplacement autre que le déplacement unité ne peut laisser plus d'un point immobile. On a donc

$$S(\alpha) S(\beta) S(\gamma) S(\delta) = 1,$$

(¹) J'utilise dans ce qui suit les propriétés du déplacement plan (t. I, p. 126 et suiv.).

ce qui peut s'écrire, en multipliant à droite successivement par $S(\delta)$ et par $S(\gamma)$, et en tenant compte que le carré d'une symétrie est égal à l'unité,

$$S(\alpha)\,S(\beta) = S(\delta)\,S(\gamma).$$

Le produit de symétries désigné dans le premier membre est une translation ou une rotation. Dans le premier cas, le second membre doit représenter aussi une translation. Les quatre droites α, β, γ, δ sont parallèles et le quadrilatère ABCD est un parallélogramme.

Ce cas écarté, les deux membres doivent être égaux à une même rotation. Soit O son centre. Il est équidistant des quatre côtés du quadrilatère ABCD. Celui-ci est donc circonscriptible à un cercle.

C. Q. F. D.

Quand ABCD est un parallélogramme, on peut le considérer comme circonscrit à un cercle de rayon infini ayant son centre à l'infini.

Si l'on articule un quadrilatère circonscriptible, la relation (2) subsiste et il reste circonscriptible. Le théorème du n° 392, relatif au lieu du centre du cercle inscrit relativement à l'un quelconque des côtés, conserve sa validité.

D. — SUR L'EMPLOI DES IMAGINAIRES EN GÉOMÉTRIE
ET LEUR APPLICATION AUX SYSTÈMES ARTICULÉS.

458. Représentation géométrique d'une imaginaire. — Je rappelle des principes bien connus. Soit

$$x + yi = \rho\, e^{i\theta}$$

une imaginaire (on dit aussi : *un nombre complexe*), de module ρ et d'argument θ. Traçons deux axes rectangulaires Ox, Oy et soit A le point (x, y) (*fig.* 268).

Les coordonnées polaires de ce point sont (ρ, θ), en prenant O pour origine et Ox pour axe polaire.

On peut considérer le point A comme représentant l'imaginaire considérée.

On peut convenir aussi d'*identifier* cette imaginaire au vecteur libre $A - O$. Si MN est un segment orienté quelconque équipollent à OA, on écrira

$$(1) \qquad x + yi = \rho\, e^{i\theta} = A - O = N - M.$$

Le module ρ de l'imaginaire est la longueur MN, son argument est *l'inclinaison* du segment orienté MN, c'est-à-dire l'angle, défini à

Fig. 268.

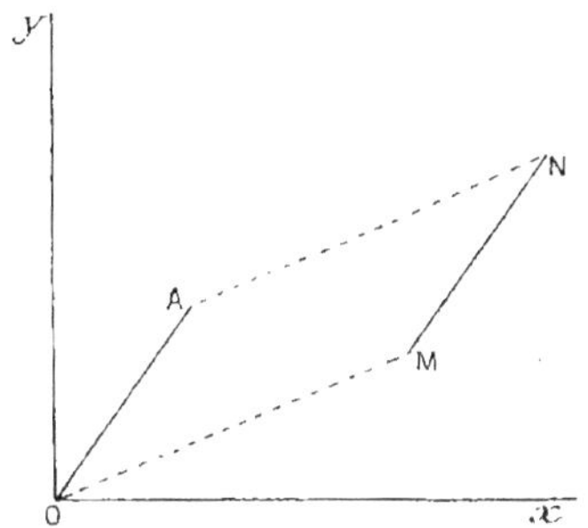

2π près, dont il faut faire tourner Ox pour l'amener à être parallèle à MN et de même sens.

Soient $z = x + yi$ et $z' = x' + y'i$ deux imaginaires représentées respectivement par les vecteurs $N - M$ et $N' - M'$. Considérons leur rapport. On a, comme on sait,

$$\mathrm{mod}\left(\frac{z'}{z}\right) = \frac{\mathrm{mod}\,z'}{\mathrm{mod}\,z}, \qquad \arg\left(\frac{z'}{z}\right) = \arg z' - \arg z.$$

d'où

$$\mathrm{mod}\left(\frac{z'}{z}\right) = \frac{M'N'}{MN}, \qquad \arg\left(\frac{z'}{z}\right) = \text{incl. de } M'N' - \text{incl. de } MN.$$

Le second membre de la dernière égalité n'est autre que l'angle, défini à 2π près, $\widehat{MN,\,M'N'}$. Ainsi

$$\arg\left(\frac{z'}{z}\right) = \widehat{MN,\,M'N'}.$$

On peut encore écrire

$$(2) \qquad \mathrm{mod}\left(\frac{N'-M'}{N-M}\right) = \frac{M'N'}{MN}, \qquad \arg\left(\frac{N'-M'}{N-M}\right) = \widehat{MN,\,M'N'}.$$

459. Similitude directe de deux triangles. — Soient ABC, A$'$B$'$C$'$ deux triangles *directement* semblables (on entend par là que les deux triangles sont semblables et qu'en outre les sens de parcours des périmètres, définis par les notations ABC et A$'$B$'$C$'$, sont les mêmes). On a les relations

$$\frac{A'B'}{AB} = \frac{A'C'}{AC}, \qquad \widehat{AB,\,A'B'} = \widehat{AC,\,A'C'}.$$

Considérons alors les quatre vecteurs $B - A$, $B' - A'$, $C - A$, $C' - A'$ et les imaginaires qu'ils représentent. La formule (2) du paragraphe précédent montre que les deux rapports

$$\frac{B' - A'}{B - A} \quad \text{et} \quad \frac{C' - A'}{C - A}$$

ont même argument et même module. Ils sont donc égaux. Ainsi *la similitude directe des triangles* ABC, A$'$B$'$C$'$ *se traduit par l'égalité unique*

$$\frac{B' - A'}{B - A} = \frac{C' - A'}{C - A}.$$

Réciproquement, si cette égalité est satisfaite, les deux triangles sont directement semblables.

On peut écrire plus symétriquement

$$(1) \qquad \frac{B' - C'}{B - C} = \frac{C' - A'}{C - A} = \frac{A' - B'}{A - B},$$

l'une de ces égalités étant une conséquence de l'autre. La valeur commune des trois membres est une imaginaire k, dont le module est le rapport de similitude des deux triangles

$$\frac{B'C'}{BC} = \frac{C'A'}{CA} = \frac{A'B'}{AB},$$

et dont l'argument est la valeur commune des angles

$$\widehat{BC,\,B'C'} = \widehat{CA,\,C'A'} = \widehat{AB,\,A'B'},$$

c'est-à-dire l'angle dont il faut faire tourner le triangle ABC pour amener ses côtés à être parallèles à ceux du triangle A$'$B$'$C$'$, et de même sens.

Je dirai que k est le *rapport de similitude imaginaire* des deux triangles.

460. Application : généralisation du pantographe. — Soit ABCD un parallélogramme articulé (*fig.* 269). *Proposons-nous de trouver,*

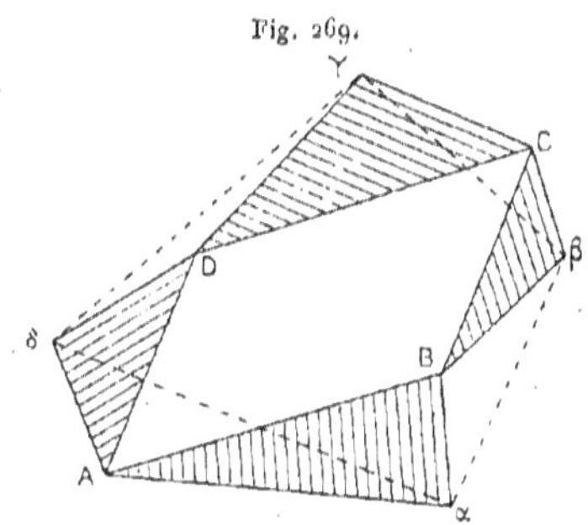

Fig. 269.

s'il est possible, quatre points α, β, γ, δ *liés respectivement aux côtés* AB, BC, CD, DA, *tels que le quadrilatère* $\alpha\beta\gamma\delta$ *reste de forme constante au cours de la déformation du parallélogramme.*

Posons
$$AB = CD = a, \qquad BC = DA = b.$$

Soient x et y deux vecteurs unitaires, parallèles respectivement à AB et à AD. On peut écrire

$$(1) \quad B - A = ax, \qquad C - B = by, \qquad D - C = -ax, \qquad A - D = -by.$$

Le triangle $AB\alpha$ étant de grandeur constante, le rapport imaginaire $\dfrac{\alpha - B}{A - B}$ est constant. Les autres triangles de la figure donnent lieu à des remarques semblables. Posons

$$(2) \quad \frac{\alpha - B}{A - B} = k, \qquad \frac{\beta - B}{C - B} = l, \qquad \frac{\gamma - D}{C - D} = m, \qquad \frac{\delta - D}{A - D} = n,$$

k, l, m, n étant des imaginaires constantes. On tire des (1) et (2)

$$\alpha - B = -akx, \qquad \beta - B = bly, \qquad \gamma - D = amx, \qquad \delta - D = -bny.$$

Pour que le quadrilatère $\alpha\beta\gamma\delta$ soit de forme constante, il faut et il suffit que les rapports mutuels des trois vecteurs $\beta - \alpha$, $\gamma - \delta$ et $\gamma - \alpha$ soient constants. Or on a

$$\beta - \alpha = (\beta - B) - (\alpha - B) = ak\,x + bl\,y,$$
$$\gamma - \delta = (\gamma - D) - (\delta - D) = am\,x + bn\,y,$$
$$\gamma - \alpha = (B - \alpha) + (C - B) + (D - C) + (\gamma - D) = akx + by - ax + amx$$
$$= a(k + m - 1)x + b\,y.$$

Quand on déforme le parallélogramme ABCD, le rapport $\dfrac{y}{x}$ varie. Pour que les rapports mutuels des trois vecteurs considérés soient constants, il faut et il suffit que, dans leurs expressions, les coefficients de x et de y soient proportionnels. On a donc

$$\frac{k}{l} = \frac{m}{n} = \frac{k + m - 1}{1},$$

d'où

$$l = \frac{k}{k + m - 1}, \qquad n = \frac{m}{k + m - 1}.$$

Le problème est ainsi résolu analytiquement. Pour interpréter

Fig. 270.

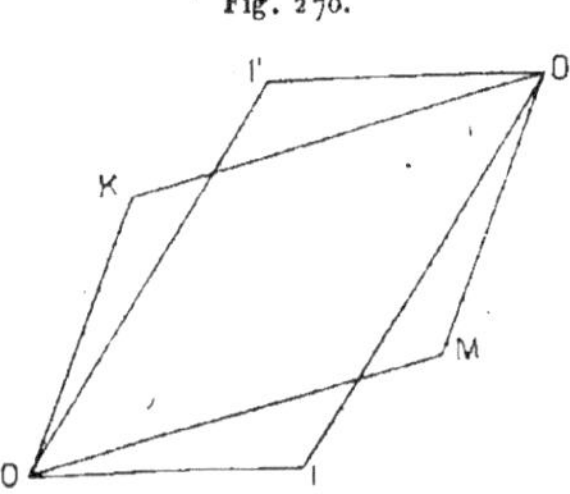

géométriquement le résultat, marquons deux points arbitraires O et I (*fig.* 270), puis les points K et M tels que l'on ait

$$\frac{K - O}{I - O} = k, \qquad \frac{M - O}{I - O} = m.$$

Soient en outre O' et I' les points tels que OKO'M et OIO'I' soient des parallélogrammes. On a

$$k + m - 1 = \frac{(K - O) + (M - O) + (O - I)}{I - O}$$

$$= \frac{(K - O) + (O' - K) + (I' - O')}{I - O} = \frac{I' - O}{I - O},$$

d'où

$$l = \frac{K - O}{I' - O}, \qquad n = \frac{M - O}{I' - O},$$

et, en se reportant aux formules (2),

$$\frac{\alpha - B}{A - B} = \frac{K - O}{I - O}, \qquad \frac{\beta - B}{C - B} = \frac{K - O}{I' - O}, \qquad \frac{\gamma - D}{C - D} = \frac{M - O}{I - O},$$

$$\frac{\delta - D}{A - D} = \frac{M - O}{I' - O}.$$

La conclusion est la suivante :

On trace d'une manière quelconque deux parallélogrammes fixes OIO'I', OMO'K, *ayant une diagonale commune* OO'. *Sur les côtés du parallélogramme articulé* ABCD, *on construit les triangles*

αBA,	*directement semblable à*	KOI,
βBC,	»	KOI',
γDC,	»	MOI,
δDA,	»	MOI'.

Quand le parallélogramme ABCD *se déforme, le quadrilatère* αβγδ *reste de forme constante.*

Si donc on fixe par exemple le point α, ce qui donne un mécanisme à deux degrés de liberté, les points β, γ et δ décrivent des figures directement semblables, ayant pour centre de similitude commun le point α.

On a donc un appareil, composé de quatre plaques articulées, qui permet de réaliser une similitude quelconque. Si la figure OKI'O'MI est aplatie, on retrouve le pantographe ordinaire.

Dans le cas général, on peut faire en sorte que le module de la similitude soit égal à l'unité, et l'appareil réalise un *déplacement*.

La figure 271 se rapporte au cas particulier où KIMI' est un carré, les points O et O' étant confondus au centre de ce carré. Alors la figure $\alpha\beta\gamma\delta$ est un carré. Si l'on fixe le point α, les points β et γ étant

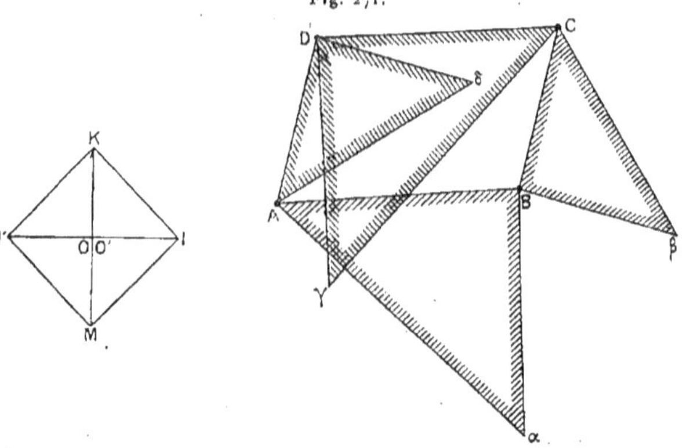

Fig. 271.

les points décrivants, l'appareil réalise une rotation de $90°$ autour du point α (la démonstration directe est très simple).

461. Méthode de Darboux pour l'étude des systèmes articulés plans. — Soit ABCD un quadrilatère articulé. Posons

$$AB = a, \qquad BC = b, \qquad CD = c, \qquad DA = d,$$

et soient α, β, γ, δ les inclinaisons respectives des quatre côtés du quadrilatère sur un axe Ox quelconque.

Le vecteur $B - A$ a pour module a et pour argument α. On peut donc écrire

$$B - A = a\,e^{i\alpha}$$

et de même

$$C - B = b\,e^{i\beta}, \qquad D - C = c\,e^{i\gamma}, \qquad A - D = d\,e^{i\delta},$$

d'où, en ajoutant,

$$(1) \qquad ae^{i\alpha} + be^{i\beta} + ce^{i\gamma} + de^{i\delta} = 0.$$

Comme une égalité entre des imaginaires est encore vraie si on les remplace par les imaginaires conjuguées, on a aussi

$$(2) \qquad a\,e^{-i\alpha} + b\,e^{-i\beta} + c\,e^{-i\gamma} + de^{-i\delta} = 0.$$

Posons

$$(3) \qquad e^{i\alpha} = x, \qquad e^{i\beta} = y, \qquad e^{i\gamma} = z, \qquad e^{i\delta} = t,$$

d'où

$$e^{-i\alpha} = \frac{1}{x}, \qquad e^{-i\beta} = \frac{1}{y}, \qquad e^{-i\gamma} = \frac{1}{z}, \qquad e^{-i\delta} = \frac{1}{t}.$$

Les égalités (1) et (2) s'écrivent alors

$$(4) \qquad a\,x + b\,y + c\,z + d\,t = 0,$$

$$(5) \qquad \frac{a}{x} + \frac{b}{y} + \frac{c}{z} + \frac{d}{t} = 0.$$

Réciproquement, si x, y, z, t sont quatre nombres réels ou imaginaires satisfaisant à (4) et (5), il existe des angles α, β, γ, δ réels ou imaginaires, satisfaisant aux égalités (3) et déterminés à 2π près. On peut alors écrire les égalités (1) et (2), qui s'interprètent ainsi : il existe un quadrilatère ABCD, dont les côtés ont pour longueurs a, b, c, d et pour inclinaisons α, β, γ, δ. Ce quadrilatère ne sera d'ailleurs réel que si x, y, z, t sont des imaginaires de module égal à l'unité.

On peut donc substituer à l'étude du quadrilatère articulé celle du système (1), (2).

Si l'on considère x, y, z, t comme coordonnées homogènes d'un point M de l'espace, (4) représente un plan, (5) une surface du troisième ordre. Ce plan et cette surface se coupent en général suivant une cubique plane Γ.

Appelons M le *point représentatif* du quadrilatère. Quand celui-ci se déforme, le point M décrit Γ. A toute forme du quadrilatère correspond un point bien déterminé de Γ, et réciproquement.

Darboux, à qui est due l'idée de cette représentation, en a étudié systématiquement les conséquences.

On l'étend immédiatement à un polygone articulé quelconque. Soit $A_1 A_2 \ldots A_n$ un tel polygone. Posons

$$A_1 A_2 = a_1, \qquad A_2 A_3 = a_2, \qquad \ldots, \qquad A_n A_1 = a_n,$$

$$\text{inclin. de } A_1 A_2 = \alpha_1, \quad \text{inclin. de } A_2 A_3 = \alpha_3. \quad \ldots, \quad \text{inclin. de } A_n A_1 = \alpha_n,$$

$$e^{i\alpha_k} = x_k.$$

On a les deux équations

$$a_1 x_1 + a_2 x_2 + \ldots + a_n x_n = 0,$$

$$\frac{a_1}{x_1} + \frac{a_2}{x_2} + \ldots + \frac{a_n}{x_n} = 0.$$

A toute forme du polygone correspond un système de valeurs des variables x_1, x_2, ..., x_n satisfaisant aux équations précédentes, et réciproquement.

Ces variables homogènes, au nombre de n, sont reliées par deux relations.

On en conclut que la forme du polygone articulé dépend de $n - 3$ paramètres, ce qui résulte d'ailleurs d'un raisonnement direct immédiat.

E. — SYSTÈMES ARTICULÉS PLANS DIVERS.

462. Théorème de Stewart. — *Soient* A *et* B *deux points fixes, a et b deux coefficients constants tels que $a + b \neq 0$. Le lieu des points* M *tels que l'on ait*

$$a \overline{MA}^2 + b \overline{MB}^2 = k,$$

k *étant une constante, est un cercle dont le centre* G *est le barycentre des points* A *et* B, *affectés respectivement des masses a et b.*

Ce théorème élémentaire bien connu se démontre aisément par le calcul vectoriel.

On a les égalités vectorielles

$$M - A = (M - G) + (G - A),$$

$$M - B = (M - G) + (G - B).$$

Effectuons le carré scalaire de chacune d'elles :

$$(M - A)^2 = (M - G)^2 + (G - A)^2 + 2(M - G) \times (G - A),$$

$$(M - B)^2 = (M - G)^2 + (G - B)^2 + 2(M - G) \times (G - B).$$

Ajoutons ces deux égalités, multipliées respectivement par a et b. On voit apparaître dans le second membre l'expression

$$2(M - G) \times [a(G - A) + b(G - B)].$$

Or, G étant le barycentre des points massifs (A, a) et (B, b), le second facteur de ce produit scalaire est nul. Donc

$$a(M-A)^2 + b(M-B)^2 = (a+b)(M-G)^2 + a(G-A)^2 + b(G-B)^2,$$

d'où

$$(a+b)(M-G)^2 = k - a(G-A)^2 - b(G-B)^2,$$

ce qui établit la proposition.

Si $a+b = 0$, la démonstration ne s'applique plus. Mais il est clair que l'on a alors un cas limite du cas général : le point G s'éloigne à l'infini, et le lieu du point M est une droite perpendiculaire à AB.

463. Conséquence. — Soit AMNPB un pentagone articulé (*fig.* 272)

Fig. 272.

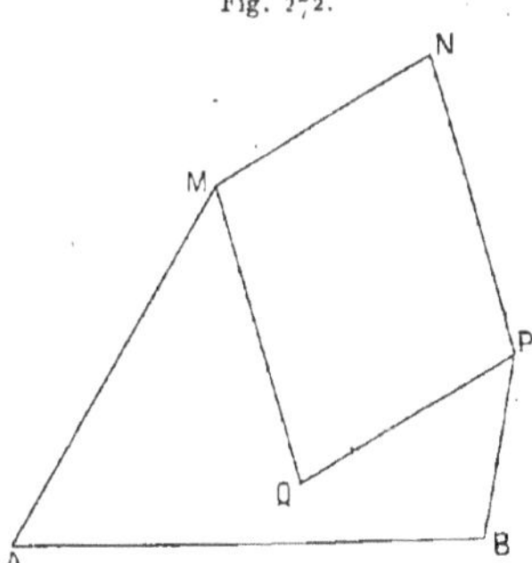

dont les sommets A et B sont fixes. Le mécanisme a une liberté du deuxième degré, en sorte que le pentagone reste déformable si les angles $\widehat{AMN}$ et $\widehat{BPN}$ sont assujettis à être constamment égaux (en valeur absolue).

Je dis que *le point N décrit un cercle, exceptionnellement une droite perpendiculaire* à AB.

On a, en effet (en reprenant, pour les longueurs, la notation ordinaire),

$$\overline{AN}^2 = \overline{AM}^2 + \overline{MN}^2 - 2\,AM.MN\,\cos\widehat{AMN},$$

$$\overline{BN}^2 = \overline{BP}^2 + \overline{PN}^2 - 2\,BP.PN\,\cos\widehat{BPN},$$

d'où, en éliminant les deux cosinus égaux par hypothèse,

$$\mathrm{BP.PN.\overline{AN}^2 - AM.MN.\overline{BN}^2 = const.,}$$

ce qui établit la proposition, en vertu du théorème de Stewart. Le centre du cercle, lieu du point N est le barycentre des points A et B, affectés des masses BP.PN et — AM.MN, c'est-à-dire le point G de AB tel que l'on ait

$$\mathrm{BP.PN.GA - AM.MN.GB = o}$$

ou

$$\frac{\mathrm{GA}}{\mathrm{GB}} = \frac{\mathrm{AM.MN}}{\mathrm{BP.PN}}.$$

Dans le cas où AM.MN = BP.PN, le lieu est une droite perpendiculaire à AB.

464. Quadrilatères articulés dont les quatre sommets décrivent des cercles. — Construisons sur les droites MN et NP (*fig.* 272) le parallélogramme MNPQ.

Les angles $\widehat{\mathrm{AMQ}}$ et $\widehat{\mathrm{BPQ}}$ sont encore égaux, donc le point Q décrit un cercle ayant son centre au point H de AB tel que l'on ait

$$\frac{\mathrm{HA}}{\mathrm{HB}} = \frac{\mathrm{AM.MQ}}{\mathrm{BP.PQ}} = \frac{\mathrm{AM.PN}}{\mathrm{BP.MN}}.$$

Ainsi le parallélogramme articulé MNPQ varie de telle manière que ses quatre sommets décrivent des cercles, quand le pentagone AMNPB se déforme de telle manière que $\widehat{\mathrm{AMN}} = \widehat{\mathrm{BPQ}}$. Réciproquement, si l'on oblige le point N à décrire un cercle, en le reliant au point G par une tige de longueur convenable, l'égalité d'angles dont il s'agit a constamment lieu, et le point Q décrit un cercle de centre H.

Si les côtés du pentagone satisfont à la relation

$$\mathrm{AM.PN = BP.MN,}$$

le point H s'éloigne à l'infini et le point Q décrit une droite perpendiculaire à AB.

On obtient ainsi un nouvel appareil, composé de sept tiges articulées, propre à décrire la ligne droite. La figure 273 le représente construit avec les proportions suivantes :

$$AB = 1, \quad AM = \sqrt{2}, \quad MN = 1, \quad NP = \sqrt{2}, \quad PB = 2.$$

On reconnaît sans peine que l'on a en plus

$$GA = 1, \quad GN = \sqrt{2}$$

et que la droite décrite par le point Q passe par le point A.

Fig. 273.

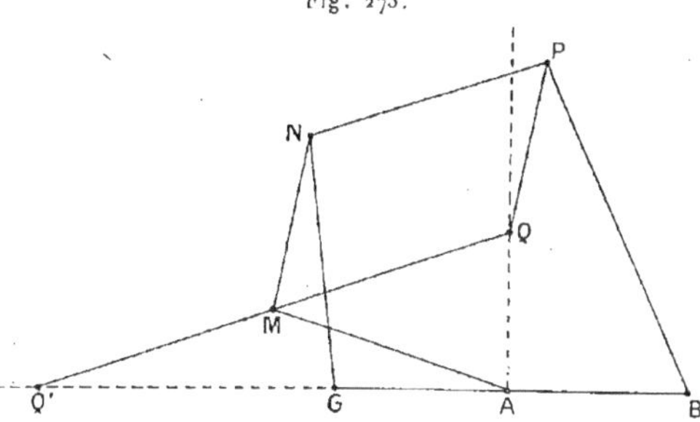

Comme on a $AM = MQ$, le point Q', symétrique de Q par rapport à M, décrit la droite AB. Il existe donc sur la tige MQ deux points, Q et Q', qui décrivent des droites. Tous les autres points de cette tige décrivent des ellipses.

Revenant au cas général, on peut introduire la condition $MN = NP$. Alors le parallélogramme MNPQ peut être remplacé par un rhomboïde $(MQ = PQ)$. Les conclusions subsistent.

La figure 272 a été faite de telle manière que les angles $\widehat{AMN}$ et $\widehat{BPN}$, égaux en valeur absolue, fussent opposés, si l'on tient compte des signes d'après la convention ordinaire. Si l'on a ($fig.$ 274), en grandeur et en signe,

$$\widehat{AMN} = \widehat{BPN},$$

le parallélogramme MNPQ doit être remplacé par un contre-parallélogramme. On a

$$\widehat{AMQ} = \widehat{BPQ},$$

et les points N et Q décrivent encore des cercles (ou des droites).

On voit que les appareils à ligne droite fondés sur le principe

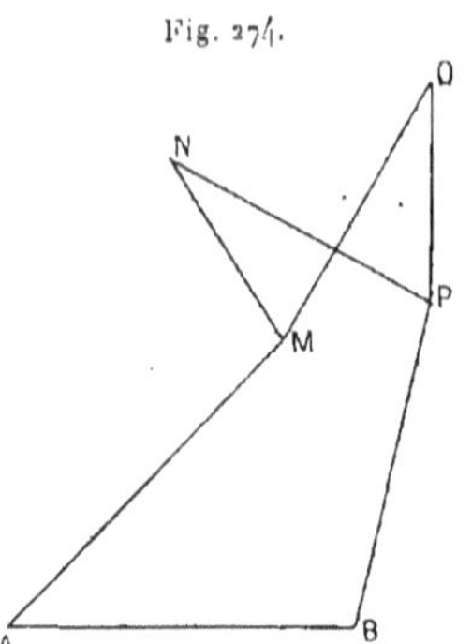

Fig. 274.

étudié dans le présent paragraphe peuvent présenter des dispositions très variées.

465. Mécanisme de Dixon. — D'autres considérations conduisent encore à un quadrilatère articulé dont les quatre sommets décrivent des cercles, avec cette circonstance remarquable en plus que le mécanisme obtenu possède une liberté du second degré.

Posons-nous d'abord le problème suivant : *soient* M_1, M_2, M_3, M_4,

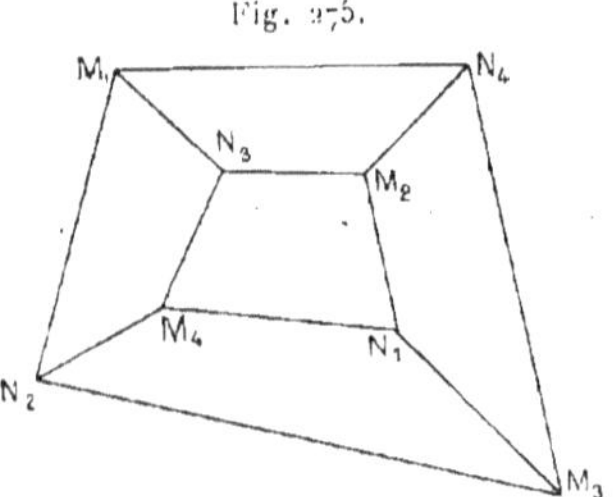

Fig. 275.

N_1, N_2, N_3, N_4 *huit points joints deux à deux comme l'indique le schéma de la figure 275. Cherchons à disposer ces huit points de telle manière que les six quadrilatères de la figure soient des contre-parallélogrammes.*

Si l'on a une disposition satisfaisante, les deux diagonales $M_1 M_2$ et $N_3 N_4$ du contre-parallélogramme $M_1 N_1 M_2 N_3$ ont la même médiatrice X, et réciproquement. De même

$$M_2 M_3 \text{ et } N_4 N_1 \text{ ont la même médiatrice } Y,$$
$$M_3 M_1 \text{ et } N_1 N_2 \qquad \text{»} \qquad Z,$$
$$M_4 M_1 \text{ et } N_2 N_3 \qquad \text{»} \qquad T.$$

Cela posé, considérons, en adoptant les notations employées dans la théorie du déplacement plan (t. I, n° **110**, 3°, p. 129), les quatre symétries S(X), S(Y), S(Z), S(T). Leur produit, appliqué au point M_1, le ramène à sa position initiale; il en est de même si on l'applique au point N_3. Donc ce produit, qui laisse immobiles deux points distincts, laisse immobile tout le plan lié à ces deux points et est par conséquent égal à 1. Ainsi, on a

$$S(X) S(Y) S(Z) S(T) = 1.$$

Multiplions à droite les deux membres de cette relation par S(T), puis par S(Z). Il vient, en tenant compte que le carré d'une symétrie est égal à 1,

$$S(X) S(Y) = S(T) S(Z).$$

Le produit du premier membre est une rotation dont le centre est le point de rencontre de X et de Y; celui du second membre, une rotation dont le centre est le point de rencontre de T et de Z. Ces deux rotations étant identiques, leurs centres sont confondus. Autrement dit, *les quatre médiatrices* X, Y, Z, T *concourent en un point* O.

Par conséquent, les quatre points M_1, M_2, M_3, M_4 sont sur un même cercle C de centre O, et les quatre points N_1, N_2, N_3, N_4 sur un cercle concentrique C' (*fig.* 276).

Désignons maintenant par m_i et n_i les angles définis à 2π près $\widehat{x\,OM_i}$ et $\widehat{x\,ON_i}$, Ox étant un axe quelconque d'origine O. Pour que $M_1 N_1 M_2 N_3$ soit un contre-parallélogramme, il faut et il suffit qu'on ait

$$(1) \qquad m_1 + m_2 = n_3 + n_4.$$

Les cinq autres contre-parallélogrammes donnent de même

$$(2) \qquad m_2 + m_3 = n_4 + n_1,$$
$$(3) \qquad m_3 + m_4 = n_1 + n_2,$$
$$(4) \qquad m_4 + n_1 = n_2 + n_3,$$
$$(5) \qquad m_1 + m_3 = n_2 + n_4,$$
$$(6) \qquad m_2 + m_4 = n_1 + n_3.$$

Les six relations se réduisent aux quatre (1), (2), (3) et (5), à cause de

$$(1) + (3) = (2) + (4) = (5) + (6).$$

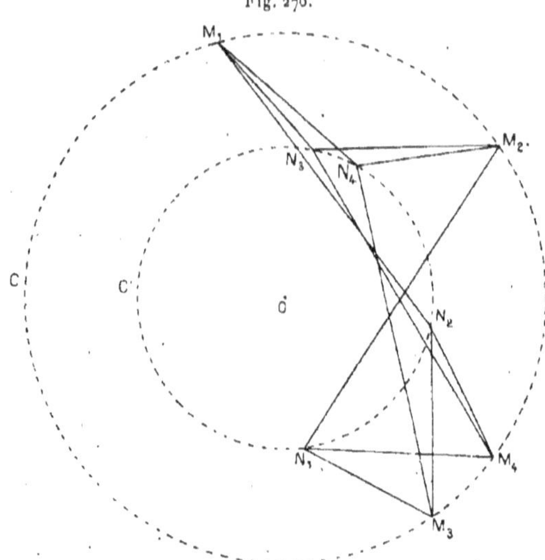

Fig. 276.

On peut se donner arbitrairement m_1, m_2, m_3 et n_1. Les autres angles ont alors des valeurs que l'on forme immédiatement et qu'il est inutile d'écrire, étant préférable d'indiquer la construction géométrique : *se donner arbitrairement les points* M_1, M_2, M_3, N_1, *les trois premiers sur le cercle* C, *le dernier sur* C'. *Déterminer successivement les points* N_4, N_3, M_4, N_2 *par les conditions que*

$$M_2 N_1 M_3 N_4, \qquad M_1 N_4 M_2 N_3, \qquad N_1 M_4 N_3 M_1, \qquad M_1 N_3 M_4 N_2 \qquad .$$

soient des contre-parallélogrammes. On obtiendra ainsi une figure satisfaisante de huit points, aussi générale que possible.

J'ai supposé le point O, commun aux médiatrices X, Y, Z, T, à distance finie. Il peut être rejeté à l'infini. Alors les deux cercles C et C′ sont remplacés par des droites parallèles, et il est aisé de voir que la construction subsiste sans modification.

Revenons au cas général. La figure s'obtient en partant de deux cercles concentriques et de quatre points marqués arbitrairement sur ces cercles. Elle dépend donc de $3 + 1 + 4 = 8$ paramètres, sur lesquels trois sont des paramètres de position. Il reste donc cinq paramètres de grandeur. Si l'on assujettit les segments $M_1 N_2$, $M_1 N_3$ et $M_1 N_4$, à avoir des longueurs déterminées, il reste encore deux paramètres arbitraires. Mais il n'y a dans la figure que trois longueurs distinctes, car

$$M_1 N_2 = M_4 N_3 = M_2 N_1 = M_3 N_4,$$
$$M_1 N_3 = M_2 N_4 = M_3 N_1 = M_4 N_2,$$
$$M_1 N_4 = M_2 N_3 = M_4 N_1 = M_3 N_2.$$

Tous les segments de la figure ont donc des longueurs constantes. Ainsi :

Le système de contre-parallélogrammes de la figure 276 est déformable, son degré de liberté étant le second.

On peut en particulier déformer le mécanisme, en fixant les points M_1, N_1, M_3, N_2. Alors on a en $N_3 M_2 N_1 M_3$ un contre-parallélogramme articulé dont les quatre sommets décrivent des cercles.

466. Sur les inclinaisons des droites. — Dans ce qui suit, j'utiliserai la notion *d'inclinaison* d'une droite, déjà employée au n° 231 (t. I, p. 259). Étant donnés une droite *non orientée* D et un axe Ox, *l'inclinaison* de D est l'angle, défini à un multiple entier de π près, dont il faut faire tourner Ox pour amener cet axe à être parallèle à D. Elle sera désignée par (D). Pour que deux droites soient parallèles, il faut et il suffit que leurs inclinaisons soient égales à $k\pi$ près (k entier), ce qui s'écrit, en employant la notation arithmétique des congruences,

$$(D') \equiv (D) \qquad (\mathrm{mod}\ \pi).$$

Si une droite est désignée par AB, son inclinaison peut être désignée indifféremment par (AB) ou par (BA).

Soient ABC, A′B′C′ deux triangles. On reconnaît aisément que :

1° Pour qu'ils soient *directement* semblables, il faut et il suffit qu'on ait

$$(A'B') - (AB) \equiv (B'C') - (BC) \equiv (C'A') - (CA) \qquad (\operatorname{mod}\pi);$$

2° Pour qu'ils soient *inversement* semblables, il faut et il suffit qu'on ait

$$(AB) + (A'B') \equiv (BC) + (B'C') \equiv (CA) + (C'A') \qquad (\operatorname{mod}\pi).$$

467. Système articulé de Kempe (cas particulier). — Le plus remarquable des systèmes articulés plans actuellement connus paraît être celui de Kempe, dont j'indiquerai plus loin le schéma (n° **468**). Il est malheureusement trop compliqué pour qu'il soit possible d'en

Fig. 277.

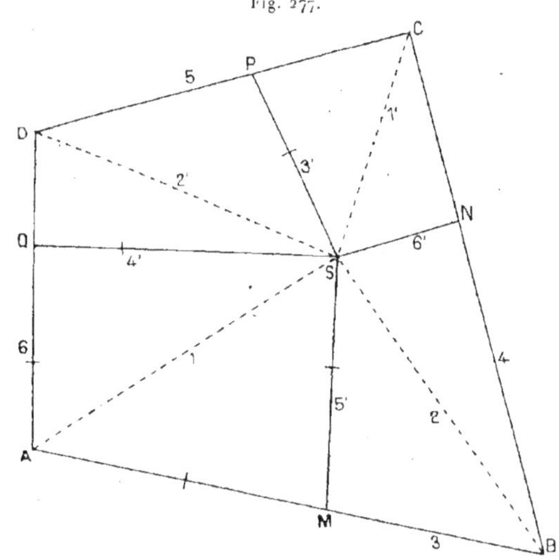

présenter ici la théorie complète, et je me bornerai à l'étude d'un cas particulier de ce mécanisme.

Soient (*fig.* 277) S, A, B, C, D cinq points assujettis à la seule condition

$$(1) \qquad (SA) + (SC) \equiv (SB) + (SD) \qquad (\mathrm{mod}\,\pi),$$

les inclinaisons étant prises par rapport à un axe quelconque [si la relation (1) a lieu relativement à un certain axe, elle est vraie relativement à tout autre axe, car un changement d'axe augmente les deux membres de (1) de la même quantité].

Formons le quadrilatère ABCD et marquons sur ses côtés quatre points M, N, P, Q tels que, u étant la valeur commune des deux membres de (1), on ait

$$(SM) + (CD) \equiv (SN) + (DA) \equiv (SP) + (AB) \equiv (SQ) + (BC) \equiv u \qquad (\mathrm{mod}\,\pi).$$

Sur la figure on a désigné par un chiffre et le même chiffre accentué, deux droites dont les inclinaisons sont complémentaires à u.

Pour construire la figure de la manière la plus générale, il faut se donner les cinq points S, A, B, C, D assujettis à l'unique relation (1). Elle dépend donc de $5 \times 2 - 1 = 9$ paramètres, dont $9 - 3 = 6$ paramètres de grandeur. Elle reste déformable si on lui impose cinq conditions supplémentaires. Je choisirai les suivantes : *les cinq longueurs SQ, QA, AM, SM, SP marquées d'un petit trait transversal sur la figure sont constantes.* Je vais montrer qu'alors *les longueurs de tous les autres segments figurés par un trait plein sont aussi constantes.*

En effet :

1° Les deux triangles SPC, AMS, dont les côtés homologues ont deux à deux des inclinaisons complémentaires, sont inversement semblables (n° 466, 2°).

Les deux triangles SNC, AQS sont aussi inversement semblables. Il en est donc encore de même des deux quadrilatères SNCP, AQSM et l'on a

$$\frac{SN}{AQ} = \frac{NC}{QS} = \frac{CP}{SM} = \frac{PS}{MA},$$

d'où

$$(1) \qquad SN = \frac{AQ.PS}{MA}, \qquad NC = \frac{QS.PS}{MA}, \qquad CP = \frac{SM.PS}{MA},$$

ce qui établit la constance de chacune des longueurs SN, NC, CP.

2° On voit de la même manière que les deux quadrilatères SNBM, DQSP sont inversement semblables. On a en particulier

$$\frac{NB}{QS} = \frac{BM}{SP}.$$

et l'on peut écrire

$$(2) \qquad NB = \lambda\, QS, \qquad BM = \lambda\, SP.$$

En égalant deux expressions du carré de la diagonale SB de ce quadrilatère, on a

$$\overline{SN}^2 + \overline{NB}^2 - 2\,SN.NB \cos \widehat{SNB} = \overline{SM}^2 + \overline{MB}^2 - 2\,SM.MB \cos \widehat{SMB}$$

ou, en tenant compte de (2),

$$\overline{SN}^2 - \overline{SM}^2 + \lambda^2\!\left(\overline{QS}^2 - \overline{SP}^2\right) - 2\lambda\,SN.QS \cos\widehat{SNB} + 2\lambda\,SM.SP \cos\widehat{SMB} = 0,$$

et, en tenant compte de la première des égalités (1),

$$(3) \qquad \overline{SN}^2 - \overline{SM}^2 + \lambda^2\!\left(\overline{QS}^2 - \overline{SP}^2\right)$$
$$- 2\lambda\,\frac{AQ.PS.QS}{MA}\cos\widehat{SNB} + 2\lambda\,SM.SP \cos\widehat{SMB} = 0.$$

Mais l'angle $\widehat{SMB}$ est égal à l'angle $\widehat{SMA}$ ou lui est supplémentaire, suivant que le point M est extérieur au segment AB ou se trouve sur ce segment.

De même l'angle $\widehat{SNB}$ est égal à l'angle $\widehat{SNC} = \widehat{AQS}$ ou lui est supplémentaire. On a donc

$$(4) \qquad \varepsilon \cos\widehat{SNB} = \cos\widehat{AQS}, \qquad \varepsilon' \cos\widehat{SMB} = \cos\widehat{SMA},$$

avec $\varepsilon = \pm 1$, $\varepsilon' = \pm 1$.

Je préciserai en établissant que *les points M et N sont en même temps intérieurs aux segments respectifs AB et BC ou extérieurs à ces segments.*

En effet, supposons donnés les points S, A, B, C (*fig.* 278). Menons la droite SZ telle que

$$(SZ) + (SB) = (SA) + (SC) = u$$

et faisons varier le point D sur SZ. Pour chaque position du point D, marquons sur AB et BC les points M et N tels que

$$(SM) + (CD) = (SN) + (DA) = u.$$

Quand le point D est à l'infini, les points M et N sont confondus

Fig. 278.

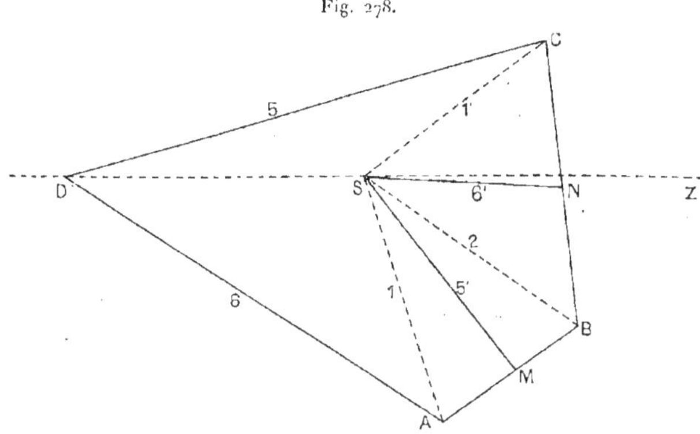

avec le point B. Quand le point D vient en S, le point M vient en A et le point N vient en C.

Avec les dispositions de la figure, les points A et C sont de part et d'autre de SZ, en sorte que, lorsque le point D décrit SZ, les droites CD et DA tournent dans des sens contraires. Il en est donc de même des droites SM et SN. On en conclut que les points M et N sont simultanément intérieurs ou extérieurs aux segments AB et BC. Si les points A et C étaient du même côté de SZ, SM et SN tourneraient dans le même sens, et la conclusion subsisterait. La proposition est donc établie.

On conclut de là que *les nombres ε et ε' des formules* (4) *ont la même valeur.*

Cela posé, on a, dans le quadrilatère AQSM,

$$\overline{AQ}^2 + \overline{QS}^2 - 2\,AQ.QS\cos\widehat{AQS} = \overline{SM}^2 + \overline{MA}^2 - 2\,SM.MA\cos\widehat{SMA}$$

ou, en tenant compte de (4), avec $\varepsilon' = \varepsilon$,

$$(5)\quad \overline{AQ}^2 + \overline{QS}^2 - \overline{SM}^2 - \overline{MA}^2 - 2\varepsilon\,AQ.QS\cos\widehat{SNB} + 2\varepsilon\,SM.MA\cos\widehat{SMB} = 0.$$

Multiplions (5) par $-\varepsilon\lambda\,\dfrac{\text{PS}}{\text{MA}}$ et ajoutons à (3). Les termes en $\cos\widehat{\text{SNB}}$ et en $\cos\widehat{\text{SMB}}$ disparaissent, et il vient

$$\overline{\text{SN}}^2 - \overline{\text{SM}}^2 + \lambda^2\left(\overline{\text{QS}}^2 - \overline{\text{SP}}^2\right) - \varepsilon\lambda\,\frac{\text{PS}}{\text{MA}}\left(\overline{\text{AQ}}^2 + \overline{\text{QS}}^2 - \overline{\text{SM}}^2 - \overline{\text{MA}}^2\right) = 0.$$

Laissons de côté le cas singulier où les coefficients de cette équation en λ seraient tous nuls. Alors la relation précédente montre que λ a une valeur constante. Donc, en vertu des formules (2), NB et BM sont constants, et il en est enfin de même des segments PD et DQ, les deux quadrilatères SNBM et DQSP ayant un rapport de similitude constant.

Il est donc établi qu'*étant donné un quadrilatère articulé ABCD, on peut, sans gêner la déformation de ce quadrilatère, relier par des tiges de longueurs constantes un point S convenablement choisi à quatre points M, N, P, Q marqués sur les côtés de ce quadrilatère*. Le mécanisme ainsi obtenu est paradoxal au sens du n° 273, car celui que l'on obtient en supprimant les tiges SP et SM possède évidemment le premier degré de liberté. L'adjonction de ces tiges, faite sans précautions particulières, réduirait le degré de liberté à — 1.

En poursuivant l'étude du mécanisme, on reconnaît aisément que :

1° Le point S est toujours foyer d'une conique inscrite au quadrilatère ABCD. Au cours de la déformation, les distances du point S aux côtés AB et CD restent dans un rapport constant, et de même les distances au point S aux côtés BC et DA. On généralise ainsi le théorème du n° 392 sur le quadrilatère circonscriptible ;

2° Les droites PQ et MN concourent toujours sur AC, et les droites MQ et NP sur BD ;

3° Les points M, N, P, Q sont toujours sur un cercle.

468. Mécanisme général de Kempe. — Il est constitué comme l'indique la figure schématique 279. Huit plaques triangulaires sont assemblées par leurs sommets, de manière à constituer douze couples rotoïdes.

Ce mécanisme possède *a priori* le degré de liberté — 3. En effet, si les huit plaques n'avaient aucune liaison, le degré de liberté serait 7×3. Chacune des liaisons imposées introduit deux conditions, et l'on a bien

$$7 \times 3 - 12 \times 2 = -3.$$

Fig. 279.

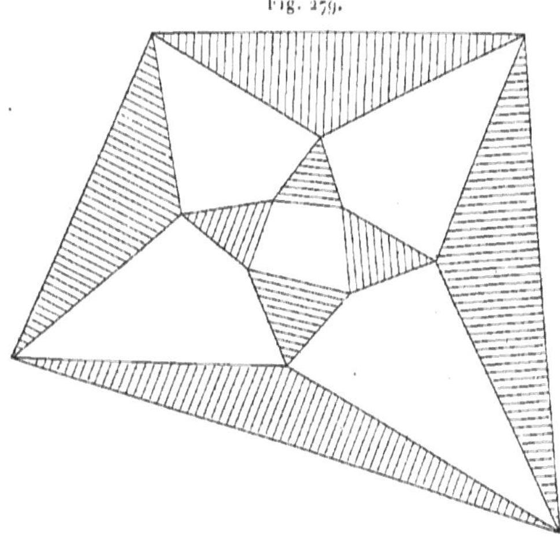

Kempe a trouvé presque tous les cas paradoxaux de déformabilité. Son étude a été complétée par Darboux (*voir* la Note finale).

469. Nouveaux appareils à décrire la ligne droite. — Si l'on construit la figure 277 en faisant

$$(3) + (5) \equiv u \qquad (\operatorname{mod} \pi),$$

on a

$$(5') \equiv (3), \qquad (3') \equiv (5) \qquad (\operatorname{mod} \pi)$$

et les points M et P sont rejetés à l'infini. Construisons alors le mécanisme formé des cinq tiges AD, DC, CB, SN, SQ et déformons-le en fixant les points A et B. Le point S décrira une droite perpendiculaire à AB.

On a donc obtenu un nouvel appareil à cinq tiges permettant de décrire la ligne droite. Hart en avait fait connaître un cas particulier. Il est dû, sous sa forme générale, à Kempe.

L'appareil décrit au n° 397 rentre dans celui de Hart-Kempe.

On peut faire en sorte que : 1° la droite décrite par le point S passe par le point A; 2° que l'on ait AQ = QS. Alors le point S′ symétrique de S par rapport à Q décrit la droite AB et tous les points de QS se meuvent sur des ellipses.

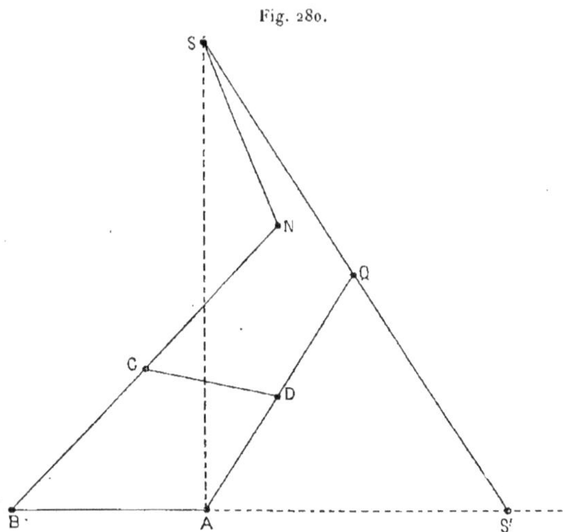

Fig. 280.

L'ellipse peut donc être décrite, comme la ligne droite, au moyen d'un système articulé à cinq tiges. Il n'est pas difficile de calculer les proportions de l'appareil.

Je me contenterai d'indiquer une solution particulière (*fig.* 280). On a

$$AB = 1, \qquad BC = 1, \qquad CD = \frac{1}{\sqrt{2}}, \qquad DA = \frac{1}{\sqrt{2}},$$
$$AQ = \sqrt{2}, \qquad BN = 2,$$
$$NS = 1, \qquad QS = \sqrt{2}.$$

F. — DESCRIPTION D'UNE COURBE ALGÉBRIQUE QUELCONQUE AU MOYEN D'UN SYSTÈME ARTICULÉ.

470. Théorème de Kempe. — Kempe a montré que *toute courbe algébrique peut être décrite au moyen d'un système articulé* *convenable.* Il est aisé d'établir ce théorème en passant par quelques propositions intermédiaires très simples :

1° *Une droite étant donnée par deux points, on peut astreindre un point à se mouvoir sur cette droite.*

Ce fait est déjà connu. On peut employer, par exemple, l'appareil de la figure 273 ou celui de la figure 280.

2° *Étant donnée une droite fixe* Ox (*fig.* 281), *et* M *étant un*

Fig. 281.

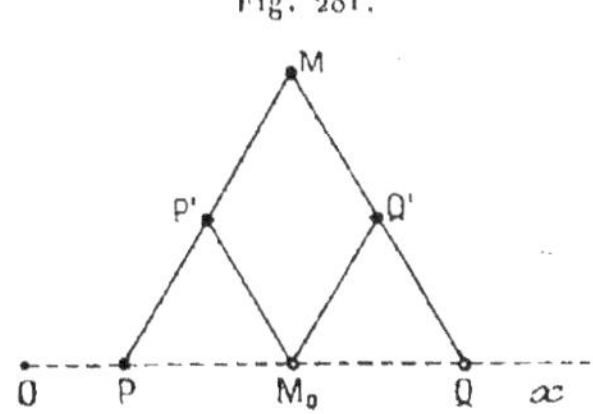

point quelconque du plan, on peut, au moyen d'un système articulé, marquer la projection M_0 *de* M *sur* Ox.

En effet, articulons en M deux tiges égales MP, MQ, et astreignons les points P et Q à se mouvoir sur Ox (1°). P' et Q' étant les milieux de MP et de MQ, construisons le losange articulé $MP'M_0Q_0$. Le point M_0 est évidemment la projection demandée.

3° *Étant données deux droites fixes* Ox *et* Oy *et* M *étant un point quelconque de* Ox, *on peut marquer le point* M' *de* Oy *tel que* $OM' = OM$.

En effet, articulons deux tiges égales IM et IM'; astreignons le point I à décrire la bissectrice de l'angle xOy et le point M' à décrire Oy. On a bien $OM' = OM$.

4° *Étant donnée une tige* AB, *et* M *étant un point quelconque du plan, on peut astreindre une tige* MN *issue du point* M *à être parallèle à* AB.

Il suffit pour cela de construire le système de deux parallélogrammes articulés représentés (*fig.* 282). MN est bien parallèle à AB,

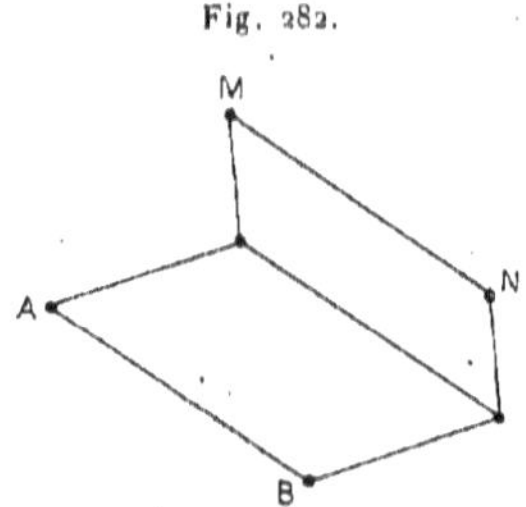

Fig. 282.

et l'appareil a la liberté du second degré qui permet au point M d'occuper par rapport à AB une position quelconque.

5° *M et N étant deux points quelconques de O y* (*fig.* 283), *et P*

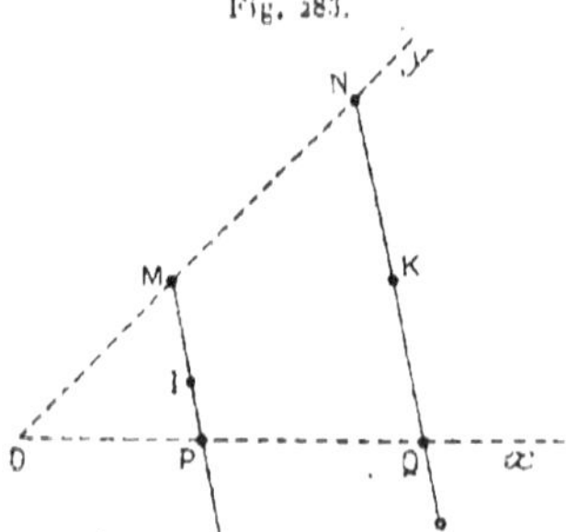

Fig. 283.

un point quelconque de O x, on peut marquer sur O x un point Q tel que l'on ait

$$(1) \qquad \frac{OQ}{OP} = \frac{ON}{OM}.$$

Pour cela, considérons une tige MI de longueur constante issue du point M. On peut astreindre un point à se trouver constamment sur la droite MI. Si l'on fait coïncider ce point avec le point P, MI passe par P. On astreindra ensuite une tige NK à rester parallèle à MI (4°)

et un point Q à décrire NK ; si ce point est de plus astreint à décrire Ox, on a bien la relation (1).

6° M et N étant deux points quelconques de Ox (fig. 284), on

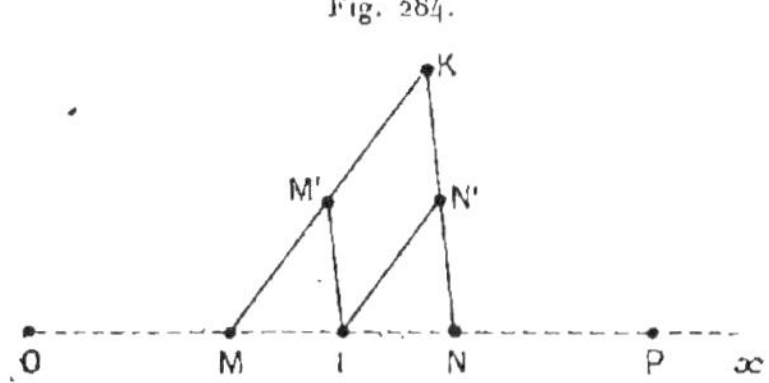

Fig. 284.

peut marquer le point P de Ox tel que l'on ait

$$(2) \qquad\qquad OP = OM + ON.$$

En effet, on peut marquer le milieu I de MN au moyen d'un pantographe MKNM'IN', puis doubler le segment OI au moyen d'un second pantographe. Le point P ainsi obtenu satisfait bien à (2).

Cela posé, soit

$$(3) \qquad\qquad f(x, y) = \Sigma \, A \, x^m y^n = 0$$

l'équation d'une courbe algébrique C, rapportée à deux axes rectangulaires Ox et Oy.

Soit M un point quelconque du plan. On peut marquer ses projections M_0 et M_1 sur Ox et sur Oy (2°), de sorte qu'on a $OM_0 = x$, $OM_1 = y$.

Marquons sur Ox le point α tel que l'on ait

$$O\alpha = \frac{1}{A}.$$

On peut alors construire (5°) le point P de Oy tel que l'on ait

$$\frac{OP}{OM_0} = \frac{OM_1}{O\alpha}, \qquad \text{d'où} \qquad OP = \frac{1}{O\alpha} \, OM_0 . OM_1 = A\,xy.$$

On construira de même, de proche en proche, les longueurs $A\,x^2 y$, $A\,xy^2 \ldots$ et l'on aura finalement sur Ox ou sur Oy un point Q tel que

$$OQ = A\,x^m y^n.$$

Si ce point Q était sur Oy, on pourrait le reporter sur Ox (3°).

On représentera de même sur Ox les termes de la forme Bx^m ou de la forme Cy^n.

Soient Q_1, Q_2, ... les points de Ox correspondant aux divers termes de (1). Cette équation peut s'écrire

$$OQ_1 + OQ_2 + \ldots = 0.$$

Or on sait marquer sur Ox les points successifs d'abscisses

$$OQ_1 + OQ_2, \qquad OQ_1 + OQ_2 + OQ_3 + \ldots.$$

On arrive finalement à marquer un point R tel que

$$OR = f(x, y),$$

quel que soit le point M. En obligeant ce point R à coïncider avec le point O, on astreint le point M à décrire la courbe C, et le théorème est démontré.

Il va sans dire que l'application littérale de ce procédé serait impraticable. Mais ce qui importait, c'était de montrer qu'il existe certainement un système articulé permettant de décrire une courbe algébrique donnée. Dans chaque cas, il faudra rechercher la meilleure solution.

La démonstration que Kempe a donnée de son théorème fait intervenir des moyens plus ingénieux que la précédente, mais elle est moins naturelle.

Le théorème peut s'étendre sans difficulté à l'espace. On reconnaît tout aussi aisément qu'il se généralise comme il suit :

Toute relation géométrique entre des points en nombre quelconque M_1, M_2, ..., M_n se traduisant par une relation algébrique entre leurs coordonnées

$$f(x_1, y_1, z_1, \ldots, x_n, y_n, z_n) = 0$$

peut être réalisée au moyen d'un système articulé.

G. — SUR LA COURBE DU TROIS-BARRES.

471. Coordonnées isotropes. — Pour étudier analytiquement la *courbe du trois-barres*, définie au n° 398, l'emploi des *coordonnées isotropes* est particulièrement recommandable.

OX et OY étant deux axes rectangulaires, les coordonnées isotropes (x, y) d'un point M de coordonnées cartésiennes (X, Y) sont les deux nombres imaginaires

$$(1) \qquad x = X + Yi, \qquad y = X - Yi,$$

X et Y s'expriment, en fonction de x et de y, par les formules

$$(2) \qquad X = \frac{1}{2}(x + y), \qquad Y = \frac{1}{2}(x - y\,i).$$

Si $f(X, Y) = 0$ est l'équation d'une courbe en coordonnées cartésiennes, on a son équation en coordonnées isotropes en remplaçant X et Y par leurs expressions (2).

Comme les expressions sont linéaires en x et y, le degré de l'équation, si elle est algébrique, n'est pas altéré.

Les coordonnées isotropes se rattachent aisément à la représentation des vecteurs par des quantités imaginaires (n° 458). Soit M' le point symétrique de M par rapport à OX. On peut dire que les coordonnées isotropes du point M sont les deux vecteurs

$$M - O = X + Yi = x, \qquad M' - O = X - Yi = y.$$

472. Changement du système de références en coordonnées isotropes. — Soit $(O_1 X_1, O_1 Y_1)$ un nouveau système d'axes rectangulaires. Pour en définir la position, on peut se donner les coordonnées isotropes (ξ, η) du point O_1 par rapport à (OX, OY), et l'angle $(OX, O_1 X_1) = \varphi$.

Soit M un point quelconque (*fig.* 285). On a l'égalité vectorielle

$$(1) \qquad M - O = (O_1 - O) + (M - O_1).$$

Appelons M_0 le point situé par rapport à (OX, OY) comme M l'est par rapport à $(O_1 X_1, O_1 Y_1)$. Le rapport du vecteur $M - O_1$ au vecteur $M_0 - O$ a pour module l'unité et pour argument φ, car

$$\widehat{M_0 - O, \ M - O_1} = \widehat{OX, \ O_1 X_1} = \varphi.$$

Fig. 285.

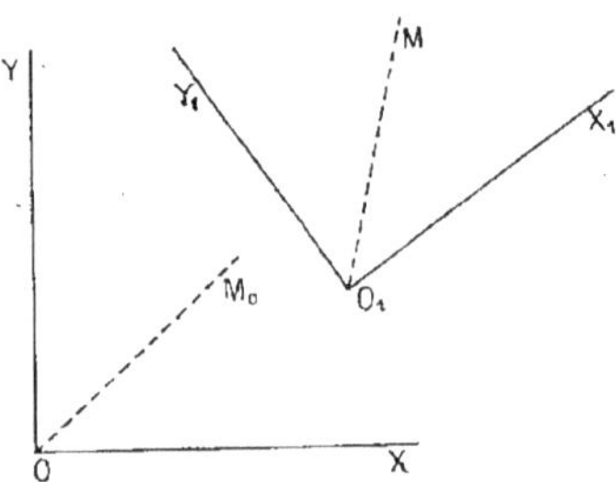

Donc

$$(2) \qquad M - O_1 = (M_0 - O)\, e^{i\varphi}.$$

Soient enfin (x, y) les coordonnées isotropes du point M par rapport à (OX, OY), (x_1, y_1) celles du même point par rapport à $(O_1 X_1, O_1 Y_1)$. Ces dernières sont aussi celles du point M_0 par rapport à (OX, OY). L'égalité (2) peut donc s'écrire

$$M - O_1 = x_1\, e^{i\varphi}.$$

On a d'autre part, avec la notation adoptée,

$$O_1 - O = \xi.$$

(1) s'écrit donc finalement

$$(3) \qquad x = \xi + x_1\, e^{i\varphi}.$$

En considérant la figure symétrique de la précédente par rapport à OX, on obtient

$$(4) \qquad y = \eta + y_1\, e^{-i\varphi}.$$

Telles sont les formules qui donnent les coordonnées (x, y) en fonction de (x_1, y_1).

En posant

$$e^{i\varphi} = t,$$

on peut les écrire

$$(5) \qquad x = \xi + x_1 l,$$

$$(6) \qquad y = \eta_1 + \frac{y_1}{l}.$$

Leur forme est bien plus simple que celle des formules du changement de coordonnées cartésiennes.

473. Équation d'un cercle en coordonnées isotropes. — Soit un cercle C, de rayon R, ayant pour équation en coordonnées cartésiennes

$$(X - A)^2 + (Y - B)^2 = R^2.$$

Les coordonnées isotropes de son centre ω sont

$$a = A + Bi, \qquad b = A - Bi.$$

L'équation de C peut s'écrire

$$[X - A + i(Y - B)][X - A - i(Y - B)] = R^2$$

ou

$$(x - a)(y - b) = R^2.$$

Telle est l'équation du cercle en coordonnées isotropes. Elle est de la forme

$$xy + lx + my + n = 0.$$

Réciproquement, toute équation de cette forme représente un cercle. Ses directions asymptotiques sont les directions isotropes, représentées par

$$x = 0, \qquad y = 0.$$

Son centre est le point $(- m, - l)$.

474. Équation générale de la courbe du trois-barres. — Soient (*fig.* 286) A et B les centres des deux manivelles, MN la bielle, P le point, lié à MN, qui décrit la courbe du trois-barres Γ.

Rapportons le plan fixe à des axes isotropes Ox, Oy, le plan entraîné avec MN à des axes Px_1, Py_1, avec le point P comme origine. Dans ce plan les points M et N ont des coordonnées fixes. Soient (α, β) celles du point M, (α', β') celles du point N. Soient d'autre part (a, b) et (a', b') les coordonnées des points A et B dans le plan fixe.

Désignons enfin par (x, y) les coordonnées du point P dans le plan fixe et posons comme au n° 472

$$t = e^{i\varphi},$$

φ étant l'angle qui fixe l'orientation du plan mobile. Les coordonnées dans le plan fixe du point M sont

$$x + \alpha t, \qquad y + \frac{\beta}{t}.$$

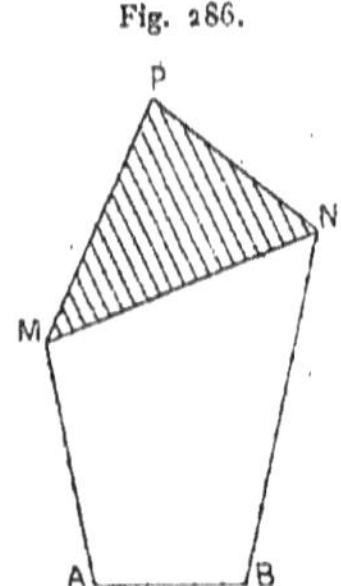

Fig. 286.

En écrivant que ce point décrit un cercle de centre A, on a une relation de la forme

$$(x + \alpha t)\left(y + \frac{\beta}{t}\right) - b(x + \alpha t) - a\left(y + \frac{\beta}{t}\right) + c = 0,$$

C étant une constante. En développant et en ordonnant par rapport à t, il vient

$$xy - bx - ay + \alpha\beta + c + \alpha(y - b)t + \frac{\beta(x - a)}{t} = 0$$

ou

$$(1) \qquad \alpha(y - b)t^2 + [(x - a)(y - b) + k]t + \beta(x - a) = 0,$$

k étant une nouvelle constante.

On obtient de même, en écrivant que le point N décrit un cercle de centre B, une relation

$$(2) \qquad \alpha'(y - b')t^2 + [(x - a')(y - b') + k']t + \beta'(x - a') = 0.$$

Le lieu du point P s'obtient en éliminant t entre les deux équations (1) et (2).

On trouve, en appliquant un résultat classique,

$$
\begin{aligned}
(3)\quad & \big\{\, \alpha(y-b)[(x-a')(y-b')+k'] \\
& \quad - \alpha'(y-b')[(x-a)(y-b)+k]\,\big\} \\
\times\ & \big\{\, \beta'(x-a')[(x-a)(y-b)+k] \\
& \quad - \beta(x-a)[(x-a')(y-b')+k']\,\big\} \\
& - [\alpha\beta'(x-a')(y-b) - \alpha'\beta(x-a)(y-b')]^2 = 0,
\end{aligned}
$$

Telle est l'équation de la courbe du trois-barres Γ, dans le cas le plus général.

On voit que cette équation est du sixième degré, et que les termes du plus haut degré se réduisent à $(\alpha-\alpha')(\beta'-\beta)x^3y^3$. Elle a donc comme directions asymptotiques triples $x=0$ et $y=0$. Ainsi :

La courbe Γ est du sixième ordre et elle a un point triple en chacun des points cycliques.

Si l'on donne à y une certaine valeur, on a en général une équation du troisième degré en x, ce qui signifie qu'en général une droite isotrope parallèle à Ox rencontre la courbe en trois points à distance finie. Cherchons à quelle condition l'un de ces points s'éloigne à l'infini. Il faut pour cela que le coefficient de x^3 soit nul, ce qui donne

$$
(\alpha-\alpha')(y-b)(y-b')[\beta'(y-b) - \beta(y-b')] = 0.
$$

Cette équation du troisième degré fait connaître les y des trois droites isotropes, tangentes au point triple qui est le point à l'infini de Ox. Deux de ces racines sont b et b'. Donc deux des tangentes au point considéré passent, l'une par A, l'autre par B. Il en est de même, naturellement, de deux des tangentes à Γ en l'autre point cyclique.

Or les tangentes aux points cycliques à une courbe qui contient ces points se coupent deux à deux en des points qui s'appellent, comme on sait, les *foyers singuliers* de la courbe. La courbe Γ, ayant les points cycliques pour points triples, a neuf foyers singuliers, mais les tangentes isotropes sont deux à deux conjuguées, si Γ est réelle, et il n'y a que trois foyers réels. En résumé :

Les points A *et* B *sont deux des trois foyers singuliers de la courbe* Γ.

On verra tout à l'heure la position du troisième foyer singulier réel.

175. Triple génération de la courbe du trois-barres. — La propriété la plus remarquable de Γ est que *cette courbe peut être considérée, de trois manières différentes, comme une courbe de trois-barres* (W. ROBERTS).

J'établirai d'abord le lemme suivant :

Soit (*fig.* 287) αβγ *un triangle quelconque. Construisons trois*

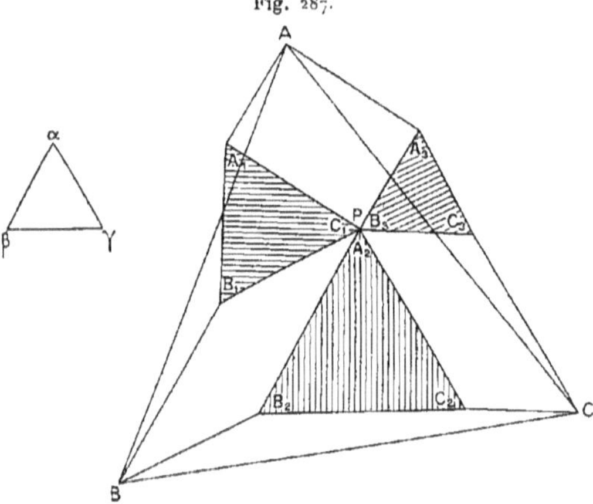

triangles $A_1 B_1 C_1$, $A_2 B_2 C_2$, $A_3 B_3 C_3$, *directement semblables à* αβγ *et tels que les trois sommets* A_2, B_3 *et* C_1 *soient confondus. Construisons ensuite les trois parallélogrammes* $A_2 A_1 AA_3$, $B_3 B_2 BB_1$, $C_1 C_3 CC_2$. *Le triangle* ABC *est directement semblable à* αβγ.

Pour démontrer cela, employons les considérations du n° 459. Soient k_1, k_2, k_3 les rapports de similitude imaginaires des trois triangles $A_1 B_1 C_1$, $A_2 B_2 C_2$, $A_3 B_3 C_3$ au triangle αβγ. On a l'égalité vectorielle

$$C - B = (B_2 - B) + (C_2 - B_2) + (C - C_2).$$

Mais

$$B_2 - B = C_1 - B_1 = k_1(\gamma - \beta),$$
$$C_2 - B_2 = k_2(\gamma - \beta),$$
$$C - C_2 = C_3 - B_3 = k_3(\gamma - \beta).$$

Donc

$$C - B = (k_1 + k_2 + k_3)(\gamma - \beta).$$

On trouve de même

$$A - C = (k_1 + k_2 + k_3)(\alpha - \gamma),$$
$$B - A = (k_1 + k_2 + k_3)(\beta - \alpha).$$

Donc le triangle ABC est bien semblable au triangle $\alpha\beta\gamma$, son rapport de similitude imaginaire à celui-ci étant $k_1 + k_2 + k_3$. Le lemme est établi.

Cela posé, supposons donné le triangle $\alpha\beta\gamma$. Pour faire la construction indiquée, on peut se donner arbitrairement le point P en lequel sont confondus A_2, B_3 et C_1, et les points A_1, B_2 et C_3. La figure obtenue dépend donc de huit paramètres, dont $8 - 3 = 5$ sont des paramètres de grandeur. Elle reste donc déformable si l'on assujettit les imaginaires k_1, k_2, k_3 aux quatre conditions suivantes : leurs modules sont constants ainsi que celui de $k_1 + k_2 + k_3$. Mais s'il en est ainsi, les quatre triangles $A_1 B_1 C_1$, $A_2 B_2 C_2$, $A_3 B_3 C_3$, ABC sont tous de grandeur constante, et tous les segments de la figure ont des longueurs constantes.

On peut fixer le triangle ABC. Alors le point P peut être considéré comme étant lié à la bielle $B_2 C_2$ d'un trois-barres dont les manivelles sont BB_2 et CC_2, et il existe deux autres interprétations analogues de la figure. La courbe du trois-barres Γ, lieu du point P, est donc bien susceptible d'une triple génération.

Comme on l'a vu, les centres de rotation des manivelles correspondant à une génération donnée sont deux des foyers singuliers de Γ. *Les trois foyers de cette courbe sont donc les points A, B, C.*

476. **Points doubles de la courbe du trois-barres.** — La courbe Γ a, nous le savons, un point triple en chacun des points cycliques. Cherchons si elle peut avoir d'autres points multiples.

Soit Q un tel point (*fig.* 288). Il existe au moins deux positions $B_2 C_2$ et $B_2' C_2'$ de la bielle du trois-barres $BB_2' C_2' C$, telles que le point P vienne en Q. Les deux triangles $QB_2 C_2$ et $QB_2' C_2'$ sont donc directement égaux et l'on a

$$\widehat{B_2 Q C_2} = \widehat{B'_2 Q C'_2},$$

d'où

$$\widehat{B_2 Q B'_2} = \widehat{C_2 Q C'_2}.$$

Fig. 288.

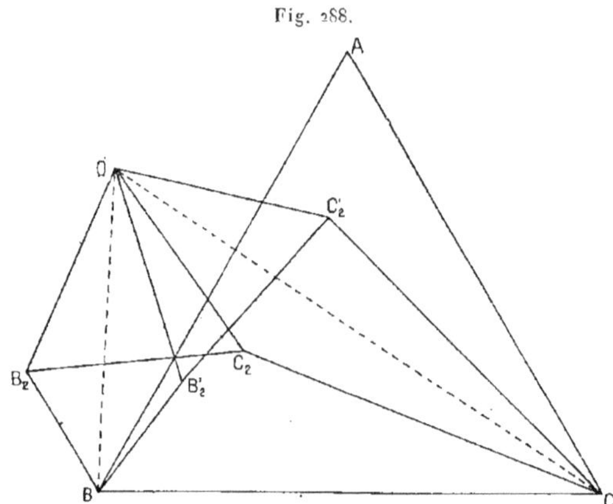

D'autre part, puisque l'on a

$$QB_2 = QB'_2 \qquad \text{et} \qquad BB_2 = BB'_2,$$

QB est la bissectrice de l'angle $B_2 Q B'_2$. De même QC est la bissec-trice de l'angle $C_2 Q C'_2$. On a donc

$$\widehat{BQB'_2} = \widehat{CQC'_2},$$

et l'on en conclut

$$\widehat{BQC} = \widehat{B'_2 Q C'_2} = \widehat{BAC}.$$

Donc *un point double* Q *appartient nécessairement au cercle circonscrit au triangle* ABC (¹). Réciproquement, on voit que tout point où Γ rencontre ce cercle est un point double.

(¹) Ce raisonnement admet implicitement qu'un point double Q correspond à deux positions *distinctes* $B_2 C_2$ et $B'_2 C'_2$ de la bielle. Cela revient à dire que $B_2 C_2$ étant dans une position déterminée, la tangente à la trajectoire du point Q est déter-minée aussi. Or cette tangente est perpendiculaire à la droite QI, I étant le point de

Γ étant du sixième ordre rencontre le cercle ABC en douze points; six d'entre eux sont trois à trois confondus aux points cycliques. Il en reste donc six autres, et comme ces points sont doubles sur Γ, on obtient finalement le résultat suivant :

Γ a trois points doubles qui appartiennent au cercle qui passe par les foyers.

En définitive, Γ a un point triple en chaque point cyclique et trois points doubles ordinaires. D'après la théorie générale des courbes algébriques, un point triple doit être considéré comme équivalent à trois points doubles confondus. On peut donc dire que Γ a $2 \times 3 + 3 = 9$ points doubles.

Or le nombre maximum des points doubles que peut avoir une courbe du sixième ordre est égal à $\dfrac{5 \times 4}{2} = 10$. Il manque à Γ, dans le cas général, un point double pour que ce maximum soit atteint, et l'on dit que Γ est une courbe de *genre un*.

Quand le quadrilatère $BB_2 C_2 C$ est circonscriptible, Γ a un point double supplémentaire (*voir* la note précédente) et devient de *genre zéro*. La théorie des courbes algébriques nous apprend que Γ est alors *unicursale*, tandis que, dans le cas général, ses coordonnées peuvent être exprimées *en fonctions elliptiques d'un argument*.

Si le quadrilatère $BB_2 C_2 C$ est aplatissable de deux manières, cela exige qu'il y ait entre les longueurs a, b, c, d de ses côtés deux relations de la forme

$$a \pm b \pm c \pm d = 0,$$

et l'on reconnaît aisément que ce quadrilatère est un rhomboïde ou

---

rencontre de BB_2 et de CC_2, c. i. r. de la bielle $B_2 C_2$. On voit dès lors que le raisonnement tombe en défaut dans deux cas :

1° *Le point I se confond avec le point Q.* Alors la droite QI est indéterminée et l'on ne peut plus rien affirmer, *a priori*. Mais le point Q, étant c. i. r., est point de rebroussement de sa trajectoire. Les conclusions du texte persistent, à ce détail près.

2° *Le point I est indéterminé.* Pour que cela ait lieu, il faut que BB_2 puisse venir se confondre avec CC_2, c'est-à-dire que le quadrilatère $BB_2 C_2 C$ soit *aplatissable*, ce qui n'est pas en général. La condition nécessaire et suffisante pour qu'il possède cette propriété est qu'il soit circonscriptible à un cercle. L'étude complète de la question montre alors que la courbe Γ possède en fait un point double, correspondant à la forme aplatie du quadrilatère, et que ce point double n'est pas sur le cercle des foyers (*voir* plus loin, n° 477).

un quadrilatère à côtés opposés égaux. Alors Γ ayant 11 points doubles se décompose en deux courbes qui sont : l'une un *cercle*, l'autre une *quartique bicirculaire*, c'est-à-dire une quartique ayant un point double en chacun des points cycliques (*voir* le n° 398).

477. Autres propriétés de la courbe du trois-barres. — L'étude approfondie de la courbe du trois-barres est longue et difficile. Commencée par Roberts et Cayley, elle a été tout récemment l'objet de travaux remarquables de géomètres anglais (*voir* la Note finale). Je dois me borner à énoncer les principales propriétés de la courbe du trois-barres connues à ce jour, en plus de celles qui ont été démontrées dans les paragraphes précédents :

1° *Les trois points doubles* Q_1, Q_2, Q_3 *qui appartiennent, comme on l'a vu, au cercle* ABC *sont tels que, si l'on désigne par* (M) *l'angle* $\widehat{x\mathrm{O}M}$, O *étant le centre du cercle,* Ox *un axe fixe, on a*

$$(Q_1) + (Q_2) + (Q_3) \equiv (A) + (B) + (C) \qquad (\mathrm{mod}\ 2\pi).$$

On peut dire aussi qu'il existe une parabole inscrite à la fois au triangle ABC *et au triangle* $Q_1 Q_2 Q_3$.

Ce théorème est de Cayley. On remarquera la réciprocité qu'il fait connaître entre les deux groupes de points (A, B, C) et (Q_1, Q_2, Q_3).

2° *Quand la courbe* Γ *possède un point double supplémentaire, ce point double est le centre d'un cercle tangent aux trois côtés du triangle* $Q_1 Q_2 Q_3$ (F. V. Morley).

3° Reprenons la figure 287 et construisons le contour $BB'_2 C'_2 C$ symétrique de $BB_2 C_2 C$ par rapport à BC. Soit A'_2 la position prise par le point A_2 quand, le trois-barres se déformant, $B_2 C_2$ vient coïncider avec $B'_2 C'_2$ (les deux triangles $A_2 B_2 C_2$ et $A'_2 B'_2 C'_2$ sont *directement* égaux). Opérons de même sur les contours $CC_3 A_3 A$, $AA_1 B_1 B$. *Les trois points* A'_2, B'_3 et C'_1 *se confondent en un même point* P' (R. L. Hippisley).

On peut dire que les deux points P et P' sont des points *conjugués* de Γ.

4° *Le lieu du point milieu de* PP' *est une cubique* (G. T. Bennett).

5° En désignant par H l'orthocentre du triangle ABC, on a

$$\overrightarrow{HP_7} + \overrightarrow{HP'_7} = \text{const.}$$

(G. T. Bennett).

6° *Les points conjugués* P *et* P' *sont inverses par rapport au triangle* $Q_1 Q_2 Q_3$ [1] (G. T. Bennett).

Citons enfin l'élégant théorème suivant :

7° *Soit* LMN *un triangle de forme constante dont les sommets décrivent trois cercles. Le lieu d'un point* P *tel que la figure* LMNP *soit de forme constante est une courbe de trois-barres* (F. V. Morley).

H. — SUR LES CHAINES FERMÉES DE COUPLES ROTOÏDES.

478. Objet de cette Note. — Comme on l'a vu au n° **272**, une chaîne fermée de n couples rotoïdes constitue un mécanisme paradoxal quand $n \leq 6$.

Pour $n = 3$, on reconnaît tout de suite qu'un tel mécanisme ne peut exister que dans le cas sans intérêt où les trois axes des couples rotoïdes sont confondus.

Si l'on n'exclut pas les couples rotoïdes dont les axes sont rejetés à l'infini, couples qui deviennent alors *prismatiques*, on a une autre solution : le mécanisme constitué par trois couples prismatiques, disposés comme l'indique la figure 289 [2]. La déformabilité en est évidente. Pour alléger l'étude qui va suivre (au risque, je le reconnais, de laisser échapper des solutions intéressantes), je supposerai que tous les axes sont à distance finie.

Il reste à traiter les cas de $n = 4$, 5 ou 6. Le problème qui se pose est de déterminer tous les mécanismes paradoxaux correspondant à

---

[1] C'est-à-dire que l'angle $PQ_1 P'$, par exemple, a les mêmes bissectrices que l'angle $\widehat{Q_2 Q_1 Q_3}$. On peut dire aussi que P et P' sont les deux foyers d'une conique inscrite au triangle $Q_1 Q_2 Q_3$.

[2] Dont on voudra bien excuser la perspective de style cubiste.

ces trois cas. Il n'est jusqu'ici complétement résolu que pour $n = 4$ (*voir* n° 479, 3°). Pour $n = 5$, je ne connais que des solutions banales. Pour $n = 6$, j'en indiquerai de plus intéressantes, mais je

Fig. 289.

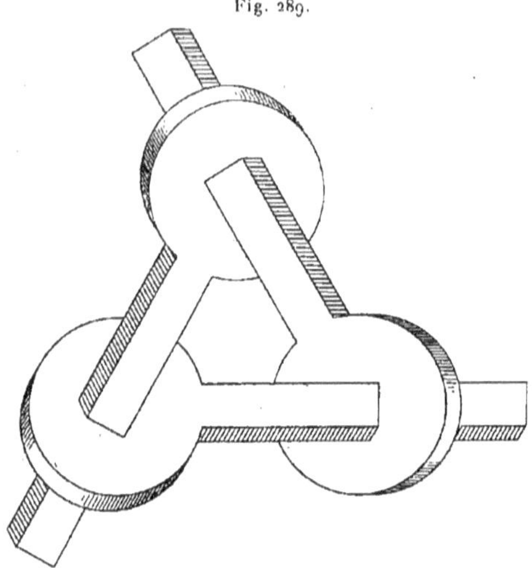

suis loin d'affirmer que ce sont les seules. La question appelle de nouvelles recherches et je la crois digne d'efforts.

479. Théorèmes préliminaires sur les torseurs. — Les théorèmes suivants auraient pu être établis au Chapitre III du Tome I, mais je les ai réservés pour le moment où ils trouveraient une application.

1° *Pour que six droites* X_1, X_2, ..., X_6 *puissent être les supports de vecteurs glissants non tous nuls formant un torseur nul, il faut et il suffit qu'elles appartiennent à un même complexe linéaire, ce qui leur impose une seule condition.*

Soient $(X_i, \mathbf{u}_i)$ le vecteur glissant unitaire de support X_i et l_i, m_i, n_i, p_i, q_i, r_i ses coordonnées cartésiennes. Un vecteur glissant $(X_i, \omega_i \mathbf{u}_i)$ de même support et de longueur algébrique ω_i (on peut employer ce terme, puisque la connaissance de $\mathbf{u}_i$ oriente la droite X_i)

a pour coordonnées cartésiennes

$$l_i\omega_i, \quad m_i\omega_i, \quad n_i\omega_i, \quad p_i\omega_i, \quad q_i\omega_i, \quad r_i\omega_i.$$

Pour que le torseur $\Sigma(X_i, \omega_i\mathbf{u}_i)$ soit nul, il faut et il suffit qu'on ait les six équations

$$\Sigma l_i\omega_i = 0, \qquad \Sigma m_i\omega_i = 0, \qquad \Sigma n_i\omega_i = 0,$$
$$\Sigma p_i\omega_i = 0, \qquad \Sigma q_i\omega_i = 0, \qquad \Sigma r_i\omega_i = 0,$$

les ω_i n'étant pas tous nuls. Ce sont là des équations linéaires et homogènes entre les six ω_i. Leur déterminant est donc nul et l'on a

$$\Delta = \begin{vmatrix} l_1 & l_2 & l_3 & l_4 & l_5 & l_6 \\ m_1 & m_2 & m_3 & m_4 & m_5 & m_6 \\ n_1 & n_2 & n_3 & n_4 & n_5 & n_6 \\ p_1 & p_2 & p_3 & p_4 & p_5 & p_6 \\ q_1 & q_2 & q_3 & q_4 & q_5 & q_6 \\ r_1 & r_2 & r_3 & r_4 & r_5 & r_6 \end{vmatrix} = 0.$$

Telle est donc, sous forme analytique, la condition nécessaire et suffisante pour que les six droites X_i satisfassent à la condition énoncée. Mais pour que Δ soit nul, il faut et il suffit qu'il existe six nombres non tous nuls A, B, C, D, E, F tels qu'on ait

$$A l_i + B m_i + C n_i + D p_i + E q_i + F r_i = 0 \qquad (i = 1, 2, \ldots, 6).$$

Autrement dit, il faut et il suffit que les six X_i appartiennent à un même complexe linéaire, ayant pour équation

$$A l + B m + C n + D p + E q + F r = 0.$$

C'est bien le théorème énoncé.

$2°$ *Pour que cinq droites X_1, X_2, ..., X_5 puissent être les supports de vecteurs glissants non tous nuls formant un torseur nul, il faut et il suffit qu'elles appartiennent à une même congruence linéaire, ce qui leur impose deux conditions.*

En effet adjoignons aux cinq vecteurs glissants $(X_i, \omega_i\mathbf{u}_i)$ un vecteur glissant nul $(X, 0)$, considéré comme ayant pour support une droite X quelconque. Le torseur

$$\mathfrak{G} = \Sigma(X_i, \omega_i\mathbf{u}_i) + (X, 0)$$

est nul. Donc, puisque les ω_i ne sont pas tous nuls, les six droites X_i et X appartiennent à un complexe linéaire. Par conséquent il existe un complexe linéaire, contenant une droite quelconque X et les cinq droites X_i. Autrement dit, ces cinq droites appartiennent à une infinité de complexes linéaires, ce qui exige qu'elles appartiennent à une congruence linéaire. La condition est d'ailleurs suffisante.

$3°$ *Pour que quatre droites* X_1, X_2, X_3, X_4 *puissent être les supports de vecteurs glissants non tous nuls formant un torseur nul, il faut et il suffit qu'elles appartiennent à une même semi-quadrique, ce qui leur impose trois conditions.*

En raisonnant comme au $2°$, on voit qu'il existe une congruence linéaire contenant une droite quelconque X et les quatre droites X_1, X_2, X_3, X_4. Donc ces quatre droites appartiennent à une infinité de congruences linéaires, d'où le théorème.

Il y a un cas de dégénérescence à signaler. C'est celui où deux des droites, par exemple X_1 et X_2, se rencontrent. Écrivons la relation à laquelle doivent satisfaire les quatre vecteurs glissants

$$(X_1, \omega_1 u_1) + (X_2, \omega_2 u_2) + (X_3, \omega_3 u_3) + (X_4, \omega_4 u_4) = 0.$$

Puisque X_1 et X_2 se rencontrent, la somme des deux premiers termes est égal à un vecteur glissant unique dont le support X est dans le plan des droites X_1 et X_2 et concourt avec elles. Ce vecteur glissant formant un torseur nul avec $(X_3, \omega_3 u_3)$ et $(X_4, \omega_4 u_4)$, il faut que X_3 et X_4 se rencontrent sur X et que cette droite soit dans leur plan. On voit, en définitive, que X_1, X_2 *d'une part et* X_3, X_4 *de l'autre forment deux angles tels que chacun ait son sommet dans le plan de l'autre.*

480. Conséquences cinématiques des théorèmes précédents. — Soient S_1, S_2, ..., S_n n solides qui soient les éléments successifs d'une chaîne fermée de couples rotoïdes. Les mouvements $\left(\dfrac{S_2}{S_1}\right)$, ..., $\left(\dfrac{S_n}{S_{n-1}}\right)$, $\left(\dfrac{S_1}{S_n}\right)$ sont, à chaque instant, tangents à des rotations dont je désignerai les vecteurs glissants par (X_1, ω_1), ..., (X_{n-1}, ω_{n-1}), (X_n, ω_n). Les droites X_1, ..., X_n sont les axes des couples rotoïdes, et aucun des vecteurs libres ω_1, ..., ω_n n'est constamment nul, car si ω_i par exemple l'était, les solides S_i et S_{i+1} seraient invariablement liés et la chaîne ne contiendrait que $n-1$ éléments. Le mouvement $\left(\dfrac{S_n}{S_1}\right)$ résulte des mouvements $\left(\dfrac{S_2}{S_1}\right), \ldots, \left(\dfrac{S_n}{S_{n-1}}\right)$. On en conclut, en se reportant à l'interprétation cinématique de la théorie des torseurs, que le torseur

$$\mathfrak{G} = \sum_1^n (X_i,\ \omega_i)$$

est nul. Donc, en vertu des théorèmes du n° 479 :

En désignant par $X_1, X_2, \ldots, X_n$ *les axes de n couples rotoïdes formant une chaîne cinématique déformable fermée* ($n = 6, 5$ *ou* 4) :

1° *Si* $n = 6$, *les six axes appartiennent à chaque instant à un complexe linéaire* (*une condition*);

2° *Si* $n = 5$, *les cinq axes appartiennent à chaque instant à une congruence linéaire* (*deux conditions*);

3° *Si* $n = 4$, *les quatre axes appartiennent à chaque instant à une semi-quadrique* (*trois conditions*). *Cette semi-quadrique peut d'ailleurs dégénérer, et les quatre axes forment deux angles tels que chacun d'eux ait son sommet dans le plan de l'autre.*

Si donc on forme *au hasard* une chaîne fermée de six couples rotoïdes, par exemple, les axes n'appartiendront pas à un complexe linéaire, et la chaîne sera rigide. S'ils appartiennent à un complexe linéaire, la chaîne est susceptible d'une déformation infiniment petite, c'est-à-dire que, pratiquement, elle présente un certain *jeu*. Mais, en général, après cette déformation infiniment petite, la relation nécessaire entre les axes cesse de subsister, et la déformation ne peut se poursuivre.

Nous avons donc obtenu des conditions nécessaires, mais non pas les conditions suffisantes de déformabilité. La détermination de ces dernières est beaucoup plus difficile. Dans le cas de $n = 4$, une étude déjà trop minutieuse pour que je la reproduise ici fait reconnaître que la seule solution intéressante est donnée par le mécanisme de Bennett (n° 414).

481. Cas de $n = 6$. — Comme je l'ai dit, je ne connais aucun résultat intéressant relatif au cas de $n = 5$. Je passe donc à celui de $n = 6$.

1° On obtient une chaîne déformable de six couples rotoïdes par l'application de la méthode générale exposée au n° 274. Je refais le raisonnement pour le mécanisme qui nous intéresse actuellement.

Soient S_1, S_2, S_3 trois solides quelconques, D une droite quelconque, S'_1, S'_2, S'_3 les solides respectivement symétriques de S_1, S_2, S_3 par rapport à D. Tant qu'on n'introduit pas d'autre relation, la figure dépend de $2 \times 6 + 4 = 16$ paramètres de grandeur. Mais obligeons (S_1, S_2), (S_2, S_3) et (S_3, S'_1) à constituer trois couples rotoïdes. Nous imposons ainsi $3 \times 5 = 15$ conditions aux 16 paramètres. A cause de la symétrie supposée, (S'_1, S'_2), (S'_2, S'_3) et (S'_3, S_1) forment aussi des couples rotoïdes. On a donc formé une chaîne de la sorte cherchée, qui possède le premier degré de liberté.

2° On peut aussi partir de trois solides S_1, S_2, S_3 et d'un plan P. L'ensemble dépend de $2 \times 6 + 3 = 15$ paramètres de grandeur. Soient S'_1, S'_2, S'_3 les symétriques de S_1, S_2, S_3 par rapport à P. Astreignons (S_1, S_2) et (S_2, S_3) à former deux couples rotoïdes. Cela impose $2 \times 5 = 10$ conditions et (S'_1, S'_2), (S'_2, S'_3) sont aussi des couples rotoïdes. Astreignons ensuite S_1 et S'_1 à former un couple rotoïde. Pour cela il suffit d'astreindre le plan P à passer par deux points fixes par rapport à S_1, car alors ces deux points seront aussi fixes par rapport à S'_1. Cela ne donne que deux conditions. Astreindre enfin S_3 et S'_3 à former encore un couple rotoïde impose deux nouvelles conditions. S_1, S_2, S_3, S'_3, S'_2, S'_1, pris dans cet ordre, forment une chaîne fermée de couples rotoïdes, et cette chaîne est déformable, car on n'a imposé en tout que $10 + 2 + 2 = 14$ conditions à 15 paramètres.

3° Soient $Oxyz$ un trièdre quelconque et O' un point quelconque (*fig.* 290).

Projetons, par les droites $O'x'$, $O'y'$, $O'z'$ le point O' en A', B' et C' sur les faces du trièdre. Soit A le point où le plan $(O'B'C')$ rencontre Ox. Soient B et C les points analogues.

Désignons par a, b', c, a', b, c' les longueurs des côtés de l'hexagone gauche $BC'AB'CA'$, comme il est indiqué sur la figure. On a entre ces longueurs la relation

(1) $$a^2 + b^2 + c^2 = a'^2 + b'^2 + c'^2.$$

En effet le plan $(O'B'AC')$ est perpendiculaire à OA. On a donc

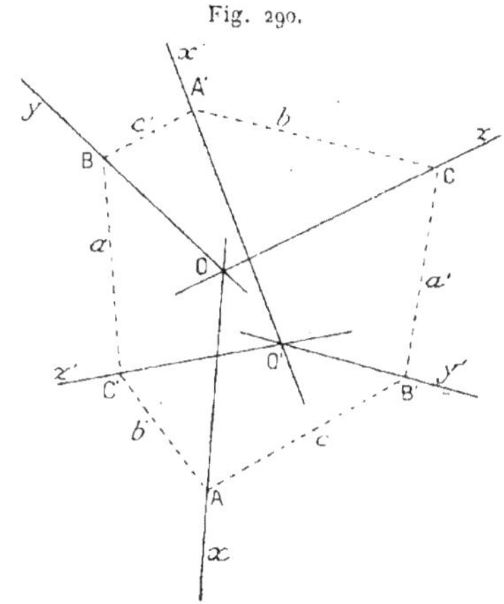

Fig. 290.

en OAB' et OAC' deux triangles rectangles qui donnent

$$\overline{OB'}^2 - c^2 = \overline{OC'}^2 - b'^2 \qquad \text{ou} \qquad c^2 - b'^2 = \overline{OB'}^2 - \overline{OC'}^2.$$

De même

$$a^2 - c'^2 = \overline{OC'}^2 - \overline{OA'}^2, \qquad b^2 - a'^2 = \overline{OA'}^2 - \overline{OB'}^2,$$

d'où, en ajoutant, la relation (1)

Supposons maintenant que a, b, c, a', b', c' satisfaisant à (1) soient des constantes. Alors la figure formée par les droites By, $C'z'$ et BC' est de grandeur constante, car By et $C'z'$ sont rectangulaires et leur perpendiculaire commune BC' est de longueur constante a. On peut donc parler du solide $(ByC'z')$, et de même des solides $(C'z'Ax)$, $(AxB'y')$, $(B'y'Cz)$, $(CzA'x')$ et $(A'x'By)$. Ces solides forment une chaîne fermée de six couples rotoïdes dont les axes sont Ax, $B'y'$, Cz, $A'x'$, By, $C'z'$. *Je dis que cette chaîne est déformable.* En effet, pour construire la figure, il faut se donner un trièdre, c'est-à-dire trois plans, et un point. Elle dépend donc de $4 \times 3 = 12$ paramètres, dont 6 sont des paramètres de grandeur. Si l'on assujettit cinq des côtés de l'hexagone AB'CA'BC' à rester de longueurs constantes; elle dépend encore d'un paramètre. Mais alors, en vertu de la relation (1), le sixième côté est aussi de longueur constante. Donc, etc.

On voit que, lorsque la chaîne se déforme, les axes des couples, pris de deux en deux, concourent en l'un ou l'autre des deux points O et O' (qui, bien entendu, ne sont pas fixes sur ces axes). Le complexe linéaire auquel ils doivent appartenir, en vertu de la théorie générale, est ici le complexe spécial de directrice OO'.

Le mécanisme obtenu serait peut-être susceptible de généralisation.

4° Enfin, si l'on assujettit *a priori* les axes des couples à former un hexagone gauche AB'CA'BC' (*fig.* 291), cet hexagone doit avoir

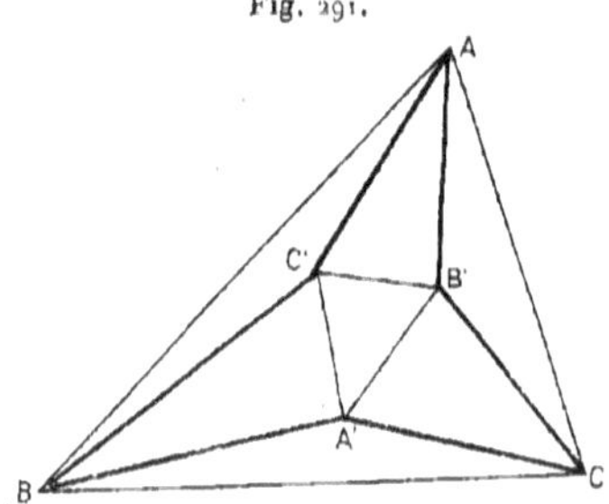

Fig. 291.

tous ses côtés et tous ses angles de grandeurs constantes, car trois sommets consécutifs appartiennent à un même solide. Si donc on mène les droites BC, CA, AB, B'C', C'A', A'B', les huit triangles de la figure sont tous de grandeurs constantes, et leur ensemble forme un octaèdre qui doit être déformable en conservant des faces invariables.

La recherche des conditions de déformabilité est un problème assez ardu dont la discussion complète ne saurait trouver place ici. Je me contenterai de dire qu'on trouve trois types d'*octaèdres articulés* :

1° *L'octaèdre ayant un axe de symétrie.* — On le construit en se donnant un triangle AB'C et une droite Δ quelconque. Les sommets A', B et C' sont les symétriques respectifs des sommets A, B' et C par rapport à Δ.

Cette solution rentre dans celle du n° 481, 1".

2° *L'octaèdre ayant un plan de symétrie.* — On se donne arbitrairement A, B', C, A', et l'on achève par symétrie par rapport à un plan quelconque passant par A et A'.

Cette solution rentre dans celle du n° 481, 2°

3° *Un octaèdre doublement aplatissable.* — Cette solution, bien moins immédiate que les deux précédentes, présente aussi beaucoup plus d'intérêt. On peut rattacher l'existence de l'octaèdre doublement aplatissable aux propriétés, remarquables en elles-mêmes, d'une certaine cubique gauche. C'est ce que je ferai dans la Note suivante.

Remarquons, avant de passer à ce sujet, qu'aucun octaèdre articulé ne peut être convexe. On sait en effet, par un théorème classique de Cauchy, qu'un polyèdre convexe dont les arêtes ont des longueurs données est toujours indéformable.

I. — LA CUBIQUE GAUCHE STROPHOÏDALE ET L'OCTAÈDRE ARTICULÉ DOUBLEMENT APLATISSABLE (¹).

482. Définition d'une strophoïdale. — J'appelle ainsi une cubique gauche Γ jouissant des deux propriétés suivantes :

1° *Elle rencontre l'ombilicale en deux points* I et I';
2° *Sa projection sur un plan* (II) *ayant pour droite impropre* II' *a son point double à tangentes rectangulaires.* Cette projection, contenant les points cycliques du plan (II), est donc une *strophoïde*, comme on sait. D'où le nom donné à la courbe Γ.

Il existe une corde unique de Γ, perpendiculaire au plan (II). Si les extrémités de cette corde viennent se confondre, la strophoïdale se réduit à sa projection sur (II), c'est-à-dire à une strophoïde.

Il faut trois conditions simples pour qu'une cubique gauche soit

---

(¹) Cette Note suppose chez le lecteur quelque connaissance des propriétés générales des cubiques gauches.

une strophoïdale. La strophoïdale la plus générale dépend donc de $12 - 3 = 9$ paramètres, dont *trois* seulement sont des paramètres de grandeur.

483. Involution fondamentale. — Soient α et β les extrémités de la corde de Γ, perpendiculaire au plan (H). *Les points* I *et* I′ *sont conjugués harmoniques sur* Γ *par rapport aux points* α *et* β.

Soient, en effet, αT et βU les tangentes à Γ en α et β. Les plans $(\alpha\beta T)$ et $(\alpha\beta U)$ sont rectangulaires par définition. Autrement dit, dans le faisceau de quatre plans $(\alpha\beta I)$, $(\alpha\beta I')$, $(\alpha\beta T)$, $(\alpha\beta U)$ les deux premiers sont conjugués harmoniques par rapport aux deux derniers. Mais le rapport anharmonique de ces quatre plans est égal à celui des points I, I′, α et β sur Γ. Donc, etc.

Il existe sur Γ une involution $\mathcal{I}$ dont α et β sont les points doubles. La plupart des propriétés de Γ se rattachent à cette involution. Je dirai que deux points de Γ qui se correspondent dans $\mathcal{I}$ sont *associés*.

Le théorème précédent apprend que I et I′ sont associés.

484. Propriétés diverses de Γ. — 1° Considérons deux points associés variables M et M′. La corde MM′ engendre, comme on sait, une quadrique qui, possédant une génératrice II′ à l'infini, est un paraboloïde (P). Je dirai que les cordes MM′ sont *les génératrices* (1) de (P). Les autres génératrices seront dites *génératrices* (2). Chacune de ces dernières ne rencontre Γ qu'en un seul point.

Soient alors S un point quelconque de Γ, SX la génératrice (2) de (P) qui passe en ce point. Je vais montrer que SX *est un axe du cône du second ordre* (S) *qui a son sommet en* S *et qui contient* Γ.

Considérons en effet (*fig.* 292) la trace T du cône (S) sur un plan (H) perpendiculaire à $\alpha\beta$. T contient les points cycliques I et I′ du plan (H). C'est donc un cercle. Menons Sα et Sβ et soient α_0 et β_0 les traces de ces droites sur (H). Les points I et I′ doivent être conjugués, sur le cercle T, dans une involution $\mathcal{I}_0$ qui a pour points doubles α_0 et β_0. Autrement dit, les tangentes à T en α_0 et en β_0 se coupent sur la droite impropre II′ du plan (H). Donc α_0 et β_0 *sont diamétralement opposés sur* T.

Cela posé, soient M et M′ deux points associés de Γ. SM et SM′ ont pour traces les points M_0 et M_0' qui sont conjugués dans $\mathcal{I}_0$. Donc $M_0 M_0'$ est perpendiculaire à $\alpha_0\beta_0$. Par conséquent tous les plans tels que (SMM') contiennent la droite SX, menée par le point S perpendiculairement au plan (S$\alpha\beta$). Toutes les cordes MM' rencontrent SX. qui est par conséquent la génératrice (2) de (P), issue de S.

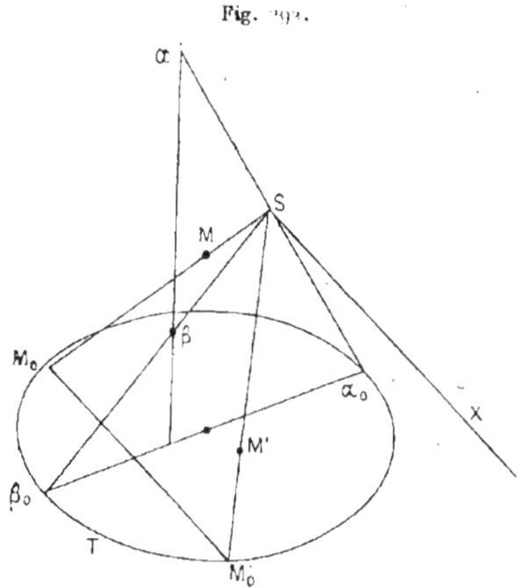

Fig. 392.

Mais le plan (S$\alpha\beta$) est un plan principal du cône (S). Donc SX est un axe de ce cône.   C. Q. F. D.

2° *M et M' étant deux points associés, les droites SM et SM' qui les joignent à un point quelconque S de* Γ *sont symétriques par rapport au plan* (S$\alpha\beta$).

Cela résulte immédiatement du 1°.

3° Soient (M, M') et (N, N') deux couples de points associés, S un point quelconque de Γ. Les angles $\widehat{MSM'}$, $\widehat{NSN'}$ ont une bissectrice commune, à savoir la droite SX. Donc, *les angles* $\widehat{MSN}$, $\widehat{M'SN'}$ *sont égaux ou supplémentaires, et, de même, les angles* $\widehat{M'SN}$, $\widehat{MSN'}$.

On peut préciser la dernière partie de l'énoncé.

Remarquons à cet effet que Γ, ayant deux asymptotes imaginaires, n'a qu'une seule branche réelle, et que (M, M') et (N, N'), formant sur Γ deux couples de points conjugués harmoniques par rapport aux points *réels* α et β, se succèdent nécessairement dans un ordre tel que les arcs MM' et NN' n'aient aucune partie commune, ou bien que l'un deux soit entièrement contenu dans l'autre. On peut supposer les notations tellement choisies que l'ordre dans lequel se succèdent les quatre points dont il s'agit soit l'un des deux suivants :

$$M, N, N', M' \quad \text{ou} \quad M, M', N, N'.$$

Considérons par exemple la première hypothèse. Si le point S est très éloigné sur Γ, les angles $\widehat{MSN}$ et $\widehat{M'SN'}$ sont tous les deux très petits. Ils sont donc égaux. Ils restent tels, par raison de continuité, jusqu'à ce que le point S franchisse le point M pour entrer dans l'arc MN. Alors $\widehat{MSN}$ passe d'une valeur à la valeur supplémentaire, tandis que $\widehat{M'SN'}$ varie toujours d'une manière continue. On a donc, tant que le point S reste sur l'arc MN,

$$\widehat{MSN} = \pi - \widehat{M'SN'}.$$

et ainsi de suite. On raisonnera de même dans la seconde hypothèse, et l'on trouve sans peine que l'énoncé suivant s'applique à tous les cas :

Les angles $\widehat{MSN}$ et $\widehat{M'SN'}$ sont égaux si le point S appartient à la fois aux arcs MM' et NN' ou s'il n'est sur aucun de ces arcs. Ces mêmes angles sont supplémentaires si le point S est sur un seul des arcs MM' et NN'.

4° Outre les points I et I', Γ possède un point à l'infini réel σ'. Soit σ le point associé.

Le cône (Σ) qui a pour sommet le point σ et qui contient Γ est de révolution. Son axe est parallèle à $\alpha\beta$.

Joignons en effet (*fig.* 293) chacun des points α et β aux points σ et σ'. Les droites $\alpha\sigma$ et $\alpha\sigma'$ sont également inclinées sur $\alpha\beta$ (2°); de même $\beta\sigma$ et $\beta\sigma'$. Mais $\alpha\sigma'$ et $\beta\sigma'$ sont parallèles. Le triangle $\sigma\alpha\beta$ est donc isocèle ($\sigma\alpha = \sigma\beta$). Si donc on construit de nouveau la figure 292, en y remplaçant le point S par le point σ, on reconnaît que le triangle $\sigma\alpha_0\beta_0$ est isocèle aussi ($\sigma\alpha_0 = \sigma\beta_0$), et que par conséquent le point σ se projette sur le plan (II) au centre du cercle Γ. Le cône (Σ) est donc bien de révolution, et son axe est parallèle à $\alpha\beta$.

C. Q. F. D.

Tous les cônes qui ont leurs sommets sur Γ et qui contiennent cette courbe ont, comme on l'a vu, une direction de plans cycliques

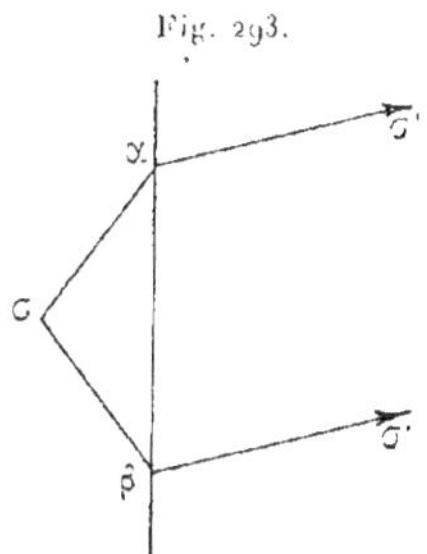

Fig. 293.

perpendiculaire à $\alpha\beta$. On est donc conduit à la nouvelle définition que voici des strophoïdales :

Une telle cubique est l'intersection partielle d'un cône de révo-

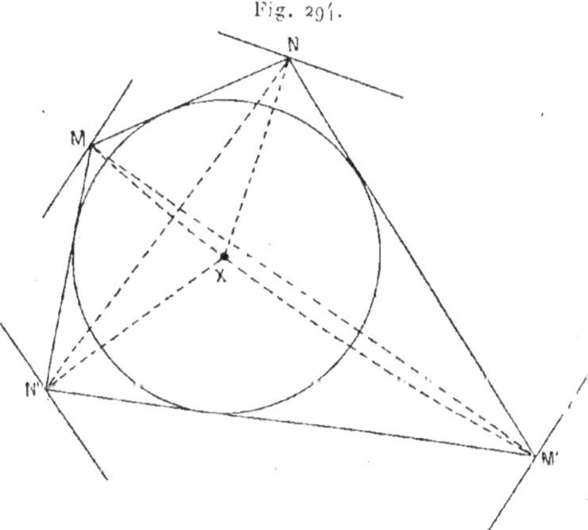

Fig. 294.

lution et d'un cône du second ordre ayant une direction de plans cycliques perpendiculaire à l'axe du premier cône, les deux cônes ayant d'ailleurs une génératrice commune.

Si le sommet du cône de révolution est rejeté à l'infini (ce qui

21.

exige que l'un des points α et β le soit aussi), la strophoïdale devient la courbe connue sous le nom de *cercle cubique* (¹).

5° Soient (M, M'), (N, N') deux couples de points associés (*fig.* 294). *Le quadrilatère MNM'N' est tracé sur un hyperboloïde de révolution ayant pour axe* $\alpha\beta$.

En effet, soit (H) l'hyperboloïde de révolution qui a pour axe $\alpha\beta$ et qui contient la droite MN. Les droites MN et MN' étant symétriques par rapport au plan (M$\alpha\beta$), MN' est la seconde génératrice de (H) passant par le point M. On voit de même successivement que N'M' et M'N appartiennent à (H).

6° En rapprochant ce résultat de ce qui précède, on a l'énoncé suivant :

Soit donné un quadrilatère MNM'N' tracé sur un hyperboloïde de révolution (H) : *Le lieu des points* S *tels que les angles* $\widehat{MSM'}$, $\widehat{NSN'}$ *aient une bissectrice commune comprend une strophoïdale* Γ *qui passe par les points* M, N, M', N' (²).

(¹) Schœnflies, *Géométrie du mouvement*, p. 119-122 de la traduction française.

(²) Si le quadrilatère MNM'N' n'est astreint à aucune condition, le lieu est une courbe du huitième ordre ayant un point double en chacun des points M, N, M', N'. En effet menons par MM' un plan quelconque (P) et cherchons les points du lieu qui lui appartiennent. Soit I le point où (P) rencontre NN'. Si S est un point du lieu, appartenant au plan (P), la bissectrice commune des angles $\widehat{MSM'}$, $\widehat{MSN'}$ est nécessairement SI. Or le lieu des points S du plan (P) tels que SI soit bissectrice de l'angle $\widehat{NSN'}$ est le lieu des points S tels qu'on ait

$$\frac{SN}{SN'} = \frac{IN}{IN'}.$$

C'est donc l'intersection du plan (P) et d'une sphère, c'est-à-dire un cercle. Le lieu des points du même plan tels que SI soit bissectrice de l'angle $\widehat{MSM'}$ est (je suppose cela connu) une strophoïde. Le cercle et la strophoïde se coupent en six points, dont deux sont les points cycliques de (P). *Donc le lieu cherché a quatre points dans le plan* (P), sans compter éventuellement les points M et M'.

Or on obtient un point du lieu en M, quand on fait passer le plan (P) par l'une ou l'autre des bissectrices de l'angle $\widehat{NMN'}$. Donc M est un point double du lieu, et de même M'. Le plan (P) rencontre ce lieu en $4 + 2 + 2 = 8$ points. On trouve donc bien une courbe du huitième ordre, avec des points doubles en M, M' et naturellement aussi en N, N'.

Dans le cas du texte, cette courbe se décompose en une strophoïdale et une courbe du cinquième ordre qu'il serait peut-être intéressant d'étudier.

Cela n'est pas encore démontré en toute rigueur, car on pourrait craindre que le quadrilatère $MNM'N'$, ayant pour sommets deux couples de points associés d'une strophoïdale, ne possédât quelque autre propriété que d'être tracé sur un hyperboloïde de révolution. Il faut donc établir directement le théorème énoncé.

Soit X l'axe de (H). Effectuons une projection orthogonale sur le plan équatorial (II) de (H), plan supposé horizontal pour simplifier le langage.

Le quadrilatère $MNM'N'$ est circonscrit, en projection, au cercle de gorge de (H).

Menons dans l'espace les tangentes en M, M', N, N' aux parallèles de (H) qui passent par ces points. Les quatre droites obtenues sont celles des bissectrices des angles $\widehat{M}$, $\widehat{M'}$, $\widehat{N}$, $\widehat{N'}$ qui ne rencontrent pas X. *Elles appartiennent à un même paraboloïde* (P). En effet toutes sont parallèles à (II) et toutes rencontrent les deux droites de l'espace MM', NN'.

Menons les perpendiculaires communes à X et aux génératrices horizontales de P. Le lieu de leurs pieds sur ces génératrices est une cubique gauche Γ (car un plan passant par X ne contient qu'un point du lieu n'appartenant pas à X, et l'on reconnaît aisément qu'il y a deux points du lieu sur X). *Je dis que Γ est une strophoïdale.*

En effet, on reconnaît tout d'abord que Γ contient les points cycliques du plan (II) : ce sont les points qui correspondent aux génératrices horizontales isotropes de (P). En second lieu, les points α et β de Γ qui sont sur X sont les points où cette droite rencontre le paraboloïde. Les plans menés par X et les tangentes à Γ aux points α et β sont perpendiculaires aux génératrices horizontales D et D' de (P) qui passent en ces points. Montrons que D et D' *sont rectangulaires.*

En effet MM' et NN' sont conjuguées par rapport à (II), puisque chacune de ces droites est l'intersection des plans tangents à (II) aux points où l'autre droite le rencontre. La droite D rencontre MM', NN', X et la droite impropre du plan (II). Sa conjuguée par rapport à (II) rencontre les conjuguées des droites précédentes, c'est-à-dire NN', MM', la droite impropre de (II) et X. Ce ne peut donc être que D'. Donc D' contient le pôle du plan (D, X) par rapport à (II), pôle qui est rejeté à l'infini dans la direction perpendiculaire à D. D et D' sont donc bien rectangulaires.

Il résulte de là que les plans menés par X et les tangentes à Γ en α et β sont rectangulaires. Γ a donc tous les caractères d'une strophoïdale. (M, M') et (N, N') sont, sur cette courbe, deux couples de points associés, puisque MM' et NN' sont deux génératrices non horizontales du paraboloïde (P), et que l'involution déterminée sur Γ par les génératrices de cette sorte a visiblement pour points doubles α et β. Il est donc vérifié que S étant un point quelconque de Γ, les angles $\widehat{\text{MSM}'}$ et $\widehat{\text{NSN}'}$ ont une bissectrice commune.

485. Lemme. — *Soit* ABCD *un quadrilatère tracé sur un hyperboloïde de révolution dont on supposera l'axe vertical, par exemple. Si l'on oriente toutes les génératrices de bas en haut, ce qui permet de donner des signes aux longueurs des côtés du quadrilatère, on a la relation*

$$(1) \qquad \mathrm{AB} + \mathrm{BC} + \mathrm{CD} + \mathrm{DA} = 0.$$

Réciproquement, si la relation (1) *est vérifiée par les longueurs, prises avec leurs signes, des côtés convenablement orientés d'un quadrilatère, ce quadrilatère est tracé sur un hyperboloïde de révolution.*

La démonstration du théorème direct est immédiate : il suffit de projeter sur l'axe de l'hyperboloïde. J'établirai la réciproque en étendant à l'espace la démonstration donnée au n° 457.

La relation (1) étant supposée satisfaite, on peut trouver d'une infinité de manières des longueurs x, y, z, t telles que l'on ait

$$\mathrm{AB} = x - y, \qquad \mathrm{BC} = y - z, \qquad \mathrm{CD} = z - t, \qquad \mathrm{DA} = t - x.$$

Marquons (*fig.* 295) sur les côtés du quadrilatère les points M, N, P, Q, tels qu'on ait

$$(2) \qquad \mathrm{AM} = x, \qquad \mathrm{BN} = y, \qquad \mathrm{CP} = z, \qquad \mathrm{DQ} = t.$$

Comme on a $\mathrm{AQ} = \mathrm{AD} + \mathrm{DQ}$ et des relations analogues, on peut aussi écrire

$$(3) \qquad \mathrm{AQ} = x, \qquad \mathrm{BM} = y, \qquad \mathrm{CN} = z, \qquad \mathrm{DP} = t.$$

Soient maintenant (α) et (α') les deux plans bissecteurs de l'angle $\widehat{\mathrm{A}}$.

Appelons (α) celui des deux par rapport auquel sont symétriques les côtés AB et AD, orientés de la manière qui a permis d'écrire (1).

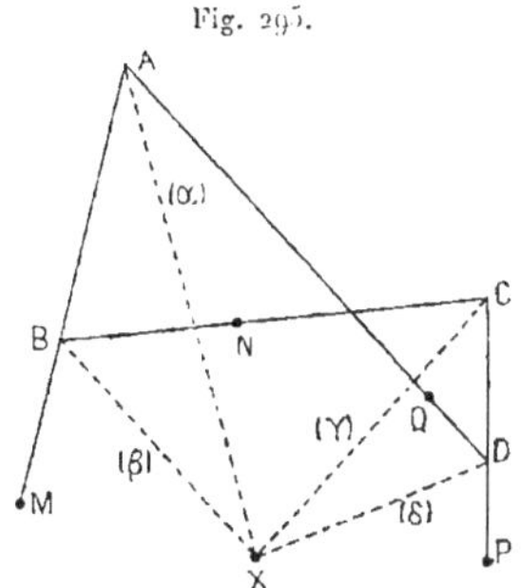

Fig. 295.

Soient (β), (γ), (δ) les plans analogues. Considérons le produit de symétries planes

$$S(\alpha)\,S(\beta)\,S(\gamma)\,S(\delta).$$

Les relations (2) et (3) montrent que les points Q et M sont symétriques par rapport à (α), les points M et N par rapport à (β), N et P par rapport à (γ), P et Q par rapport à (δ). Donc le produit considéré laisse immobile le point Q. Comme ce point est indéterminé sur AD, le produit est une rotation d'axe AD, à moins qu'il ne laisse immobile tous les points de l'espace. On a donc, soit

$$(4) \qquad S(\alpha)\,S(\beta)\,S(\gamma)\,S(\delta) = R(AD, \theta),$$

θ étant un angle non nul, soit

$$(5) \qquad S(\alpha)\,S(\beta)\,S(\gamma)\,S(\delta) = 1.$$

Le produit $S(\alpha)\,S(\beta)$ est une rotation R_1 dont l'axe est la droite $[(\alpha), (\beta)]$. Le produit $S(\gamma)\,S(\delta)$ est une rotation R_2 dont l'axe est $[(\gamma), (\delta)]$. On a donc, suivant le cas,

$$(6) \qquad R_1 R_2 = R(AD, \theta)$$

ou

$$(7) \qquad R_1 R_2 = 1.$$

Si (6) a lieu, les axes de R_1 et de R_2 doivent se rencontrer sur AD, ce qui revient à dire que les quatre plans (α), (β), (γ), (δ) ont un point commun appartenant à AD. Un raisonnement semblable montre qu'ils devraient aussi avoir un point commun sur chacun des autres côtés du quadrilatère, et cela ne peut avoir lieu que dans des cas de dégénérescence que j'exclus. On a donc $R_1 R_2 = 1$. Par conséquent les droites $[(\alpha), (\beta)]$ et $[(\gamma), (\delta)]$ coïncident, autrement dit les quatre plans (α), (β), (γ), (δ) ont une droite commune X. Cela établi, on reconnaît immédiatement que l'hyperboloïde (H) d'axe X contenant AB contient aussi BC, CD et DA.

486. Octaèdre articulé. — Revenons à la strophoïdale Γ et considérons sur cette courbe trois couples de points associés (M, M'), (N, N'), (P, P') (*fig.* 296). Joignons-les deux à deux en évitant de

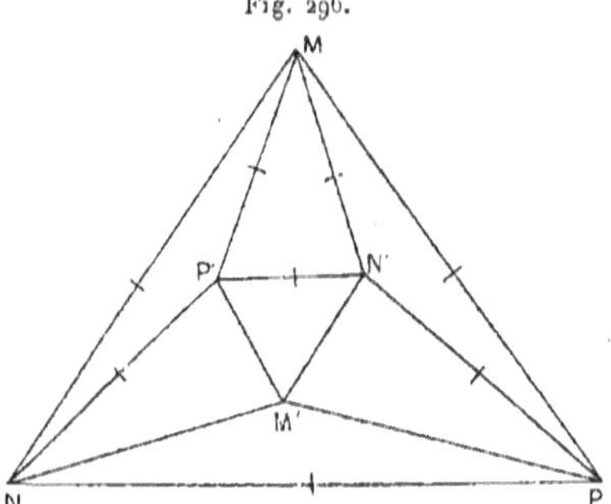

Fig. 296.

joindre les points d'un même couple. On forme ainsi un octaèdre à faces triangulaires.

Imaginons que les arêtes MN, MP, MN', MP', NP, PN', N'P', P'N, marquées sur la figure d'un petit trait transversal, soient réalisées par des tiges rigides, articulées en leurs points de rencontre. Les quatre triangles MNP, MPN', MN'P', MP'N sont de grandeurs invariables et leur ensemble forme un angle tétraèdre déformable.

Le quadrilatère NPN'P' étant tracé sur un hyperboloïde de révolution (n° 434, 5°), on a (n° 485), en orientant convenablement les côtés de ce quadrilatère,

$$(1) \qquad\qquad NP + PN' + N'P' + P'N = 0.$$

Déformons d'une manière *continue* l'angle tétraèdre $M.NPN'P'$. La relation (1) étant constamment vérifiée, le quadrilatère $NPN'P'$ ne cesse pas d'être tracé sur un hyperboloïde de révolution. D'autre part on a toujours

$$\widehat{NMP} = \widehat{N'MP'} \quad \text{ou} \quad \pi - \widehat{N'MP'}$$

et

$$\widehat{NMP'} = \widehat{N'MP} \quad \text{ou} \quad \pi - \widehat{N'MP},$$

c'est-à-dire que les angles $\widehat{NMN'}$ et $\widehat{PMP'}$ ont toujours une bissectrice commune, et par conséquent le point M appartient toujours à la strophoïdale Γ, lieu partiel des points satisfaisant à cette condition (il ne peut appartenir à la courbe qui complète le lieu avec la strophoïdale, parce qu'il était à l'origine sur cette dernière et que l'on suppose la déformation continue).

Cela posé, construisons à un instant quelconque le point M', associé de M sur Γ. On a

$$\widehat{P'NM'} = \widehat{PNM} \quad \text{ou} \quad \pi - \widehat{PNM},$$

et, toujours à cause de la continuité, la relation à choisir est celle qui est vérifiée à l'origine.

Donc l'angle $\widehat{P'NM'}$ est constant pendant la déformation. On reconnaît qu'il en est de même pour tous les angles des quatre triangles, faces de l'angle tétraèdre $M'.NPN'P'$. Ces quatre triangles, ayant déjà chacun un côté de longueur constante, sont par conséquent de grandeurs invariables, et il est établi que *l'octaèdre considéré est déformable avec conservation de ses faces.*

487. Double aplatissement. — L'octaèdre prend un aspect remarquable quand l'un de ses dièdres, MN par exemple, devient égal à 0 ou à π. On voit immédiatement que tous les autres dièdres prennent en même temps l'une ou l'autre de ces deux valeurs. Comme cela peut arriver de deux manières, *l'octaèdre a deux formes aplaties.*

Pour l'une quelconque de ces formes, tous les hyperboloïdes tels que (II) s'aplatissent et leurs génératrices deviennent pour chacun d'eux les tangentes d'un cercle. Tous les cercles ainsi obtenus sont concentriques. Donc, dans l'octaèdre aplati, les trois quadrilatères

MNM'N', MPM'P', N₁PN'P' sont circonscrits respectivement à trois cercles concentriques.

Un octaèdre articulé non aplati est défini, comme on l'a vu, par la donnée d'un quadrilatère MNM'N' assujetti à la seule condition d'être tracé sur un hyperboloïde de révolution et par celle du couple de points associés (P, P') de la strophoïdale Γ correspondante, ce couple dépendant d'un paramètre. Pour définir un octaèdre aplati, on se donnera d'abord un quadrilatère circonscriptible quelconque MNM'N'. Le couple (P, P') est alors assujetti à la condition que le quadrilatère MPM'P' soit circonscriptible à un cercle concentrique à celui qui est inscrit dans le quadrilatère MNM'N'. On peut se donner arbitrairement le rayon de ce cercle. La construction à laquelle on aboutit revient à celle-ci :

Se donner deux cercles concentriques quelconques G₁ *et* G₂ *(fig. 297) et un couple de points quelconques* M *et* M'. *Construire*

Fig. 297.

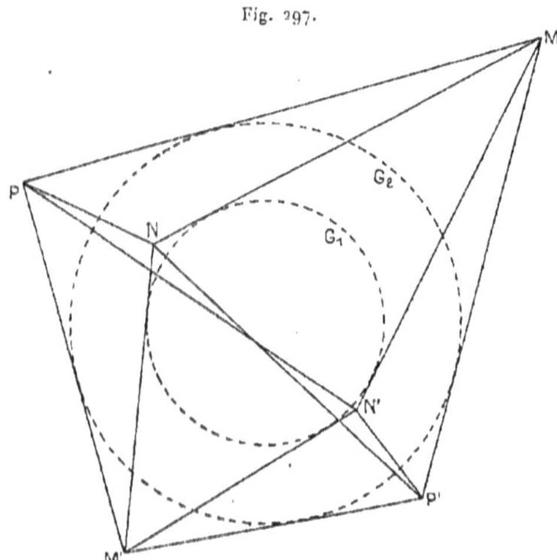

les points N, N', P, P' *tels que le quadrilatère* MNM'N' *soit circonscrit à* G₁ *et le quadrilatère* MPM'P' *circonscrit à* G₂. *Les points* M, M', N, N', P, P' *sont les sommets d'un octaèdre articulé aplati, construit de la manière la plus générale.*

Le quadrilatère NPN′P′ se trouve être circonscriptible à un cercle G_3 concentrique à G_1 et G_2.

On voit que la figure dépend de cinq paramètres de grandeur.

488. Construction d'un modèle. — Pour construire un modèle de l'octaèdre articulé, il suffit de découper dans du carton mince (*bristol*) les faces de l'octaèdre représenté (*fig.* 297) et de les assembler par des charnières de papier gommé.

Comme, au cours de la déformation, les faces s'entre-croisent, il en est deux qui ne doivent être réalisées que par leur contour. On peut éprouver quelque difficulté à reconnaître celles qu'il faut choisir, de même qu'à disposer convenablement les charnières : on doit prévoir pour cela le côté vers lequel sera tournée la concavité de chaque dièdre, quand on déforme l'octaèdre à partir de sa forme aplatie.

Un cas particulier simple s'obtient de la façon suivante : imaginons que le centre commun des cercles G_1 et G_2 s'éloigne à l'infini, les rayons des deux cercles tendant eux-mêmes vers l'infini, et cela de telle manière que les deux cercles restent inscrits à deux angles fixes de même sommet. Ces deux angles doivent naturellement avoir la même bissectrice. Alors les quadrilatères MNM′N′, MPM′P′, NPN′P′ deviennent des parallélogrammes, et l'on aboutit à la construction suivante :

Tracer un parallélogramme MNM′N′ (*fig.* 298). *Marquer un*

Fig. 298.

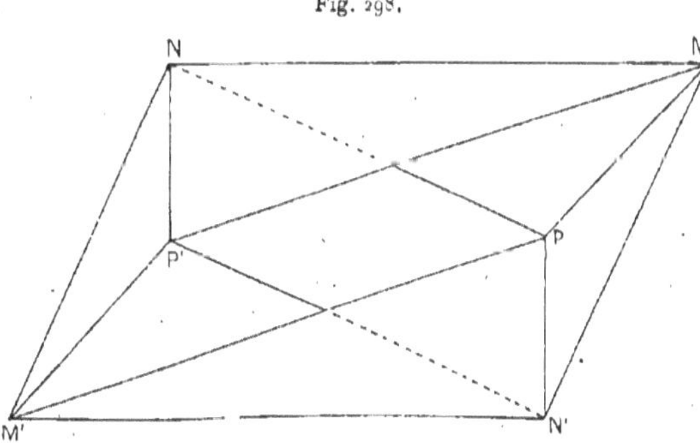

point P *tel que les angles* $\widehat{\text{MNP}}$, $\widehat{\text{PN′M}}$ *soient égaux. Compléter le parallélogramme* MPM′P′ *et joindre les points comme l'indique la figure.*

Pour construire le modèle, on laissera vides les faces NPM′, N′P′M et l'on superposera les autres faces de manière que NP passe au-dessous de MP′ et N′P′ au-dessous de M′P. Les charnières seront disposées en tenant compte que, lorsque l'octaèdre se déforme à partir de la forme actuelle, les dièdres $\widehat{MN}$ et $\widehat{M'N'}$, actuellement nuls, s'ouvrent, et que les dièdres $\widehat{MP}$, $\widehat{N'P}$, $\widehat{NP'}$, $\widehat{M'P'}$, actuellement égaux à π, se ferment de manière à présenter leur convexité à l'observateur.

La déformation peut être matériellement poursuivie jusqu'à ce que les dièdres actuellement égaux à o ou à π aient échangé leurs valeurs. La face MP′N′ étant supposée fixe, les points N, M′, P viennent occuper les positions symétriques de leurs positions initiales respectivement par rapport à MP′, P′N′, N′M.

489. Autres propriétés. — L'octaèdre articulé doublement aplatissable possède encore diverses propriétés géométriques. Je citerai celle-ci : *on peut, sans gêner la déformation de l'octaèdre, relier un point par des tiges rigides à douze points choisis convenablement sur ses arêtes (un point sur chaque arête), et cela d'une infinité de manières.*

J. — UN MÉCANISME AU SECOND DEGRÉ DE LIBERTÉ.

490. Deuxième mécanisme de M. G. T. Bennett. — M. G. T. Bennett a fait connaître un mécanisme, combinaison de six isogrammes, qui possède le deuxième degré de liberté.

Pour le construire, donnons-nous (*fig.* 299) dans le plan un triangle ABC et une droite X quelconques. Soit $\alpha\beta\gamma$ le triangle symétrique de ABC par rapport à X.

On peut construire un tétraèdre ABCD tel que l'on ait

$$DA = B\gamma = C\beta,$$
$$DB = C\alpha = A\gamma,$$
$$DC = A\beta = B\alpha.$$

On a les couples de triangles égaux

$$\alpha BC \quad \text{et} \quad DCB,$$
$$\beta CA \quad \text{et} \quad DAC,$$
$$\gamma AB \quad \text{et} \quad DBA.$$

Fig. 299.

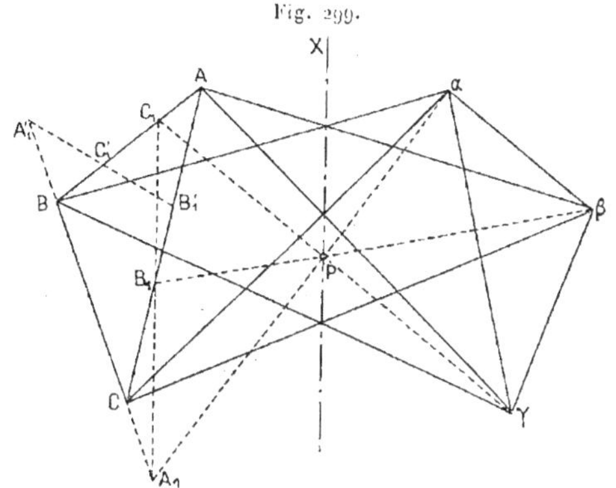

Marquons maintenant un point P sur X. Désignons par A', B', C', D' quatre points appartenant respectivement aux faces BCD, CAD, ABD, ABC du tétraèdre, tels que :

A'   soit ce que devient P quand on superpose αBC à DCB ;
B'   » βCA à DAC ;
C'   » γAB à DBA ;
D'   coïncide avec P.

On a les relations

$$(1) \quad \begin{cases} A'D = B'C = C'B = D'A = P\alpha = PA = l, \\ B'D = C'A = A'C = D'B = P\beta = PB = m, \\ C'D = A'B = B'A = D'C = P\gamma = PC = n, \end{cases}$$

en sorte que les six quadrilatères gauches

$$BC'AD', \quad BC'DA', \quad CA'BD', \quad CA'DB', \quad AB'CD', \quad AB'DC'$$

sont des isogrammes.

La figure 300 représente le schéma des six isogrammes. Leurs dispositions relatives sont celles des faces d'un hexaèdre à faces quadrangulaires.

Les points A′, B′, C′, D′ sont, par définition, dans les faces du

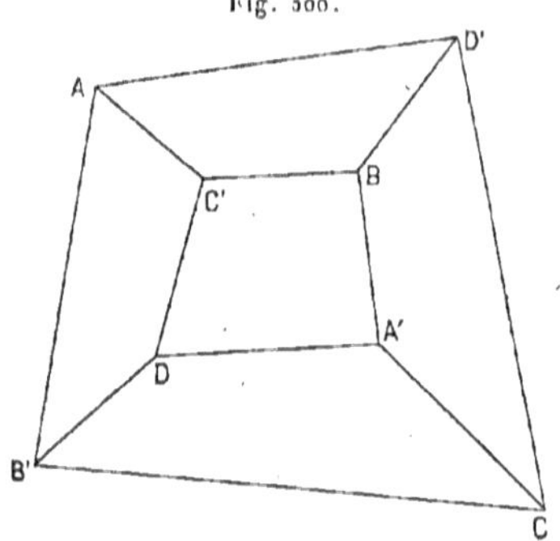

Fig. 3oo.

tétraèdre ABCD. Je dis que, de même, *les points* A, B, C, D *sont dans les faces du tétraèdre* A′B′C′D′.

Il faut montrer, par exemple, que les trois droites DA′, DB′, DC′ sont dans un même plan. Or soient A′₁, B′₁, C′₁ les traces respectives de ces droites sur le plan ABC, c'est-à-dire les points où elles rencontrent respectivement BC, CA, AB. Soient d'autre part A₁, B₁, C₁ le point où Pα rencontre BC et les points analogues. Les points A₁ et A′₁ sont homologues dans les deux triangles égaux DCB et αBC. Ils sont donc symétriques par rapport au milieu de BC, de même B₁ et B′₁ par rapport au milieu de CA et C₁ et C′₁ par rapport au milieu de AB.

Or les droites Pα, Pβ, Pγ sont symétriques respectivement de PA, PB et PC par rapport à X. (Pα, PA), (Pβ, PB) et (Pγ, PC) sont donc trois couples de rayons conjugués dans deux faisceaux en involution de sommet P. Par conséquent les points (Pα, BC) ou A₁, (Pβ, CA) ou B₁, (Pγ, AB) ou C₁ sont en ligne droite [1].

---

[1] C'est la réciproque du théorème bien connu : *Si l'on joint un point* P *aux sommets d'un triangle* ABC *et à trois points en ligne droite* A₁, B₁, C₁, *appartenant respectivement aux côtés* BC, CA, AB, (PA₁, PA), (PB₁, PB), (PC₁, PC) *sont trois couples de rayons conjugués dans deux faisceaux en involution de sommet* P (théorème corrélatif de celui de Desargues

Donc A'_1, B'_1, C'_1, symétriques respectifs de A_1, B_1, C_1 par rapport aux points milieux des côtés du triangle ABC, sont aussi en ligne droite (théorème connu). Les droites DA'_1 ou DA', DB'_1 ou DB', DC'_1 ou DC' sont dans un même plan.   C. Q. F. D.

Une démonstration semblable s'applique aux points A, B et C.

Ainsi les deux tétraèdres ABCD et $A'B'C'D'$ sont chacun inscrit et circonscrit à l'autre. Ils forment donc un couple de *tétraèdres de Möbius* (t. 1, p. 105).

Observons maintenant que la figure formée par le triangle ABC, la droite X et le point P dépend de neuf paramètres, dont six sont des paramètres de grandeur. Si l'on assujettit les trois longueurs l, m, n qui figurent dans les relations (1) à avoir des valeurs données, elle dépend encore de trois paramètres de grandeur, c'est-à-dire que le système d'isogrammes de la figure 300, où tous les segments tracés ont des longueurs données, possède le troisième degré de liberté. La liberté sera encore du second degré, si un dièdre quelconque d'un isogramme, par exemple le dièdre $\widehat{AD'}$ de l'isogramme $AC'BD'$ est astreint à rester de grandeur constante. Mais alors les autres dièdres du même isogramme conservent aussi des grandeurs constantes (n° 414). En outre, puisque AD', AC' et AB' sont dans un même plan, et de même $D'A$, $D'B$ et $D'C$, le dièdre $\widehat{AD'}$ de l'isogramme $AD'CB'$ est égal au dièdre précédent ou bien au dièdre supplémentaire. Il est donc constant aussi. En poursuivant ce raisonnement, on reconnaît que *les dièdres des six isogrammes restent tous de grandeur constante* au cours de la déformation de la figure, déformation qui, je le répète, est à deux paramètres.

En chacun des huit sommets de la figure on peut élever une perpendiculaire au plan des trois arêtes qui y aboutissent. Soient Z_a, Z_b, ... ces perpendiculaires. Les droites Z_a, Z_b définissent un solide (AB') et il y a douze solides analogues. Ils sont les éléments d'un système articulé ayant le deuxième degré de liberté. Les couples rotoïdes, au nombre de 24, formés par ces éléments, ont leurs axes confondus trois à trois. Par exemple Z_a est l'axe commun des couples $[(AB')$, $(AC')]$, $[(AB')$, $(AD')]$ et $[(AC')$, $(AD')]$.

En particulier, les solides (AB'), $(B'C)$, (CA'), $(A'B)$, (BC'), $(C'A)$ forment une chaîne fermée de six couples rotoïdes, ayant le deuxième degré de liberté. Il serait intéressant de rechercher toutes les chaînes de même nature.

K. — SUR LA THÉORIE DU PLANIMÈTRE D'AMSLER.

491. Formule fondamentale de la théorie des planimètres. — Au n° 433, j'ai signalé le défaut de la démonstration courante que j'ai reproduite. Pour établir correctement la formule (1), il faut faire intervenir les lois du frottement, ainsi que l'a montré M. H. Béghin [1].

Considérons une roulette folle sur son axe X, supposé horizontal. Elle repose sur un plan P également horizontal. Soit M le point de contact (*fig.* 252). En agissant sur l'axe de la roulette, donnons-lui un mouvement *très lent*.

Les forces qui agissent sur la roulette sont l'action de son axe, la pesanteur, détruite par la réaction normale du plan P, et enfin la force de frottement F qui s'exerce au point M. Si l'on néglige le frottement de la roulette sur son axe, toutes ces forces ont des moments nuls par rapport à X, sauf peut-être la force F.

Soient I le moment d'inertie de la roulette, ω la vitesse angulaire de la rotation. En appliquant le théorème du moment cinétique, on a l'équation

$$I \frac{d\omega}{dt} = \text{moment de F par rapport à X.}$$

Or on a supposé le mouvement très lent; ω est donc très petit et $\frac{d\omega}{dt}$ aussi. Supposons encore que la valeur de I soit faible. Alors on a sensiblement

$$\text{moment de F par rapport à X} = 0.$$

Par conséquent F, qui est dans le plan P, est parallèle à X. Mais, d'après une des lois du frottement rappelées au n° 422, la force F doit être dirigée suivant la vitesse du point M. Donc le mouvement de la roulette est tel que le vecteur vitesse de son point de contact soit parallèle à X.

Or ce vecteur vitesse est la somme de celui du centre de la roulette et de celui du point M tournant autour de X avec la vitesse angu-

---

[1] *Bulletin de l'Élève Ingénieur*, avril 1925, p. 269.

laire ω. En reprenant les notations du n° 433, on conclut de là l'égalité

$$\frac{ds}{dt}\sin\theta - \mathrm{R}\frac{d\varphi}{dt} = 0,$$

ce qui est bien la formule à démontrer.

On voit que cette formule n'est qu'approchée. Elle l'est d'autant plus que le mouvement de la roulette est plus lent. L'accord excellent de l'expérience avec la théorie du planimètre (n° 438) montre que l'écart est insignifiant dans la pratique.

Remarquons aussi que cet accord vérifie la loi de frottement sur laquelle s'appuie la démonstration de M. Béghin (à qui je dois encore cette remarque).

Une démonstration rigoureuse du *Théorème de la bicyclette* (n° 437) doit naturellement faire intervenir les mêmes considérations.

L. — SUR LE MOUVEMENT PLAN
(ADDITION AU TOME I).

492. **Théorème relatif aux aires des trajectoires.** — Aux propriétés du mouvement plan, qui ont fait l'objet des Chapitres VIII et XII du Tome I, on peut ajouter un théorème important relatif aux aires des trajectoires.

Appelons *mouvement fermé* un mouvement qui ramène la figure mobile à sa position initiale.

Soient P_0 un plan fixe, P un plan glissant sur P_0. Si le mouvement de P est fermé, la trajectoire de tout point M de ce plan est une courbe fermée limitant une aire (M), définie dans le cas le plus général comme on l'a vu au n° 434.

Cherchons quel est, dans le plan P, *le lieu des points* M *pour lesquels* (M) *a une valeur donnée.*

Rapportons le plan P_0 aux axes $O_0 x_0$, $O_0 y_0$, le plan P aux axes Ox, Oy. Soient (ξ, η) les coordonnées du point O par rapport à $O_0 x_0$, $O_0 y_0$, φ l'angle $\widehat{O_0 x_0, Ox}$.

En appelant (x, y) les coordonnées relatives d'un point M du plan P,

(x_0, y_0) ses coordonnées absolues, on a les formules

$$(1) \qquad \begin{cases} x_0 = \xi + x \cos\varphi - y \sin\varphi, \\ y^0 = \eta + x \sin\varphi + y \cos\varphi; \end{cases}$$

ξ, η et φ sont des fonctions d'un paramètre t, qui varie d'une valeur t_0 à une valeur t_1 quand le plan P prend toutes ses positions. En désignant les dérivées par rapport à t par des lettres accentuées, on a

$$(2) \qquad 2(M) = \int_{t_0}^{t_1} (x_0 y'_0 - y_0 x'_0)\, dt.$$

Mais

$$x'_0 = \xi' - (x \sin\varphi + y \cos\varphi)\varphi',$$
$$y'_0 = \eta' + (x \cos\varphi - y \sin\varphi)\varphi',$$

d'où

$$x_0 y'_0 - y_0 x'_0 = \quad (\xi + x \cos\varphi - y \sin\varphi)[\eta' + (x \cos\varphi - y \sin\varphi)\varphi']$$
$$- (\eta + x \sin\varphi + y \cos\varphi)[\xi' - (x \sin\varphi + y \cos\varphi)\varphi'],$$

ce qui peut s'écrire, en ordonnant par rapport à x et à y,

$$x_0 y'_0 - y_0 x'_0 = (x^2 + y^2)\varphi' + R x + S y + T,$$

R, S, T étant certaines fonctions de t.

Transportons cette expression dans (2). Observons que l'on a

$$\int_{t_0}^{t_1} \varphi'\, dt = \varphi(t_1) - \varphi(t_0) = 2 k \pi,$$

k étant le nombre de loopings effectué par le plan P dans son mouvement fermé. On obtient

$$(3) \qquad 2(M) = 2 k \pi (x^2 + y^2) + A x + B y + C,$$

en posant

$$A = \int_{t_0}^{t_1} R\, dt, \qquad B = \int_{t_0}^{t_1} S\, dt, \qquad C = \int_{t}^{t_1} T\, dt;$$

A, B, C sont des constantes qui ne dépendent que de la loi du mouvement du plan P. Si (M) a une valeur donnée, l'équation (3) en x, y représente un cercle (une droite si k est nul). Donc :

Le lieu des points du plan P, dont les trajectoires limitent des aires ayant une même valeur donnée, est un cercle, exceptionellement une droite.

On voit en outre que, *si l'on fait varier la valeur donnée de l'aire* (M), *les divers cercles obtenus sont concentriques* (ou bien : *les diverses droites obtenues sont parallèles*).

493. Théorème de Holditch. — Je me contente d'énoncer ce curieux théorème que le lecteur établira aisément au moyen de la formule établie au n° 435, qui donne l'expression de l'aire balayée, dans un mouvement fermé, par un segment de longueur constante :

Soient C *une courbe plane fermée,* MN *un segment de longueur constante dont les extrémités décrivent* C, P *un point de* MN, *fixe sur ce segment. Le point* P *décrit une courbe fermée. La différence des aires limitées par cette courbe et par* C *a une valeur indépendante de cette dernière courbe* (*plus exactement, cette différence ne dépend que du nombre des loopings effectués par le segment* MN *dans son mouvement fermé*).

FIN.

NOTES HISTORIQUES ET BIBLIOGRAPHIQUES.

1° **Bibliographie générale.** — Il s'en faut, je l'ai dit dans la Préface, que j'aie parlé de tous les mécanismes employés en pratique. Pour compléter ce Livre, je renvoie aux Ouvrages suivants :

I. *Traité de Cinématique théorique et pratique*, par CH. LABOULAYE (3ᵉ édit., Paris, 1878);

II. *Cinématique appliquée et mécanismes*, par L. JACOB (Paris, 1912);

III. *Cinématique*, par ED. BÉZINE, Paris, s. d.;

IV. *Théorie des vecteurs, Cinématique, Mécanismes*, par H. BOUASSE (Paris, 1921);

V. *Les mécanismes*, par G. H. C. HARTMANN (Paris, 1925).

On y trouvera des applications de la Cinématique à l'horlogerie, aux machines-outils, à la filature et au tissage, aux machines à calculer, aux tachymètres, etc. J'ai fait plus d'un emprunt à III, où l'étude des engrenages est poussée loin. IV se recommande par la variété des sujets traités, par la clarté des figures.

Je mentionne à part :

VI. *Cinématique*, par F. REULEAUX, traduit de l'allemand par A. DEBIZE (Paris, 1877).

C'est là que REULEAUX a fait connaître ses principes de classification de mécanismes, avec grand appareil de notations compliquées et de mots savants. Il consacre un chapitre à l'histoire de la Cinématique, à sa préhistoire, dirais-je mieux, car l'auteur s'attache surtout à rechercher l'origine des mécanismes fondamentaux qui semblent connus depuis les temps les plus reculés : le couple rotoïde, le couple prismatique, le couple vis. Il n'aboutit, cela va sans dire, qu'à des conjectures. Le chapitre n'en est pas moins riche en détails curieux et d'une lecture attrayante.

On a souvent remarqué que le couple rotoïde, dont la nature ne fournit que des ébauches, est une véritable création du génie humain. Dans un sonnet connu, qui fait partie du recueil intitulé *Les Épreuves*, SULLY-PRUDHOMME a célébré l'invention de la roue (invention heureusement complétée, beaucoup plus tard, par celle de la locomotive, fait observer le poète). Avant lui, OVIDE. également sensible à la beauté de la rotation, avait chanté l'enfant Perdix, à qui nous devons le compas (*Métamorphoses*, VIII, v. 247-249 : *Primus et ex uno duo ferrea brachia nodo*, etc.).

2° Indications particulières. — *Chapitre XIV.* — La classification de MONGE se trouve dans l'*Essai sur la classification des machines*, de LANZ et BÉTANCOURT (1808). Celle de WILLIS dans ses *Principles of mechanism* (1841). Pour la classification de REULEAUX, voir VI. M. G. KOENIGS a exposé ses idées, dont je n'ai pu donner qu'un aperçu très sommaire, dans *Introduction à une théorie nouvelle des mécanismes*, Paris, 1905.

Chapitre XV. — L'emploi des engrenages est très ancien, mais pendant longtemps leurs dentures ne furent taillées qu'au sentiment. C'est à LA HIRE (1640-1718) et aussi (d'après LEIBNIZ) à ROEMER (1644-1710) que l'on doit les principes géométriques de leur théorie, déjà ébauchée par DESARGUES (1593-1662), au témoignage de LA HIRE même.

Pour les machines à tailler les engrenages, consulter III. J'ai tiré parti aussi, dans la rédaction des paragraphes où j'en dis quelques mots, des feuilles du cours que M. J. PILLON professe à l'École Centrale des Arts et Manufactures, sur la construction des machines.

Chapitre XVIII. — Les courbes de largeur constante paraissent avoir été signalées en premier lieu par EULER, qui les appelait *orbiformes*. Ce terme a été repris par M. H. LEBESGUE dans des travaux qu'il leur a consacrés. Voir en particulier *Sur quelques questions de minimum, relatives aux courbes orbiformes, et sur leurs rapports avec le calcul des variations* (*Journal de Mathématiques pures et appliquées*, 1921, p. 67).

Chapitre XIX. — Le pantographe a été inventé, sous ce nom, par le P. SCHEINER (1631). L'inverseur de PEAUCELLIER date de 1864. La description approximative de la ligne droite au moyen d'un trois-barres avait été imaginée par WATT, pour guider la tête du piston de sa machine à vapeur. TCHEBICHEF a appliqué ses méthodes d'approximation des fonctions par des polynomes à la recherche des meilleures proportions à donner à un trois-barres, pour décrire un segment de ligne droite et plus généralement un arc de courbe donné quelconque avec un écart aussi faible que possible. Il a envisagé aussi l'emploi aux mêmes fins d'autres systèmes articulés (*OEuvres, passim*).

M. G. T. BENNETT a fait connaître son mécanisme dans un article intitulé *A new mechanism* (*Engineering*, 1903, p. 777).

Comme je l'ai dit au Tome I, l'invention du tour ovale est attribuée à LÉONARD DE VINCI, sur la foi de LOMAZZO (1584).

Chapitre XXI. — Le planimètre d'AMSLER a été inventé en 1854. La première idée des intégrateurs à lame coupante est due à CORIOLIS (1835). Elle paraît avoir été retrouvée indépendamment par C. V. BOYS en Angleterre et ABDANK-ABAKANOWICZ en France, vers 1878.

Il existe d'autres appareils d'intégration dont je n'ai pas parlé : des intégraphes combinés en vue d'intégrer des équations différentielles de certains types ; les *analyseurs harmoniques*, au moyen desquels on peut calculer les premiers coefficients du développement d'une fonction arbitraire en série de Fourier, etc. On en trouvera la description et la théorie dans :

VII. *Le Calcul mécanique*, par L. JACOB (Paris, 1911).

VIII. *Cours de Géométrie pure et appliquée de l'École Polytechnique*, par MAURICE D'OCAGNE, t. II (Paris, 1918).

Note B. — Les fractions continuelles ont été inventées par CATALDI en 1613. On en trouve une étude approfondie dans la *Théorie des nombres* d'E. CAHEN, t. II (Paris, 1924).

Note D. — L'application des imaginaires à l'étude des systèmes articulés est due à G. DARBOUX, dont on peut consulter plusieurs articles insérés dans le *Bulletin des Sciences mathématiques*, 2ᵉ série, III, 1879.

Note E. — Le mécanisme de DIXON est décrit dans un mémoire du *Messenger of Mathematics*, vol. XXIX, p. 18. (Je cite de seconde main.)
Pour les mécanismes de HART et de KEMPE, consulter les *Proceedings of the London Mathematical Society*, 1877, p. 288, et 1878, p. 133 ; les travaux de DARBOUX, cités ci-dessus ; *Sur le système articulé de M. Kempe*, par G. FONTENÉ (*Nouvelles Annales de Mathématiques*, 1903, p. 529, et 1904, p. 8). Le système particulier décrit au nᵒ 469 est emprunté à VIII.

Note G — Pour la courbe du trois-barres, consulter :

CAYLEY (*Proceedings of the London Math. Soc.*, 1876, p. 136 et 166);
Col. R. L. HIPPISLEY.(*ibid.*, 1919, p. 136);
G. T. BENNETT (*ibid.*, 1920, p. 59);
F. V. MORLEY (*ibid.*, 1922, p. 140).
La démonstration que j'ai donnée au nᵒ 473 de la triple génération de la courbe du trois-barres est due à M. G. T. BENNETT.

Notes H et I. — Pour l'octaèdre articulé, consulter :

R. BRICARD (*Journal de Math. pures et appl.*, 1897, p. 113);
R. BRICARD (*Bulletin de la Soc. math. de France*, 1904, p. 269);
G. T. BENNETT (*Proceedings of the London math. Soc.*, 1911, p. 309).

Note J. — M. G. T. BENNETT a fait connaître son deuxième mécanisme en même temps que d'autres, également dérivés de l'isogramme, dans les *Proceedings of the London math. Soc.*, 1913, p. 151. La démonstration du nᵒ 490 diffère de la sienne.

CORRECTIONS AU TOME I.

Page 274, ligne 9, *remplacer la dernière phrase du nº 238 par la suivante :*

« On voit aisément qu'ils ne sont tels que si le point O est rejeté à l'infini. »

Page 289, ligne, 13, *remplacer les mots :* « du quatrième ordre » *par ceux-ci :* « de la quatrième classe ».

INDEX ALPHABÉTIQUE.

TABLE DES MATIÈRES

DU TOME II.

CHAPITRE XX.

CHAPITRE XXI.

Intégrateurs mécaniques.

LIVRE V.

NOTES ET ÉTUDES DIVERSES.

FIN DE LA TABLE DES MATIÈRES.

77881   Paris. — Imprimerie GAUTHIER-VILLARS et Cⁱᵉ, 55, Quai des Grands-Augustins.

Leçons de Cinématique

PAR

Raoul BRICARD

Ingénieur des Manufactures de l'État,
Professeur au Conservatoire national des Arts et Métiers et à l'École Centrale
des Arts et Manufactures.

TOME I : **Cinématique théorique.** Un volume in-8° de 336 pages, avec
117 figures. . . . . **45** fr.

(Port en sus)

BRICARD. — *Leçons de Cinématique*, II.

Statique   Cinématique

*(ÉLÉMENTS DE MÉCANIQUE
A L'USAGE DES INGÉNIEURS)*

PAR

ADHÉMAR (R. d')

INGÉNIEUR DES ARTS ET MANUFACTURES
DOCTEUR ÈS SCIENCES
PROFESSEUR A L'INSTITUT INDUSTRIEL DU NORD DE LA FRANCE

Un volume in-8° raisin de XI-254 pages, avec 153 figures. . . . . **16 fr.**

H. LACAZE

Agrégé de l'Université, Docteur ès sciences

Cours de
Cinématique théorique

à l'usage des candidats
à la licence et aux écoles du gouvernement

77881   Paris. — Imp. GAUTHIER-VILLARS et Cie, 55, quai des Grands-Augustins.

LIBRAIRIE GAUTHIER-VILLARS et Cie

55, Quai des Grands-Augustins, PARIS (6e)

Envoi dans toute l'Union postale contre mandat-poste ou valeur sur Paris.
Frais de port en sus (Chèques postaux : Paris 29 323).

Majoration 40 % en sus.

ADHÉMAR (R. d'), Ingénieur E. C. P., Docteur ès sciences, Professeur à l'Institut industriel du Nord de la France. — **Statique cinématique** (Eléments de Mécanique à l'usage des Ingénieurs). Un volume in-8 raisin, de XI-254 pages, avec 153 figures; 1923.............. 16 fr.

APPELL (Paul) Membre de l'Institut, Recteur de l'Université de Paris, et **DAUTHEVILLE** (S.), Doyen honoraire de la Faculté des Sciences de l'Université de Montpellier. — **Précis de Mécanique rationnelle.** *Introduction à l'étude de la Physique et de la Mécanique appliquée*, à l'usage des candidats aux certificats de licence et des élèves des Ecoles techniques supérieures. 3e édition revue et augmentée. In-8° (25-16) de VIII-742 pages, avec 234 figures; 1923.................... 75 fr.

JOUGUET (E.), Inspecteur général des Mines, Professeur à l'École Nationale des Mines, Répétiteur de Mécanique à l'Ecole Polytechnique. — **Lectures de Mécanique. La Mécanique enseignée par les auteurs originaux.** 2 volumes in-8 (25-16). Nouveau tirage avec 14 notes et additions :

1re PARTIE : *La naissance de la Mécanique.* Volume de x-238 pages, avec 85 figures. Nouveau tirage avec notes et additions; 1924.. 15 fr.
2e PARTIE : *L'organisation de la Mécanique.* Volume de 330 pages, avec 31 figures. Nouveau tirage avec notes et additions; 1924.. 20 fr.

MONTEL (P.), Professeur à la Sorbonne et à l'Ecole Nationale Supérieure des Beaux-Arts. — **Statique et Résistance des Matériaux.** — Un volume in-8 (25-16) de 275 pages, avec 138 figures, 1924............ 30 fr.

PUISEUX (P.), Maître de Conférences à la Faculté des Sciences de Paris. — **Leçons de Cinématique.** Mécanismes, hydrostatique, hydrodynamique. Leçons professées à la Sorbonne, rédigées par P. BOURGUIGNON et H. LE BARBIER. In-8 (25-16), de VIII-340 pages, avec 182 figures; 1890
18 fr.

VILLIÉ (E.), ancien ingénieur des Mines, docteur ès Sciences, professeur à la Faculté libre des Sciences de Lille. — **Compositions d'Analyse, Cinématique, Mécanique et Astronomie,** données depuis 1869 à la Sorbonne pour la *Licence ès Sciences mathématiques,* suivies d'EXERCICES SUR LES VARIABLES IMAGINAIRES. **Énoncés et Solutions.** 3 volumes in-8° (23-14), avec figures, se vendant séparément.

Ire PARTIE : *Compositions données depuis 1869.* In-8°; 1885.. 18 fr.
IIe PARTIE : *Compositions données depuis 1885.* In-8°; 1890.. 17 fr.
IIIe PARTIE : *Compositions données depuis 1889.* In-8°; 1898. 16 fr.

77881-26   Paris. — Imp. Gauthier-Villars et Cie, 55, quai des Grands-Augustins